光盘导航

U0341900

案例欣赏

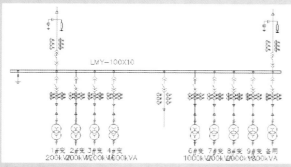

变电工程图

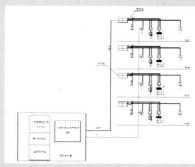

厂房消防报警系统图

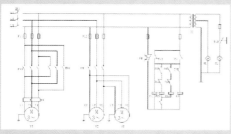

车床电气图

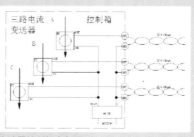

变速器控制柜电气图

电动机控制电路图

电磁阀工作原理图

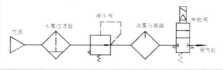

气缸供气系统图

楼房照明系统图

输电保护工程图

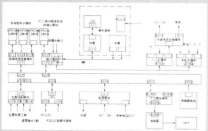

数控机床电气图

电机驱动控制电路图

变频柜综合控制屏线路图

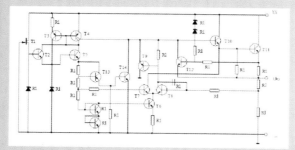

某稳压电路图

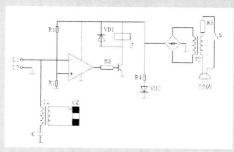

录音机电路图

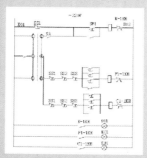

制药车间动力系统图

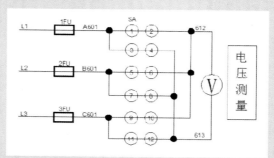

电压表测量线路图

COMPACT
disc
DIGITAL DATA

超值多媒体光盘
大容量、高品质多媒体教程
实例工程文件

√ 总结了作者多年AutoCAD教学心得
√ 全面讲解AutoCAD 2012电气设计的要点和难点
√ 包括大量电气设计制图的典型实例
√ 提供丰富的实验指导和习题
√ 配书光盘提供多媒体语音视频教程和素材文件

AutoCAD 2012 中文版

电气设计标准教程

□ 顾凯鸣 袁小燕 王抗美 编著

清华大学出版社
北 京

内 容 简 介

本书将设计软件与电气制图知识结合起来，以适应现代无纸化设计的趋势，带领读者全面学习设计电气工程图的方法和技巧。全书共分 10 章，主要包括电气工程制图概述、AutoCAD 基本操作、使用图形辅助工具、绘制与编辑二维电气图形、添加尺寸和引线标注、添加文字与表格、使用图块及外部参照、输出与发布图纸等内容。

全书内容丰富，结构安排合理，可作为大中专院校电气 CAD 制图课程的教材和社会培训班用书，还可以作为电气设计技术人员的参考手册。

图书在版编目（CIP）数据

AutoCAD 2012 中文版电气设计标准教程/顾凯鸣，袁小燕，王抗美编著. —北京：清华大学出版社，2013.1

（清华电脑学堂）

ISBN 978-7-302-29669-0

Ⅰ. ①A…　Ⅱ. ①顾…　②袁…　③王…　Ⅲ. ①电气设备-计算机辅助设计-AutoCAD 软件-教材

Ⅳ. ①TM02-39

中国版本图书馆 CIP 数据核字（2012）第 184704 号

责任编辑：袁金敏
封面设计：陈晓兵
责任校对：徐俊伟
责任印制：杨　艳

出版发行：清华大学出版社
　　　　　网　　　址：http://www.tup.com.cn，http://www.wqbook.com
　　　　　地　　　址：北京清华大学学研大厦 A 座　　　邮　　　编：100084
　　　　　社 总 机：010-62770175　　　　　　　　　　邮　　　购：010-62786544
　　　　　投稿与读者服务：010-62776969，c-service@tup.tsinghua.edu.cn
　　　　　质 量 反 馈：010-62772015，zhiliang@tup.tsinghua.edu.cn
印 刷 者：北京密云胶印厂
装 订 者：三河市溧源装订厂
经　　销：全国新华书店
开　　本：185mm×260mm　**印 张**：17.25　**插 页**：1　**字　　数**：431 千字
　　　　　附光盘 1 张
版　　次：2013 年 1 月第 1 版　　　　　　　　　　**印　　次**：2013 年 1 月第 1 次印刷
印　　数：1～5000
定　　价：39.80 元

产品编号：047782-01

前　　言

本书紧紧围绕电气设计这条主线，强调理论和实践的结合，将 AutoCAD 2012 的基本操作技巧和电气设计实际制图结合起来予以介绍。书中逐一对 AutoCAD 2012 软件的基本操作、绘制和编辑各类电气图形、绘制电气设计图、创建和编辑电气三维模型、打印和输出图形等知识体系做了详细的介绍。

本书将设计软件与电气制图知识结合起来，以适应现代无纸化设计的趋势，带领读者全面学习设计电气工程图的方法和技巧。全书共分 10 章，具体内容介绍如下。

第 1 章主要介绍了电气工程图的相关知识，如电气制图的特点、分类、制图规范、电气符号的构成，以及常用电气元件的绘制等相关知识。

第 2 章主要介绍了 AutoCAD 2012 的基础知识，包括 AutoCAD 软件的应用、启动与安装、工作界面、绘图环境以及操作命令和坐标系的设置等相关知识。

第 3 章主要介绍管理 AutoCAD 图形文件、控制视图的显示以及图层的设置和管理的方法，其中包括图层颜色、线宽、线型的设置，以及关闭、锁定图层等内容。

第 4 章主要介绍了图形辅助工具的相关知识，即捕捉工具、夹点工具、查询工具和参数化工具的使用方法等内容。

第 5 章主要介绍了使用点、线、矩形和正多边形等工具绘制图形的方法和技巧，这是 AutoCAD 2012 绘图软件的常用命令。

第 6 章主要介绍了选取对象和常用编辑图形工具的使用方法和技巧，包括选取图形的方式、移动、修剪、复制等常用的编辑命令。

第 7 章主要介绍了设置尺寸标注、添加基本尺寸标注、编辑尺寸标注、添加公差标注和引线标注的方法。

第 8 章主要介绍了添加文字和表格的相关知识，包括设置文字样式、添加单行文本和多行文本、使用字段和添加表格等内容。

第 9 章主要介绍定义块、动态块和块属性的方法，并且详细介绍了使用外部参照和 AutoCAD 设计中心插入各种对象的方法。

第 10 章主要介绍输出与发布图纸的相关知识，如输出图纸、设置打印参数、布局空间打印图纸、创建与编辑打印视口和发布图纸的方法。

本书是指导初学者学习 AutoCAD 2012 中文版绘图软件的基础图书，全面系统地介绍了使用该新版软件进行电气设计的方法，主要有以下特色。

（1）知识的系统性

从整本书的内容安排上，可以了解到全书的内容是一个循序渐进的过程，各章节知识环环相扣，紧密相联。为了提高用户的实际绘图能力，在讲解软件专业知识的同时，各章都安排了丰富的课堂练习以辅助读者巩固知识，这样安排可快速解决读者在学习软件过程中所遇到的大量实际问题。

（2）内容的实用性

在定制本教程的知识框架时，将写作的重心放在体现内容的实用性上。因此无论从各种专业知识讲解，以及各个课堂练习和上机实训的挑选中，都与电气设计紧密联系在一起。这些练习采用了与相关理论知识相结合，同时附有简洁明了的步骤说明，使用户在绘制过程中不仅巩固了知识，而且通过这些练习建立产品设计思路，在今后的设计过程中达到举一反三的效果。

　　本着服务读者、奉献社会的理念，我们精心组织并编写了本书。本书由南京信息职业技术学院顾凯明、袁小燕、王抗美三位老师主编，同时任海峰、张丽、胡文华、尚峰、蒋燕燕、张阳、李凤云、李晓楠、吴巧格、唐龙、王雪丽、张旭等人也参与了部分内容的编写与校对工作。在创作过程中，他们都花费了大量的心血，在此表示感谢。虽然我们已经尽力将本书做到更好，但仍有疏漏与不足之处，恳请广大读者予以指正。

编　者

2012 年 5 月

目　　录

第1章

电气工程制图概述

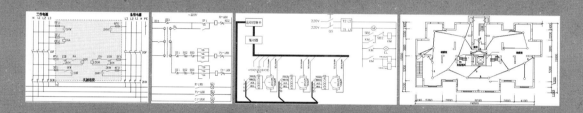

电气工程图主要用来描述电气设备或系统的工作原理，其应用非常广泛，几乎遍布于工业生产和日常生活的各个环节。在国家颁布的工程制图标准中，对电气工程图的制图规则做了详细的规定。

本章主要介绍电气工程制图概述、电气工程制图规范、电气符号构成与分类，以及绘制常用电气元件等内容。

本章学习要点：

➢ 了解电气工程制图概述
➢ 了解电气工程制图规范
➢ 掌握电气符号的构成与分类
➢ 掌握常用电气元件的绘制

1.1 电气工程制图概述

电气工程图是一类示意性图纸，它主要用来描述电气设备或系统的工作原理，以及有关组成部分的连接关系。

1.1.1 电气工程的分类

电气工程的分类方法有很多。由于电气工程图主要用来表现电气工程的构成和功能、描述各种电气设备的工作原理、提供安装接线盒维护的依据。从这方面来分析，电气工程主要可以分为建筑电气、工业电气、电力工程和电子工程等。

1．建筑电气

建筑电气主要是用于工业和民用建筑领域的电气设备、动力照明、防雷接地等，包括各种照明灯具、动力设备、电器，以及各种电气装置的保护接地、工作接地等。

2．工业电气

工业电气主要是指应用于机械、工业生产及其他控制领域的电气设备，包括机床电气、汽车电气以及其他一些控制电气。

3．电力工程

电力工程通常分为发电工程、变电工程和输电工程 3 类，其中，发电工程主要分为火电、水电和核电这 3 类。

4．电子工程

电子工程主要是指用于家用电器、广播通信、计算机等众多领域的弱点信号设备和线路。

1.1.2 电气工程图的类型

电气工程图的种类很多，对规模不同的电气工程，图纸的种类、数量也会不同，GB6988《电气制图》根据表达形式和用途不同，经过综合，统一将电气工程图分为以下 15 类。这 15 类电气工程图并不是每个电气工程所必要的，在实际工程图纸中要尽量使用较少的电气工程图明确清晰地表达电气工程。

- ❑ **系统图或框图** 系统图或框图是绘制较其层次更低的其他各种电气图的主要依据。主要用符号或带注释的框概略地表示系统、分系统、成套装置或设备等的基本组成、相互关系及其主要特征。
- ❑ **功能图** 功能图多见于电气领域的功能系统说明书等技术文件中，比较有利于电气专业与非本专业的人员的技术交流。功能图是用规定的图形符号和文字叙述相结合的方法来表示控制系统的作用和状态的一种简图。

❏ **逻辑图** 逻辑图主要用二进制逻辑单元图形符号绘制，以表达可以实现一定目的的功能件的逻辑功能。这种功能件可以是一种组件，也可以是几个组件的组合。逻辑图作为电气设计中一个主要的设计文件，它不仅体现了设计者的设计意图，表达产品的逻辑功能和工作原理，而且也是编制接线图等其他文件的依据。

❏ **功能表图** 功能表图是表示控制系统的作用和状态的一种简图。这种图往往采用图形符号和文字说明相结合的绘制方法，用以全面描述系统的控制过程、功能和特性，不考虑具体的执行过程。

❏ **电路图** 电路图又称为电气原理图或原理接线图。它是用图形符号并按工作顺序排列，详细表示电路、设备或成套装置的全部基本组成和链接关系，而不考虑实际位置的一种简图。

❏ **等效电路图** 等效电路图是表示理论或理想的元件及其连接关系的一种功能图，供分析和计算电路特性和状态之用。

❏ **端子功能图** 端子功能图主要用于电路图中，是表示功能单元全部外接端子，并用功能图、功能表图或文字表示其内容功能的一种简图。当电路较复杂时，其中的功能元件可用端子功能图来替代，并在其内加注标记或说明，以便查找该功能单元的电路图。

❏ **程序图** 程序图用于详细表示程序单元和程序片及其互连关系，该图主要用来便于对程序运行的理解。

❏ **设备元件表** 设备元件表是把成套装置、设置和装置中各组成部分和相应数据列成的表格，其用途是表示各组成部分的名称、型号、规格和数量等。

❏ **接线图或接线表** 接线图或接线表是表示成套装置、设备或装置连接关系，用于进行接线和检查的一种简图或表格。接线图或接线表也可以再进行具体分化：单元接线图或单元接线表；互连接线图或互连接线表；端子接线图或端子接线表；电缆配置图或电缆配置表。

❏ **数据单** 数据单是对特定项目给出详细信息的资料。

❏ **位置简图或位置图** 从本质上讲，位置图是属于机械制图范围的一个图种。它是表示成套装置、设备或装置中各个项目位置的一种图，用于项目的安装就位。

❏ **单元接线图或单元接线表** 表示成套装置或设备中一个结构单元内连接关系的一种接线图或接线表。结构单元一般是指在各种情况下可独立运用的组件或由零件、部件和组件构成的组合体。

❏ **互连接线图或互连接线表** 表示成套装置或设备的不同结构单元之间连接关系的一种接线图或接线表。

❏ **电缆配置图或电缆配置表** 提供电缆两端位置，必要时还包括电缆功能、特性和路径等信息的一种接线图或接线表。

1.1.3 电气工程图的组成

通常，一项电气工程的电气图是由目录和前言、电气系统图和框图、电路图、安装接线图、电气平面图、设备布置图等几部分组成，而不同的组成部分可能有不同类型的电气图纸来表现。

❑ **目录和前言**

目录即是对电气工程的图纸进行编排，以方便检索、查阅图纸。目录主要包括序号、图名、图纸编号、张数、备注等。前言则包括设计说明、图例、设备材料明细表、工程经费概算等。

❑ **电气系统图和框图**

电气系统图和框图表示整个工程或者其中某一项目的供电方式和电能输送的关系，也可表示某一装置主要组成部分的关系。

❑ **电路图**

电路图主要表示某一系统或者装置工作原理。如电动机控制回路图、机床电气原理图等。

❑ **安装接线图**

安装接线图主要表示电气装置内部各元件之间以及其他装置之间的连接关系，便于设备的安装、调试及维护。

❑ **电气平面图**

电气平面图如线路平面图、变电所平面图、弱电系统平面图、照明平面图、防雷与接地平面图等。它一般是在建筑平面的基础上绘制出来的。主要表示某一电气工程中的电气设备、装置和线路的平面布置。

❑ **设备布置图**

设备布置图主要包括平面布置图、立面布置图、断面图、纵横剖面图等。它主要表示各种设备的布置方式、安装方式及相互间的尺寸关系。

❑ **设备元件和材料表**

设备元件和材料表是把电气工程中用到的设备、元件和材料列成表格，表示其名称、符号、型号、规格和数量等。

❑ **大样图**

大样图主要表示电气工程某一部件的结构，用于指导加工与安装，其中一部分大样图为国家标准图。

❑ **产品使用说明书用电气图**

电气工程中选用的设备和装置，其生产厂家往往随产品使用说明书附上电气图，这种电气图也属于电气工程图。

❑ **其他电气图**

对于一些较复杂的电气工程，为了补充和详细说明某一方面，还需要一些特殊的电气图，例如逻辑图、功能图、曲线图、表格等。

1.1.4　电气工程图的特点

相对于机械图纸和建筑图纸，电气工程图在描述对象、表达方式以及绘制方法上都有所不同，其特点如下。

❑ **电气工程图主要采用简图表现**

电气工程图中绝大部分采用简图的形式进行表现。简图是采用标准的电气符号和带注释的框，或者简化外形表示系统或设备中各组成部分之间相互关系的图。

❑ **电气工程图描述的主要内容是元件和连接线**

无论电路图、系统图，还是接线图和平面图都是以电气元件和连接线作为描述的主要内容。也正因为对电气元件和连接线有多种不同的描述方式，从而构成了电气图的多样性。

❑ **电气工程图的基本要素是图形、文字和项目符号**

一个电气系统或装置通常由许多部件、组件构成，这些部件、组件或者功能模块称为项目。项目一般由简单的符号表示，这些符号就是图形符号。通常每个图形符号都有相应的文字符号。在同一个图上，为了区别相同的设备，需要设备编号。设备编号和文字符号一起构成项目符号。

❑ **主要采用功能布局法和位置布局法**

电气工程图中的系统图、电路图通常采用功能布局法，功能布局法是指在绘图时图中各元件的位置只考虑元件之间的功能关系，而不考虑元件的实际位置的一种布局方法。位置布局法是指电气工程图中的元件位置对应于元件的实际位置的一种布局方法。电气工程图中的接线图、设备布置图采用的就是这种方法。

❑ **多样性**

对能量流、信息流、逻辑流和功能流的不同描述方法，使电气图具有多样性。

1.2 电气工程制图规范

我国的电气制图规范标准主要包括《电气制图国家标准 GB/T6988》、《电气简图用图形符号国家标准》、《电气设备用图形符号国家标准》等。另外，还有 13 项与电气制图相关的国家标准也被指定。下面简要介绍一些制图规范。

1.2.1 图纸格式

图幅是指图纸幅面的大小，所有绘制的图形都必须在图框内。GB/18135-2000《电气工程 CAD 制图规则》包含了电气工程制图图纸幅面及格式的相关规定，绘制电气工程图纸时必须遵照此标准。

1. 图纸幅面

电气工程图纸采用的幅面有 A0、A1、A2、A3 和 A4 五种。绘制时，应该优先采用表 1-1 中所规定的图纸基本幅面。必要时，可以使用加长幅面。加长幅面的尺寸，按选用的基本幅面大一号的幅面尺寸来确定。

表 1-1 图纸幅面及图框格式尺寸

幅面代号	A0	A1	A2	A3	A4
B×L	841×1189	594×841	420×594	297×420	210×297
e	20			10	
c	10			5	
a	25				

2．图框

图纸既可以横放也能竖放。图纸四周要画出图框，以留出周边。图框按需要分为留装订边的图框和不留装订边的图框。留有装订边图样的图框格式如图1-1所示。不留订边图样的图框格式如图1-2所示。

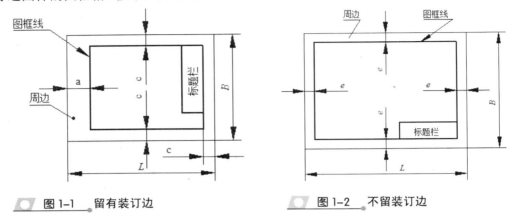

图 1-1　留有装订边　　　　　　　　图 1-2　不留装订边

3．标题栏

标题栏用于说明图的名称、编号、责任者的签名，以及图中局部内容的修改记录等，通常是由名称及代号区、签字区、更改区及其他区域组成，如图1-3所示。

4．图幅分区

当图幅很大并且内容很复杂时，读图就会变得相对困难。为了更容易地读图和检索，需要一种确定图上位置的方法，这时就可以把幅面做成分区，便于检索，如图1-4所示。

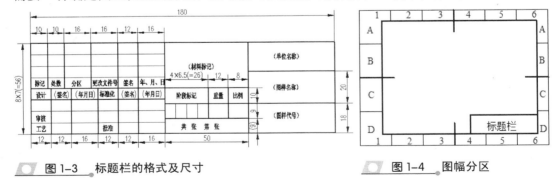

图 1-3　标题栏的格式及尺寸　　　　　　图 1-4　图幅分区

1.2.2　图线

国标对电气工程图纸的图线、字体和比例也做出了相应的规定。

1．基本图线

根据国标规定，在电气工程图中常用的线型有实线、虚线、点画线、双点画线、波浪线、双折线等，部分基本线型的代号、形式及名称如表 1-2 所示。

表1-2 图线形式及应用

名　称	形　式	图　线　应　用
粗实线	▬▬▬▬▬▬▬	电器线路、一次线路
细实线	——————	二次线路、一般线路
虚线	— — — — —	屏蔽线、机械连线
点画线	—·—·—·—·—	控制线、信号线、边界线
双点画线	—··—··—··—	辅助边界线、36V 以下线路
双折线	∿∿	视图与剖视的分界线
折断线	∿	断开处的边界线

2. 图线的宽度

根据用途，图线的宽度应该在下列宽度中选择：0.18mm、0.25mm、0.35mm、0.5mm、0.7mm、1mm、1.4mm、2mm。图线一般只有两种宽度，分别称为粗线和细线，其宽度之比为 2∶1。在同一图样中，同类图线的宽度应基本保持一致；虚线、点画线及双点画线的画长和间隔长度也应各自大致相等。

1.2.3 箭头与指引线

电气图中使用的箭头有开口箭头和实心箭头两种画法，其中开口箭头用来表示能量或信号的传播方向，如图 1-5 所示。实心箭头用于指向连接线等对象的指引线，如图 1-6 所示。

图中的箭头也可以表示可调节性（如 GB/T4728 中 02-03-01 所示）和力或运动方向（如 GB/T4728 中 02-04-01 所示）信息。

指引线用于指示电气图中注释对象。指引线一般为细实线，指向被注释处，并在其末端加注不同的标记。

❑ 若末端在轮廓线内，可以添加一个黑点，如图 1-7 所示。

❑ 若末端在轮廓线上，可以添加一个实心箭头，如图 1-8 所示。

❑ 若末端在连接线上，可以添加一个短斜线，如图 1-9 所示。

图1-5 开口箭头

图1-6 实心箭头

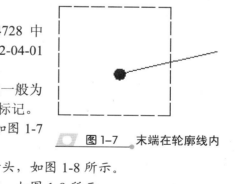

图1-7 末端在轮廓线内

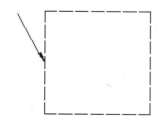

图1-8 末端在轮廓线上

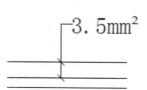

3.5mm²

图1-9 末端在连接线上

1.2.4 导线连接形式表示方式

导线连接有 T 形连接和"十"字形连接两种形式。T 形连接可加实心圆点,也可不加实心圆点,如图 1-10 所示。

"十"字形连接表示两导线相交时必须加实心圆点;表示交叉而不连接的两导线,在交叉处不加实心圆点,如图 1-10 所示。

（a）T 形连接

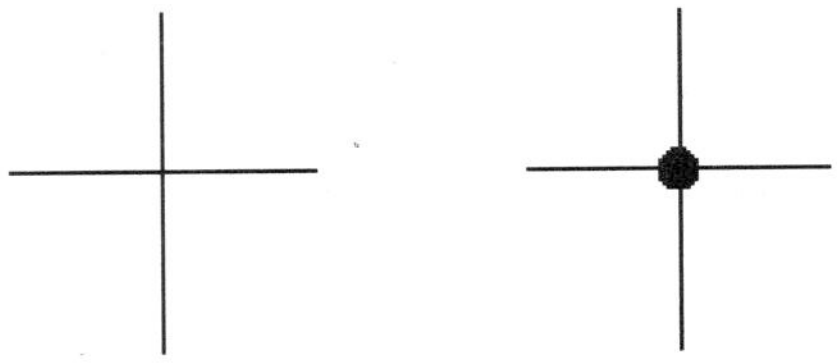

1.2.5 字体与比例

1. 字体

书写字体必须做到:字体工整、笔画清楚、间隔均匀、排列整齐、注意起落。国标中对电气工程图中字体的规定可归纳为如下几条。

（b）"十"字形连接

图 1-10 导线连接形式

- ❏ 常用的文本尺寸应该在以下尺寸中选择: 1.5mm、2.5mm、3.5mm、5mm、7mm、10mm、14mm、20mm。
- ❏ 汉字应写成长仿宋体字,并采用国家正式公布推行的简化字。字宽一般为 0.7h。各行文字之间的行距不应小于字高的 1.5 倍。
- ❏ 表格中的文本左对齐、带小数的数值按小数点对齐,不带小数点的则按个位数对齐。
- ❏ 图样中采用的各种文本尺寸如表 1-3 所示。

表 1-3 图样中各种文本尺寸

文本类型	中 文		字母和数字	
	字 高	字 宽	字 高	字 宽
标题栏图名	7~10	5~7	5~7	3.5~5
图形图名	7	5	5	3.5
说明抬头	7	5	5	3.5
说明条文	5	3.5	3.5	1.5
图形文字标注	5	3.5	3.5	1.5
图号及日期	5	3.5	3.5	1.5

2. 比例

绘图时,需要按照比例绘制图样,具体推荐从表 1-4 所规定的系列中选取适当的比例。

表 1-4 常用比例

原值比例	1:1
缩小比例	1:1.5、1:2、1:2.5、1:3、1:4、1:5、1:10、$1:2\times10n$、$1:2.5\times10n$、$1:3\times10n$、$1:4\times10n$、$1:5\times10n$、$1:6\times10n$
放大比例	2:1、2.5:1、4:1、5:1、$1\times10n:1$、$2\times10n:1$、$2.5\times10n:1$、$4\times10n:1$、$5\times10n:1$

在绘图的过程中，应尽量采用原值比例绘图。当然，更多时候会由于原图过大或者过小必须采用一定比例绘制。如绘制大而简单的机件可采用缩小比例；绘制小而复杂的电气元件可采用放大比例。不论采用缩小还是放大的比例绘图，图样中所标注的尺寸均为电气元件的实际尺寸。

对于同一图样上的各个图形，原则上应采用相同的比例绘制，并在标题栏内的"比例"一栏中进行填写。比例符号以"："表示，如 1:1 或 1:2 等。当某个图形需采用不同比例绘制时，应在视图名称的下方以分数形式标注出该图形所采用的比例。

1.2.6 元器件放置规则

在绘制电器元件布置图时要注意以下几个方面。

- ❏ 要考虑元件的体积和重量，体积大、重量大的元件应安装在安装板下部，发热元件应安装在上部，以利于散热。
- ❏ 要注意强电和弱电要分开，同时应注意弱电的屏蔽问题和强电的干扰问题。
- ❏ 要考虑今后维护和维修的方便性。
- ❏ 要考虑制造和安装的工艺性、外形的美观、结构的整齐、操作人员的方便性等。
- ❏ 要考虑元件之间的走线空间以及布线的整齐性等。

1.3 电气符号构成与分类

电气工程图中，各元件、设备、线路及其安装方法都是以符号、文字符号和项目符号的形式出现的。要绘制电气工程图，首先要了解这些符号的形式、内容和含义，以及它们之间的相互关系。

1.3.1 认识常用电气符号

下面列出了一些在电气工程图中最常见的电气图形符号，请读者认真阅读，并掌握这些电气元件的表达形式。

1. 电阻器、电容器、电感器和变压器

电阻器、电容器、电感器和变压器的图形符号如表 1-5 所示。

表 1-5 电阻器、电容器、电感器和变压器的图形符号

图形符号	名称与说明	图形符号	名称与说明
	电阻器一般符号		电感器、线圈、绕组或扼流圈
	可变电阻器或可调电阻器		带磁芯、铁芯的电感器
	滑动触点电阻器		带磁芯连续可调的电感器
	电容器		双绕组变压器
	可变电容器或可调电容器		在一个绕组上有抽头的变压器

2．半导体管

半导体管的图形符号如表 1-6 所示。

表1-6　常用半导体管的图形符号

图形符号	名称与说明	图形符号	名称与说明
▷|⊢	二极管的符号	▷|⊦	变容二极管
▷	可发光二极管		PNP 型晶体三极管
▷	光电二极管		NPN 型晶体三极管
▷|⊢	稳压二极管	◇	全波桥式整流器

3．其他电气图形符号

其他常用的电气图形符号如表 1-7 所示。

表1-7　其他常用电气图形符号

图形符号	名称与说明	图形符号	名称与说明
▭	熔断器	┼	导线的连接
⊗	指示灯及信号灯	┼	导线的不连接
◁	扬声器	/	动合（常开）触点开关
⊔	蜂鸣器	/	动断（常闭）触点开关
⏚	接大地	⊥	手动开关

1.3.2　电气符号的分类

最新的《电气图形符号总则》国家标准代号为 GB/T4728.1-1985，对各种电器符号的绘制做了详细的规定。按照这个规定，电气图形符号主要由以下 13 个部分组成。

1．总则

内容包括《电气图形符号总则》的内容提要、名词术语、符号的绘制、编号的使用及其他规定。

2．符号要素、限定符号和其他常用符号

内容包括轮廓和外壳、电流和电压种类、可变性、力或运动的方向、机械控制、接地和接地壳、理想电路元件等。

3. 导线和连接器件

例如电线、柔软和屏蔽或绞合导线、同轴导线、端子、导线连接、插头和插座、电缆密封终端头等。

4. 无源元件

例如电阻、电容、电感器，铁氧体磁芯、磁存储器矩阵，压电晶体、驻极体、延迟线等。

5. 半导体和电子管

例如二极管、三极管、晶体闸流管，变压器，变流器等。

6. 电能的发生与转换

例如绕组，发电机、发动机，变压器，变流器等。

7. 开关、控制和保护装置

例如触点，开关、热敏开关、接触开关，开关装置和控制装置，启动器，有或无继电器，测量继电器，熔断器、间隙、避雷器等。

8. 测量仪表、灯和信号器件

例如指示、计算和记录仪表，热电偶，遥测装置，电钟，位置和压力传感器，灯，喇叭和铃等。

9. 电信交换和外围设备

例如交换系统和选择器，电话机，电报和数据处理设备，传真机、换能器、记录和播放机等。

10. 电信传输

例如通信电路，天线、无线电台，单端口、双端口或多端口波导管器件、微波激射器、激光器，信号发生器、调制器、解调器、光纤传输线路等。

11. 建筑安装平面布置图

内容包括发电站、变电所、网络、音响和电视的分配系统、建筑用设备、露天设备、防雷设备等。

12. 二进制逻辑元件

内容包括计算器和存储器等。

13. 模拟元件

内容包括放大器、函数器电子开关等。

一、填空题

1. _____也叫电气原理图，是一种不按电气元件、设备的实际位置绘制一种简图。

2. 图形符号、_____、_____是电气图的主要组成部分。

3. 文字符号分为_____和_____两大类。

二、选择题

1. 下列不属于图纸尺寸的是_____。
   A. 840×1189
   B. 420×594
   C. 297×420
   D. 210×297

2. 下面不属于电气工程图的是_____。
   A. 功能图
   B. 端子功能图
   C. 建筑工程图
   D. 系统图

3. 标题栏不包括_____。
   A. 代号区
   B. 签字区
   C. 更改区
   D. 绘图区

第 2 章

认识 AutoCAD 2012

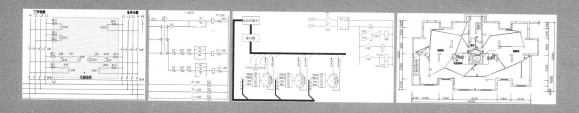

　　AutoCAD 是由美国 Autodesk 公司为微机上应用 CAD 技术而开发的绘图程序软件包。AutoCAD 2012 版本是 Autodesk 公司推出的新版本，在界面设计、图形绘制和三维建模等方面进行了加强，可以帮助用户更好地从事图形设计。

　　本章主要介绍 AutoCAD 2012 版本的基础知识，包括软件的安装、工作界面、绘图环境的设置、操作命令的调用方法，以及对坐标系的设置等内容。

本章学习要点：

➢ 掌握软件的安装
➢ 熟识工作界面
➢ 设置绘图环境
➢ 设置坐标系

2.1　AutoCAD 概述

AutoCAD 是美国 Autodesk 公司于 1982 年推出的一款计算机辅助设计绘图软件，其英文名全称是 Automatic Computer Aided Design，含义是自动计算机辅助软件。

2.2.1　关于 AutoCAD

AutoCAD 自 1982 年开发以来，经过不断的改进和完善，经历了 10 多次的重大改进，版本进行相应升级，功能得到不断的完善。如图 2-1 所示为 AutoCAD 2012 版本启动画面。

AutoCAD 提供了多种与高级语言和数据库连接的方式，开放的体系结构便于用户进行二次开发和功能定制。其具有功能强大、易于掌握、使用方便等特点，能够绘制二维图形与三维图形、标注图形尺寸、渲染图形以及打印输出图纸，深受广大技术人员的喜爱。

2.2.2　AutoCAD 软件的应用

AutoCAD 具有绘制二维图形、三维图形、标注图形、协同设计、图纸管理等功能，广泛应用于机械、建筑、电子、航天、石油、化工、地质等领域，是目前世界上使用最为广泛的计算机绘图软件，如图 2-2 所示。

图 2-1　AutoCAD 2012 软件

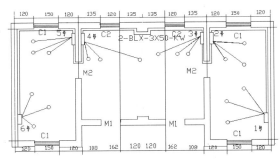

图 2-2　建筑电气安装平面图

在不同的行业中，Autodesk 开发了行业专用的版本和插件，其中，机械设计与制造行业中发行了 AutoCAD Mechanical 版本；电子电路设计行业中发行了 AutoCAD Electrical 版本；勘测、土方工程与道路设计行业中发行了 Autodesk Civil 3D 版本；没有特殊要求的服装、机械、电子、建筑行业的公司都是用的 AutoCAD Simplified 版本。

2.2　AutoCAD 2012 的启动与安装

AutoCAD 2012 作为大型工程软件对计算机系统配置的要求较高，安装过程比较复杂。在安装完成后，便可以通过多种方法进行启动。

2.2.1　安装 AutoCAD 2012

在安装 AutoCAD 2012 时，要先确认 Windows 操作系统是 32 位还是 64 位版本，然后安装合适版本的 AutoCAD。

下载合适的 AutoCAD 2012 压缩文件进行解压。在打开的安装界面中，单击【安装】按钮；在【许可协议】对话框中，单击【我接受】单选按钮，并单击【下一步】按钮；在打开的【产品信息】对话框中，填写序列号和密钥进行安装，如图 2-3 所示；在打开的【配置安装】对话框中，勾选相应的插件选项，然后单击【安装】按钮；在最终的【安装】对话框中单击【完成】按钮，即可完成安装，如图 2-4 所示。

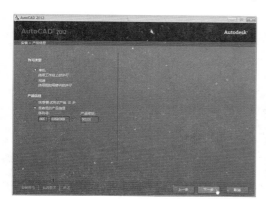

图 2-3　填写产品信息

图 2-4　安装完成

2.2.2　启动 AutoCAD 2012

将 AutoCAD 2012 软件安装完成之后，进行软件的启动。启动 AutoCAD 2012 绘图软件的方法有以下几种。

❑ **通过【开始】菜单启动**

选择【开始】>【所有程序】>Autodesk>AutoCAD 2012-Simplified Chinese>AutoCAD 2012 命令，如图 2-5 所示。

❑ **通过双击桌面快捷图标启动**

在成功安装 AutoCAD 2012 软件后，在桌面上会自动创建一个 AutoCAD 2012 快捷图标，双击该图标，即可启动软件，如图 2-6 所示。

❑ **通过双击打开具有 AutoCAD 格式的文件**

2.2.3　退出 AutoCAD 2012

在完成图形的绘制及编辑的操作并对文件进行保存之后，应退出 AutoCAD 2012。退出 AutoCAD 2012 的主要方法如下。

❑ 单击 AutoCAD 2012 界面上的【应用程序】按钮，在打开的菜单中单击【退出 AutoCAD 2012】按钮，如图 2-7 所示。

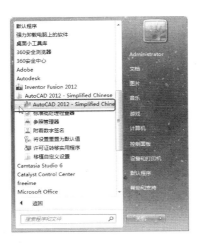

图 2-5　通过【开始】菜单启动　　　　图 2-6　快捷图标

❏　单击 AutoCAD 2012 窗口右上角的【关闭】按钮退出软件，如图 2-8 所示。

单击该按钮

图 2-7　应用程序菜单

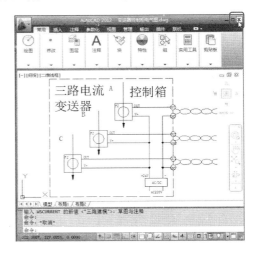

图 2-8　单击【关闭】按钮退出软件

2.3　AutoCAD 2012 工作界面

　　新版 AutoCAD 2012 软件除了融合早期版本的操作界面的风格外，还可以轻松地在不同的工作空间来回切换绘图，这些工作空间的操作界面大致相同。下面将以"草图与注释"工作空间为例，来简单介绍 AutoCAD 2012 软件的操作界面。

　　AutoCAD 2012 的操作界面主要包括标题栏、应用程序菜单、快速访问工具栏、功能区、绘图区、命令行、快捷菜单和状态栏等，如图 2-9 所示。

2.3.1　应用程序菜单

　　应用程序菜单位于操作界面的左上角，它主要提供了文件管理与图形发布，以及选项设置的快捷路径方式。单击【应用程序】按钮，在该菜单中可以进行新建文件、保存文件、打印图纸、发布图纸以及退出 AutoCAD 2012 等操作命令。

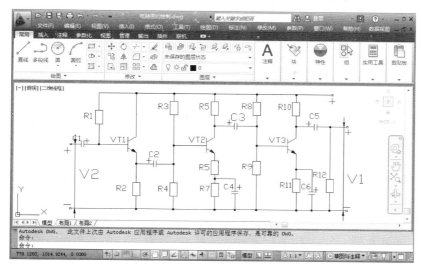

图 2-9　AutoCAD 2012 操作界面

最新版本 AutoCAD 2012 对该功能重新进行了改进，增加了图形实用工具，以便于用户进行图形的快速设置，如图 2-10 所示。

2.3.2　快速访问工具栏

快速访问工具栏为用户提供了一些常用的操作及设置。单击【快速访问工具栏】右侧的下拉按钮，用户可以根据自己的习惯和工作需要添加或移除快捷工具。

执行【显示菜单栏】命令，在标题栏的下方则会显示出菜单栏，若执行【隐藏菜单栏】命令，则菜单栏将被隐藏，如图 2-11 所示。

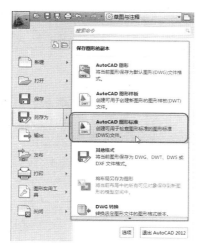

图 2-10　应用程序菜单

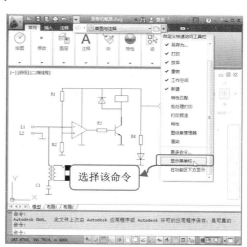

图 2-11　快速访问工具栏

2.3.3 标题栏

标题栏位于该软件最上端，它是由【应用程序菜单】、【快速访问工具栏】、【当前文档标题】、【搜索栏】、【帮助】以及窗口控制按钮这几项功能组成，如图2-12所示。

图2-12 标题栏

在标题栏中，可以快速地对图形文件进行操作，也可以通过标题栏了解当前图形文件的相应信息，其中各组成部分的常用功能如下。

- ❑ **快速访问工具栏** 其中包括了各种常用的文件操作命令，如新建、打开、保存、打印等，也可以自行添加或删除命令选项。
- ❑ **应用程序名称** 主要用于显示当前窗口的程序名、版本号以及当前正在编辑的图形文件名称等。如图2-12所示的AutoCAD的应用程序名称，2012为版本号，录音机电路1.dwg为当前正在编辑的图形文件名称。
- ❑ **搜索区** 该区域可用于搜索各种命令的使用方法、相关操作等。
- ❑ **窗口控制按钮** 主要用于控制程序窗口操作，包括【最小化】、【最大化/恢复窗口大小】和【关闭】按钮。

2.3.4 功能区

功能区位于标题栏下方，它是由工具栏和命令选项卡两部分组成的。在工具栏中任意选择某项命令，会在其下方打开与该命令相对应的功能选项卡，如图2-13所示。

图2-13 功能区

在功能区中，单击下拉按钮将弹出隐藏的命令。单击【最小化为面板标题】按钮 ，可以将面板最小化。在AutoCAD 2012中可以设置选项卡的显示数目，同时还可以设置各选项卡中面板的显示数量，如将【注释】选项卡中【标注】面板隐藏，可以在选项卡上单击鼠标右键，在弹出的快捷菜单中选择【显示面板】命令，然后取消选中【标注】复选框，如图2-14所示。

2.3.5 绘图区

绘图区位于界面正中间，是最主要的操作区域，所有图形的绘制都是在该区域中完成的，如图 2-15 所示。该软件支持多文档操作。绘图区可以显示多个绘图窗口，每个窗口显示一个图形文件，标题加亮显示为当前窗口。

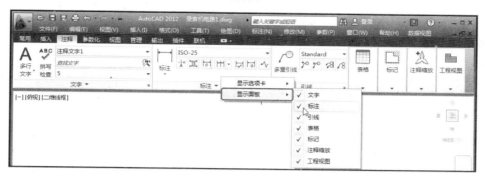

图 2-14　隐藏面板

在绘图窗口中除了显示当前的绘图效果外，还显示了当前使用的坐标系类型以及坐标原点、X 轴、Y 轴、Z 轴的方向等。

2.3.6　命令行

命令行位于绘图区下方，用于从键盘输入命令和参数；命令历史窗口用于显示曾经执行的命令和运行状态。用户在该命令行中输入所需命令后，按空格（或回车键），即可执行相应的命令操作，如图 2-16 所示。

命令窗口既可以是固定的，也可以是浮动的。浮动命令窗口像其他浮动窗口一样，可以设置自动隐藏、调节窗口大小等。

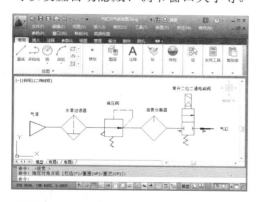

图 2-15　绘图区

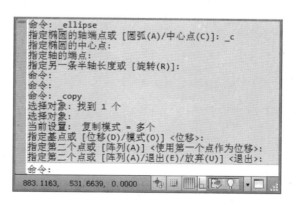

图 2-16　命令行

2.3.7　状态栏

状态栏位于界面最下方，它分为应用程序状态栏和图形状态栏两种，分别为用户提供打开或关闭图形工具的有用信息和按钮，可以通过系统变量"STATUSBAR"或者使用工作空间来控制。这两种状态栏可显示光标的坐标值、辅助功能按钮、布局、导航工具及用于快速查看和注释缩放的工具，如图 2-17 所示。

图 2-17　状态栏

- ❑ **坐标值**　用户可以快速查看当前光标的位置及对应的坐标值。移动鼠标，坐标值也随之变化，单击坐标值区域可以关闭该功能。
- ❑ **辅助功能按钮**　辅助功能按钮都属于开关型按钮，即单击某个按钮，使其呈凹陷状态，表示启用该功能，再次单击该按钮表示关闭该功能。其中包括了捕捉、栅格、正交、极轴追踪、对象捕捉以及动态输入等按钮。
- ❑ **布局**　在此状态栏中，单击【模型或图纸空间】按钮 模型，可以将当前模型空间切换为图纸空间；单击【快速查看】按钮，可以快速查看布局效果；单击【快速查看图形】按钮，可以快速查看当前布局中的图形对象。

2.3.8　快捷菜单

通常快捷菜单是隐藏的，在绘图窗口空白处右击，即可弹出快捷菜单，而在无操作状态下的快捷菜单与在操作状态下的快捷菜单是不相同的，如图 2-18 和图 2-19 所示。

　　图 2-18　无操作状态下的快捷菜单　　　　图 2-19　操作状态下的快捷菜单

2.4　设置 AutoCAD 2012 绘图环境

在进行绘图之前需要对绘图环境进行一些必要的设置，包括工作单位的设置、绘图边界的设置、绘图比例的设置等操作。

2.4.1　切换工作空间

打开 AutoCAD 2012 软件进入界面，系统提供了【草图与注释】、【三维基础】、【三维建模】以及【AutoCAD 经典】这 4 个工作空间，另外还可以自行创建工作空间。切换工作空间的方法如下。

❏ **通过单击【工作空间】按钮切换工作空间**

在打开的下拉菜单中，选择需要切换的工作空间选项，如图 2-20 所示。在菜单中单击【工作空间设置】命令，将打开【工作空间设置】对话框，如图 2-21 所示，利用该对话框可以控制工作空间的显示、菜单顺序和保存设置。

❏ **通过状态栏切换工作空间**

在状态栏中单击【切换工作空间】按钮，并在弹出的快捷菜单中选择相应的命令即可。

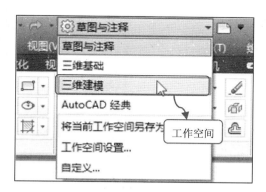

图 2-20　切换工作空间

图 2-21　【工作空间设置】对话框

2.4.2　设置绘图单位

在进行绘图之前，首先要进行工作单位的设置。这里的工作单位包括长度单位、角度单位、缩放单位、光源单位，以及方向控制等。选择【格式】>【单位】命令，打开【图形单位】对话框，如图 2-22 所示。在该对话框中各选项的含义如下。

❏ **长度**　在【类型】下拉列表中选择长度单位的类型；在【精度】下拉列表中选择长度单位的精度。

❏ **角度**　在【类型】下拉列表中选择角度单位的类型；在【精度】下拉列表中选择角度单位的精度。选中【顺时针】复选框，以顺时针方向旋转的角度为正方向；取消选中则以逆时针方向旋转为正方向，如图 2-23 所示。

❏ **插入时的缩放单位**　在此下拉列表中可以选择插入图块时的单位，这也是当前绘图环境的尺寸单位。

❏ **方向**　单击此按钮，在打开的对话框中，可设置基准角度，即设置 0 度的相对角度。

2.4.3　设置绘图比例

设置绘图比例的关键在于根据图纸单位来指定合适的绘图比例，与所绘制图形的精确度有很大的关系。

图 2-22 【图形单位】对话框

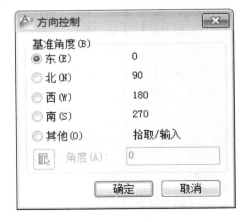

图 2-23 【方向控制】对话框

在菜单栏中执行【格式】>【比例缩放列表】命令，在打开的【编辑图形比例】对话框中，单击【添加】按钮，如图 2-24 所示。在【添加比例】对话框中，设置【显示在比例列表中的名称】为 1:100，并设置好【比例特性】选项组中的相关参数，如图 2-25所示。单击【确定】按钮，完成比例设置。

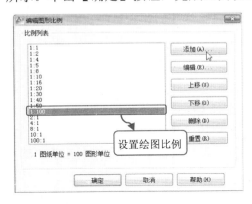

图 2-24 【编辑图形比例】对话框

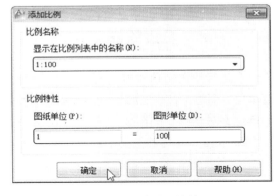

图 2-25 【添加比例】对话框

2.4.4 设置命令行属性

若要设置命令行的字体属性，可在命令行中单击鼠标右键，在弹出的快捷菜单中选择【选项】命令，弹出【选项】对话框，如图 2-26 所示。在【显示】选项卡下，单击【字体】按钮，弹出【命令行窗口字体】对话框，即可进行命令行字体的设置，如图 2-27所示。

若要调整命令行的行数，将鼠标光标移动到绘图区与命令提示行的交界处，当鼠标光标呈↕状时，按住鼠标左键不放，上下移动鼠标，即可调整命令提示行的行数。

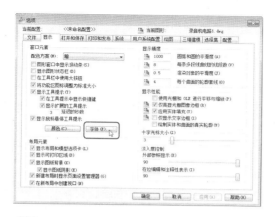

图 2-26 【选项】对话框

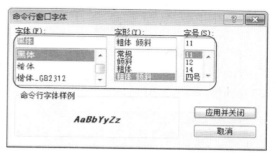

图 2-27 【命令行窗口字体】对话框

2.4.5 十字光标的设置

用户可根据绘图习惯来改变十字光标的相关属性。有时为了检验两条线段是否在同一直线上，这时十字光标就非常有用了，因为十字光标的延长线是水平或垂直的，很容易观察两条线段是否在同一条直线上。

在绘图窗口中单击鼠标右键，在弹出的快捷菜单中选择【选项】命令，在弹出的【选项】对话框中切换到【显示】选项卡，在【十字光标大小】选项组的文本框中，输入十字光标大小的百分值为 100，如图 2-28 所示。然后切换至【绘图】选项卡，拖动【靶框大小】选项组中的滑块，来调节靶框的大小。单击【确定】按钮，完成十字光标大小的设置，如图 2-29 所示。

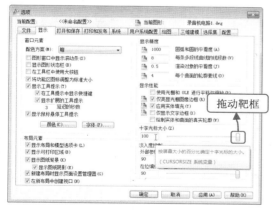

图 2-28 【选项】对话框

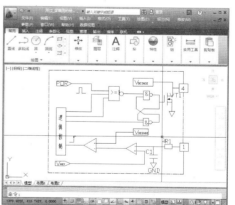

图 2-29 设置十字光标效果

2.5 操作命令调用方法

在 AutoCAD 2012 中操作命令的调用方法有多种，例如使用命令行调用命令、利用功能菜单调用命令等。另外还要进行相应的重复与取消等操作命令。

2.5.1 使用命令行操作

在 AutoCAD 2012 的命令行中输入相应的英文全称或英文缩写，然后按 Enter 键，即可执行输入的命令。例如，在命令行中输入"C"快捷绘图命令，按 Enter 键，便可进行圆的绘制，如图 2-30 所示。

命令: C
CIRCLE 指定圆的圆心或 [三点(3P)/两点(2P)/切点、切点、半径(T)]:
指定圆的半径或 [直径(D)]: 200
命令:
1799.4631, 991.4522 , 0.0000

图 2-30　使用命令行调用命令

2.5.2 使用功能菜单操作

在功能区中，每个选项卡中都包含了多个功能面板，在每个面板中都有相关的命令按钮，执行其中任何一个按钮都可执行相应的命令，在命令行的提示下进行命令操作，如图 2-31 所示，单击【镜像】命令。

图 2-31　使用功能面板调用命令

2.5.3 重复命令操作

在上一次命令结束后，若要重复使用该命令，可在命令行提示后直接按 Enter 键或空格键，即可进行上一次的操作。

如果想要执行前几次使用过的命令，可在命令行中按 ↑ 键，在命令行中便可出现执行过的命令，选择所要执行的命令，按 Enter 键或空格键即可执行命令操作。

2.5.4 取消命令操作

在进行图形绘制的时候，难免会出现错误，这就要执行取消错误的命令。取消已执行的命令有以下几种方法。

- ❑ **【放弃】按钮**　单击快速访问工具栏中的【放弃】按钮↶，可放弃前一次执行的操作。单击该按钮后的下拉按钮，在打开的下拉列表中选择需要撤销的命令操作，则该命令操作后的所有操作将同时被取消。
- ❑ **UNDO 命令**　在命令行中执行 UNDO 命令，可取消前一次命令的操作，多次执行该命令可取消前几次命令的执行结果。
- ❑ **OOPS 命令**　在命令行中执行 OOPS 命令，可以取消前一次删除的对象。

2.6　设置坐标系

任何图形对象的位置都是通过坐标系进行定位的，坐标系是 AutoCAD 绘图中不可缺少的元素，它是确定对象位置的基本方法。在绘图之前，了解各种坐标系的概念，掌握正确的坐标数据输入方法是很重要的。

2.6.1　坐标系概述

坐标系分为两种：世界坐标系和用户坐标系。

世界坐标系也称为 WCS 坐标系，它是 AutoCAD 中默认的坐标系。通常世界坐标系与用户坐标系是重合在一起的，世界坐标系是不能更改的。在二维图形中，世界坐标系的 X 轴为水平方向，Y 轴为垂直方向，世界坐标系的原点为 X 轴与 Y 轴的交点位置，如图 2-32 所示。

用户坐标系也称为 UCS 坐标系，用户坐标系是可以进行更改的，主要为绘制图形时提供参考。创建用户坐标系可以通过在菜单栏中执行相关命令来进行，也可以通过在命令窗口中输入命令 UCS 来进行，如图 2-33 所示。

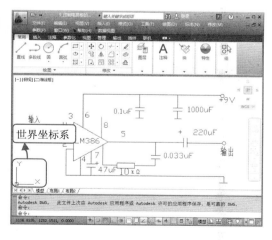

图 2-32　世界坐标系

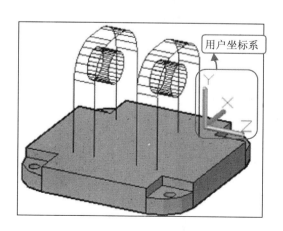

图 2-33　用户坐标系

2.6.2 输入坐标

在 AutoCAD 2012 中绘制图形对象时，经常需要输入点的坐标值来确定线条或图形的位置、大小和方向。输入坐标点时，可以通过输入绝对直角坐标、相对直角坐标、绝对极坐标、相对极坐标等方法确定。

❑ **绝对直角坐标**

绝对直角坐标的输入方法是：以坐标原点（0,0,0）为基点来定位其他所有的点，用户可以输入（X,Y,Z）坐标来确定点在坐标系中的位置，如（2,7,0）。

X 值表示此点在 X 方向与原点间的距离；Y 值表示此点在 Y 方向到原点间的距离；Z 值表示此点在 Z 方向到原点间的距离。如果输入的点是二维平面上的点，则可省略 Z 坐标值。

❑ **相对直角坐标**

相对直角坐标的输入方法是：以某点为参考点，然后通过输入相对位移坐标的值来确定点。相对直角坐标与坐标系的原点无关，只有相对于参考点进行位移，其输入方法是在绝对直角坐标前添加"@"符号，如（@30,80）。

❑ **绝对极坐标**

绝对极坐标的输入方法是以指定点距原点之间的距离和角度来确定线段，距离和角度之间用尖括号（<）分开，如（70<45）。

❑ **相对极坐标**

相对极坐标与绝对极坐标较为类似，不同的是，绝对极坐标的距离是相对于原点的距离，而相对极坐标的距离则是指定点到参考点之间的距离，而且在相对极坐标值前要加上"@"符号，如（@70<45）。

2.6.3 更改坐标样式

用户坐标系的样式是可根据需要进行更改的，在菜单栏中执行【视图】>【显示】>【UCS 图标】>【特性】命令，在【UCS 图标】对话框的【UCS 图标样式】选项组中选中【二维】或【三维】单选按钮，然后再设置图标大小和图标颜色，在【预览】选项区域会显示出坐标的预览效果，如图 2-34 和图 2-35 所示。

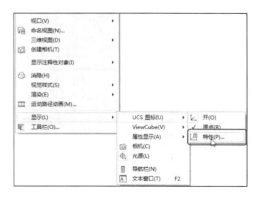

图 2-34 选择【特性】命令

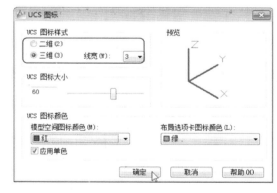

图 2-35 更改坐标样式

2.7 课堂练习

在了解了 AutoCAD 操作环境和一些基本功能之后，我们先来尝试跟着步骤绘制一些简单的电气元件，提前了解一下 AutoCAD 2012 的常用绘图命令，同时也了解一下常见电气元件的标准绘制方法。当然，如果您觉得有困难，也可以暂时跳过这一部分。

2.7.1 绘制无源器件

首先，我们来绘制几个无源器件，最常见的无源器件有电阻、电容和电感，如图 2-36～图 2-38 所示。绘制无源器件可直接在图层 0 上绘制。在本案例中主要介绍了矩形、对象捕捉、直线、镜像、块、分解、圆弧等知识点。

图 2-36　电阻　　　　　　图 2-37　电容　　　　　　图 2-38　电感

1．绘制电阻

电阻符号由一个矩形和两段直线组成，其操作步骤如下。

1 选择【常用】>【绘图】>【矩形】命令 □ ，绘制长宽分别为 30 和 10 的矩形，命令行提示内容如下。绘制完毕后，效果如图 2-39 所示。

```
命令:_ rectang
指定第一个角点或 [倒角(C)/标高(E)/圆角(F)/厚度(T)/宽度(W)]:（指定矩形的第一角点）
指定另一个角点或 [面积(A)/尺寸(D)/旋转(R)]: d                    （选择【尺寸】选项）
指定矩形的长度 <10.0000>: 30                                   （指定矩形长度）
指定矩形的宽度 <10.0000>:10                                    （指定矩形宽度）
指定另一个角点或 [面积(A)/尺寸(D)/旋转(R)]:                     （在空白处单击一点）
```

2 因为需要捕捉矩形左右两边的中点，所以要使对象捕捉模式中的中点模式是开启的状态。右击状态栏中的【对象捕捉】按钮，选择【设置】命令，打开【草图设置】对话框，切换到【对象捕捉】选项卡，选中【中点】复选框，单击【确定】按钮，如图 2-40 所示。

图 2-39　绘制矩形

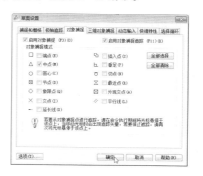

图 2-40　设置中点捕捉模式

3 设置完毕后，执行【直线】命令，按 Enter 键，然后在矩形左侧边捕捉中点并单击，如图 2-41 所示。

4 需要确定【正交模式】是启动的状态，单击【正交模式】按钮，如图 2-42 所示。

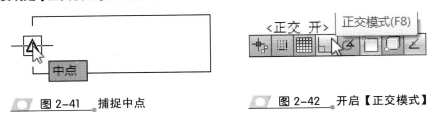

图 2-41　捕捉中点　　　　　　　　　图 2-42　开启【正交模式】

5 将光标移至矩形左侧，绘制一条长度为 10 的直线，如图 2-43 所示。

6 执行【镜像】命令，绘制电阻右侧引线，如图 2-44 所示。命令行提示内容如下。

命令：_mirror
选择对象：找到 1 个　　　　　　　　　　　　　　　　　（选取矩形左侧直线）
选择对象：　指定镜像线的第一点：指定镜像线的第二点　（依次单击矩形上下两边的中点）
要删除源对象吗？[是(Y)/否(N)] <N>：　　　　　　　　　（按 Enter 键确定）

图 2-43　绘制左侧引线　　　　　　　图 2-44　镜像效果

7 电阻绘制完毕后，若在 AutoCAD 中随时调用，则选择【常用】>【块】>【创建】命令，打开【块定义】对话框，单击【选择对象】按钮，返回绘图区域，选取整个电阻作为块对象。右击返回对话框，在【名称】文本框内输入"电阻"，然后单击【确定】按钮，如图 2-45 所示。

8 创建完毕后，即可将绘制的电阻图形对象保存为块，如图 2-46 所示。

图 2-45　【块定义】对话框　　　　　　图 2-46　创建成块

2. 绘制电容

电容符号由两段水平直线和两段竖直直线组成，其绘制步骤如下。

1 执行【矩形】命令，绘制一个长度为 9，宽度为 15 的矩形，如图 2-47 所示。

2 选择【常用】>【修改】>【分解】命令 ，对矩形进行分解操作，分解后选中一条边，便可看

AutoCAD 2012 中文版电气设计标准教程

出矩形已经分解，如图 2-48 所示。命令行提示内容如下。

```
命令：_explode
选择对象：找到 1 个                                          （选取矩形）
选择对象：                                                （按 Enter 键）
```

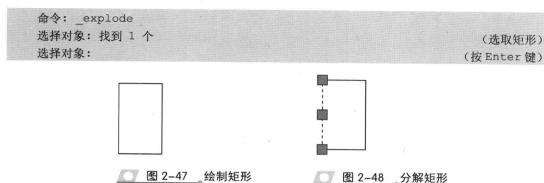

图 2-47　绘制矩形　　　　图 2-48　分解矩形

③ 选取矩形的上下两条边，按 Delete 键，删除即可。或者执行【删除】命令进行删除，效果如图 2-49 所示。命令行提示内容如下。

```
命令：_erase
选择对象：找到 1 个                                     （选取矩形上边）
选择对象：找到 1 个，总计 2 个                            （选取矩形下边）
选择对象：                                                （按 Enter 键）
```

④ 选择【常用】>【绘图】>【直线】命令／，捕捉左边直线的中点向左绘制长度为 17.5 的水平直线，然后捕捉右边直线的中点向右绘制长度为 17.5 的水平直线，如图 2-50 所示。

图 2-49　删除边　　　　图 2-50　绘制水平直线

⑤ 选择【创建】命令，在弹出的对话框中单击【选择对象】按钮，选取电容图形对象，然后输入块名称为"电容"，最后单击【确定】按钮即可。

3．绘制电感

电感符号由几段首尾连接的半圆弧和两段水平直线组成，其绘制步骤如下。

① 选择【常用】>【绘图】>【圆弧】命令／，绘制一个半径为 6 的半圆弧，效果如图 2-51 所示。命令行提示内容如下。

```
命令：_arc 指定圆弧的起点或 [圆心(C)]: 0,0              （指定圆弧起点）
指定圆弧的第二个点或 [圆心(C)/端点(E)]: c               （选择【圆心】选项）
指定圆弧的圆心：@-6,0                                      （指定圆心）
指定圆弧的端点或 [角度(A)/弦长(L)]: a                    （选择【角度】选项）
指定包含角：180                                         （指定圆心角）
```

② 选择【复制】命令，绘制出 4 个相连接的半圆弧，效果如图 2-52 所示。命令行提示内容如下。

```
命令：_copy
选择对象：找到 1 个                                         （选取半圆弧）
选择对象：
当前设置：复制模式 = 多个                                    （按 Enter 键）
指定基点或 [位移(D)/模式(O)] <位移>：              （指定半圆弧左角点为基点）
指定第二个点或 [阵列(A)] <使用第一个点作为位移>：    （指定半圆弧右角点为第二点）
指定第二个点或 [阵列(A)/退出(E)/放弃(U)] <退出>：（指定第二个半圆弧右角点为第二点）
指定第二个点或 [阵列(A)/退出(E)/放弃(U)] <退出>：（指定第三个半圆弧右角点为第二点）
指定第二个点或 [阵列(A)/退出(E)/放弃(U)] <退出>：        （按 Enter 键确定）
```

图 2-51　绘制圆弧

图 2-52　复制圆弧

③ 执行【直线】命令，在【正交模式】下，捕捉电感圆弧左端点，向下绘制长度为 10 的垂直线。然后使用同样的方法绘制右端的垂直线，如图 2-53 所示。

④ 选取整个电感后，选择【创建】命令，在打开的对话框中定义块名为"电感"。设置完毕后单击【确定】按钮即可，如图 2-54 所示。

图 2-53　绘制电感

图 2-54　创建块

2.7.2　绘制半导体器件

最常见的半导体器件有二极管和三极管，如图 2-55 和图 2-56 所示。在本案例中，主要介绍了绘制正多边形、旋转、捕捉直线、分解、移动、修剪、箭头等内容。

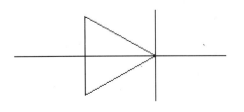

图 2-55　二极管

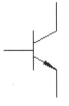

图 2-56　三极管

1. 绘制二极管

二极管由一个正多边形和两段直线组成，其绘制步骤如下。

☐ 选择【常用】>【绘图】>【正多边形】命令 ⬡，绘制正三角形，如图2-57所示。命令行提示内容如下。

```
命令: _polygon 输入侧面数 <4>: 3                                    (指定边数为3)
指定正多边形的中心点或 [边(E)]:                            (指定一点为中心点)
输入选项 [内切于圆(I)/外切于圆(C)] <I>:                  (选择【内切于圆】选项)
指定圆的半径: <正交 开> 20                                   (指定半径为20)
```

② 执行【旋转】命令，将正三角形进行旋转，如图2-58所示。命令行提示内容如下。

```
命令: _rotate
UCS 当前的正角方向: ANGDIR=逆时针 ANGBASE=0
选择对象: 找到 1 个                                              (选取正三角形)
选择对象:                                                          (按Enter键)
指定基点:                                          (捕捉三角形的右下角点为基点)
指定旋转角度，或 [复制(C)/参照(R)] <0>: 30              (输入旋转角度，按Enter键)
```

图 2-57　绘制正三角形

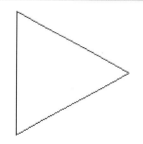
图 2-58　旋转三角形

③ 执行【直线】命令，在【对象捕捉】和【对象捕捉追踪】模式打开的情况下，以旋转过的三角形的右角点为基点，向右选取距离为30的点，如图2-59所示。

④ 指定完起点之后，向左绘制长度为90的水平直线，如图2-60所示。

图 2-59　指定直线起点

图 2-60　绘制水平直线

⑤ 继续以三角形的右角点为基点，距离向上20捕捉直线起点，并向下绘制长度为40的竖直直线，如图2-61所示。

⑥ 选取二极管后，选择【创建】命令，在打开的对话框中定义块名为"二极管"，设置完毕后单击【确定】按钮即可，如图2-62所示。

2. 绘制三极管

三极管由线段和箭头组合而成，其绘制步骤如下所示。

图 2-61　二极管　　　　　　　　　　　图 2-62　创建成块

1　执行【正多边形】命令，确定边数为 3，选择【内切于圆】选项，指定半径为 20，如图 2-63 所示。

2　选择【常用】>【修改】>【旋转】命令○，以三角形的左下角点为基点，顺时针旋转，指定旋转角度为-30，如图 2-64 所示。

3　执行【分解】命令，将三角形进行分解，然后选择【常用】>【修改】>【移动】命令✛，将右边的线段向左水平移动 20，效果如图 2-65 所示。命令行提示内容如下。

```
命令：_explode
选择对象：找到 1 个                                    （选择正三角形）
选择对象：                                            （按 Enter 键）
命令：_move
选择对象：找到 1 个                                    （选择右边线段）
选择对象：                                            （按 Enter 键）
指定基点或 [位移(D)] <位移>：                          （指定右边线段的中点）
指定第二个点或 <使用第一个点作为位移>：20              （向左输入 20，按 Enter 键）
```

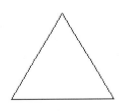　　　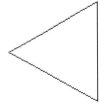　　　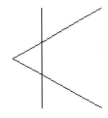

图 2-63　绘制三角形　　　　图 2-64　旋转三角形　　　　图 2-65　分解移动图形

4　执行【修剪】命令，将竖直线段左边的部分修剪掉，如图 2-66 所示。命令行提示内容如下。

```
命令：_trim
当前设置：投影=UCS，边=延伸
选择剪切边...
选择对象或 <全部选择>：找到 1 个                        （选择竖直线段）
选择对象：                                            （按 Enter 键）
选择要修剪的对象，或按住 Shift 键选择要延伸的对象，或
[栏选(F)/窗交(C)/投影(P)/边(E)/删除(R)/放弃(U)]：指定对角点：
                                                （窗交选取竖直线段左边部分）
选择要修剪的对象，或按住 Shift 键选择要延伸的对象，或
[栏选(F)/窗交(C)/投影(P)/边(E)/删除(R)/放弃(U)]：               （按 Enter 键）
```

5　执行【直线】命令，绘制长度为 25 的水平直线和两条竖直直线，如图 2-67 所示。

6 执行【多段线】命令，绘制下部分斜线上的箭头，如图2-68所示。命令行提示内容如下。

```
命令：_pline
指定起点：                                        （选取斜线与直线的交点为起点）
当前线宽为 0.0000
指定下一个点或 [圆弧(A)/半宽(H)/长度(L)/放弃(U)/宽度(W)]：w  （选择【宽度】选项）
指定起点宽度 <0.0000>：                            （按 Enter 键，确定起点宽度为 0）
指定端点宽度 <0.0000>：3                            （指定端点宽度为 3）
指定下一个点或 [圆弧(A)/半宽(H)/长度(L)/放弃(U)/宽度(W)]： <正交 关>
                                                 （选择斜线的中点）
指定下一点或 [圆弧(A)/闭合(C)/半宽(H)/长度(L)/放弃(U)/宽度(W)]： （按 Enter 键）
```

7 选定三极管图形对象后，选择【创建】命令，在弹出的【块定义】对话框的【名称】文本框内输入"NPN 三极管"，单击【确定】按钮，即可完成创建。

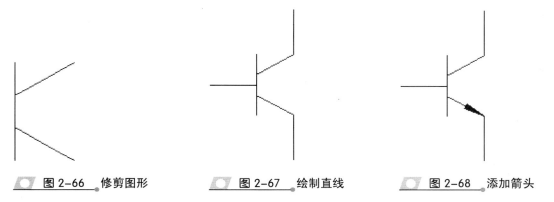

图 2-66　修剪图形　　　　　图 2-67　绘制直线　　　　　图 2-68　添加箭头

2.7.3　绘制开关

开关一般分为单极开关和多极开关两种，如图 2-69 和图 2-70 所示。在本案例中，将会介绍线型、直线、旋转、修剪等知识点。

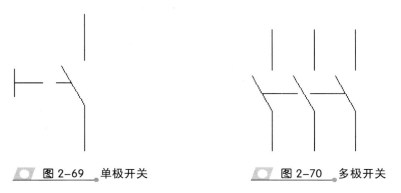

图 2-69　单极开关　　　　　　　　图 2-70　多极开关

1. 绘制单极开关

绘制单极开关，将会对线型进行相关设置，其绘制步骤如下。

1 执行【直线】命令，打开正交模式，绘制 3 条长度均为 10，且首尾相连的竖直直线，如图 2-71 所示。

2 单击【特性】面板的【线型】列表框右侧的下拉按钮，打开【线型】下拉列表，在列表中选择【其他】选项，如图 2-72 所示。

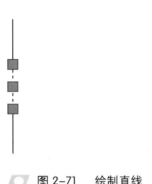

图 2-71　绘制直线　　　　　　　图 2-72　【线型】下拉列表

3 在打开的【线型管理器】对话框中单击【加载】按钮，将会弹出【加载或重载线型】对话框，选中合适的线型，单击【确定】按钮，如图 2-73 所示。

4 返回到【线型管理器】对话框，选中要加载的线型，并单击【当前】按钮，将该线型设定为当前线型，然后单击【确定】按钮即可，如图 2-74 所示。

图 2-73　选择加载线型　　　　　　图 2-74　将线型置为当前线型

5 执行【直线】命令，捕捉中间线段的中点并单击，然后向左绘制长度为 15 的水平线，如图 2-75 所示。

6 在【线型】下拉列表中选中 Continuous 置为当前线型。执行【直线】命令，绘制长度为 6 的竖直直线，该线段的中点为虚线的左端点，如图 2-76 所示。

7 执行【旋转】命令，以中间线段的下端点为基点，将中间线段逆时针旋转 30 度，如图 2-77 所示。

8 执行【修剪】命令，以倾斜的直线为剪切边，对虚线进行修剪，如图 2-78 所示。

9 选取刚绘制的单极开关符号，选择【创建】命令，在弹出的对话框中输入块名为"单极开关"，然后单击【确定】按钮即可创建成块。

2. 绘制多极开关

多极开关由直线和虚线组成，下面将为用户介绍绘制多极开关的操作步骤。

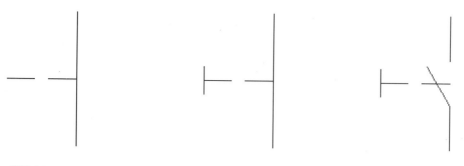

图 2-75　绘制水平虚线　　　图 2-76　绘制垂直直线　　　图 2-77　旋转直线

1 执行【直线】命令，绘制 3 条长度均为 10 并首尾相连的竖直直线，如图 2-79 所示。

2 执行【旋转】命令，以中间直线的下端点为基点，将中间的直线逆时针旋转 30 度，如图 2-80 所示。

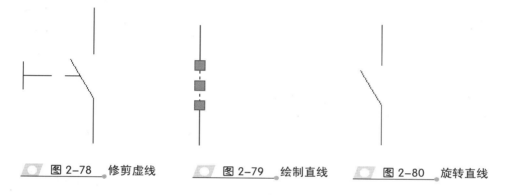

图 2-78　修剪虚线　　　图 2-79　绘制直线　　　图 2-80　旋转直线

3 执行【阵列】命令，对刚绘制的图形对象进行矩形阵列，如图 2-81 所示。命令行提示内容如下。

```
命令：_arrayrect
选择对象：指定对角点：找到 3 个                                    （选择阵列图形对象）
选择对象：                                                        （按 Enter 键）
类型 = 矩形   关联 = 是
为项目数指定对角点或 [基点(B)/角度(A)/计数(C)] <计数>：b          （选择【基点】选项）
指定基点或 [关键点(K)] <质心>：                           （选择底部直线的下端点为基点）
为项目数指定对角点或 [基点(B)/角度(A)/计数(C)] <计数>：           （按 Enter 键）
输入行数或 [表达式(E)] <4>：1                                    （确定行数）
输入列数或 [表达式(E)] <4>：3                                    （确定列数）
指定对角点以间隔项目或 [间距(S)] <间距>：20                       （输入间距数）
按 Enter 键接受或 [关联(AS)/基点(B)/行(R)/列(C)/层(L)/退出(X)] <退出>：
                                                                （按 Enter 键确定）
```

4 在【线型】下拉列表中选中线型 Acad_is002w100】置为当前线型。执行【直线】命令，依次捕捉两边旋转线段的中点，如图 2-82 所示。

5 选定整个多极开关后，执行【创建】命令，在打开的【块定义】对话框中输入块名称为 "多极开关"，单击【确定】按钮即可。

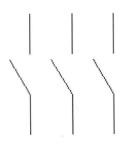

图 2-81　阵列图形

图 2-82　绘制虚线

2.8　课后习题

一、填空题

1. 中文版 AutoCAD 2012 为用户提供了"草图与注释"、"＿＿＿＿＿"、"＿＿＿＿＿"和"AutoCAD 经典"4 种工作空间。

2. 利用坐标辅助绘图是精确绘图的基础，也是确定对象位置的基本手段。在 AutoCAD 中，系统提供世界坐标系和＿＿＿＿两种不同的坐标系供用户使用。

3. 在使用指针输入坐标点时，第二点和后续点的默认设置为相对坐标。如果使用相对坐标，需要使用＿＿＿＿前缀。

二、选择题

1. 在"全屏显示"状态下，＿＿＿＿不显示在绘图界面内。

    A．标题栏　　　B．命令窗口
    C．状态栏　　　D．面板

2. 在 CAD 中线性管理器在＿＿＿＿菜单下。

    A．编辑　　　B．视图
    C．工具　　　D．格式

3. 以下＿＿＿＿坐标输入方式不属于绝对坐标输入方式。

    A．（80<60）　　　B．（@80<60）
    C．（40,50,35）　　D．（50,0）

三、上机练习

1. 绘制自耦变压器符号，如图 2-83 所示。

操作提示：使用【圆】命令绘制中间圆，然后使用【直线】命令绘制两条竖直线，最后使用圆弧命令绘制连接弧。

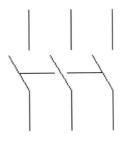

图 2-83　自耦变压器符号

2. 绘制暗装开关符号，如图 2-84 所示。

操作提示：使用【圆弧】命令绘制半圆弧，然后使用【直线】命令绘制水平直线和竖直直线，最后使用【图案填充】命令对半圆区域填充图案。

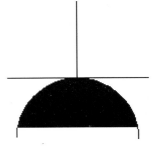

图 2-84　暗装开关符号

3. 绘制电气符号，如图 2-85～2-87 所示。

操作提示：绘制电动机时，可以先绘制圆，然后添加线段，最后添加文本注释。绘制三相变压器时，可以先绘制圆，然后将其复制，并添加直线。绘制热继电器时，可以先绘制矩形，然后绘制直线，并使用【偏移】和【复制】等命令。

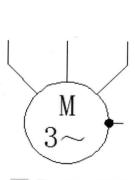

图 2-85 电动机

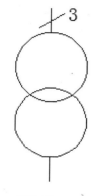

图 2-86 三相变压器

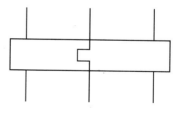

图 2-87 热继电器

第 3 章

AutoCAD 基本操作

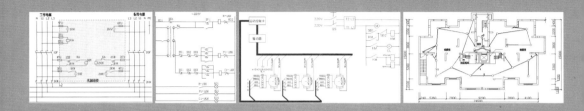

　　使用 AutoCAD 2012 进行绘制和编辑图形之前，除了要了解上一章所学的内容，另外还要掌握图形文件的管理方法、视图显示的基本操作，以及图层的设置和管理等内容。

　　本章为用户介绍管理 AutoCAD 图形文件、控制视图显示操作、设置图层和管理图层等内容，将详细地介绍在使用 AutoCAD 绘图前的一些基本操作。

本章学习要点：

➤ 掌握图形文件的管理
➤ 掌握视图的显示
➤ 掌握图层的设置
➤ 掌握图层的管理

3.1 管理 AutoCAD 图形文件

图形文件的操作是进行高效绘图的基础，它包括创建新的图形文件、打开已有的图形文件、保存图形文件和关闭图形文件。只有熟练地掌握 AutoCAD 2012 图形文件的操作，才能更好地对图形进行管理，方便对图形进行调用、编辑和修改等，提高绘图效率。

3.1.1 新建图形文件

当启动 AutoCAD 2012 软件后，系统将默认创建一个图形文件，并自动被命名为"Drawing1.dwg"，如果继续创建一个图形文件，其默认名称为"Drawing2.dwg"，以此类推。此外，用户也可以自定义创建新的图形文件。新建图形文件的主要方法有以下几种。

❑ 执行【文件】>【新建】命令。
❑ 通过应用程序菜单中的【新建】>【图形】命令。
❑ 在标题栏中单击【新建】按钮 。
❑ 在命令行中执行 NEW 命令。

执行上述任意一个【新建】文件命令后，将打开【选择样板】对话框，如图 3-1 所示。在该对话框中，可以选择一个模板作为模型来创建新的图形，在对话框右侧的【预览】栏中可预览到所选样板的样式，然后单击【打开】按钮，系统将打开一个基于该样板的新文件。

另外，在创建样板时，用户也可以不选择样板模式，从空白处创建文件。即单击【打开】按钮右侧的下拉按钮 ，如图 3-2 所示。若选择【无样板打开-英制】命令，即使用英制单位为计量标准绘制图形；选择【无样板打开-公制】命令，即使用公制单位为计量标准绘制图形。

图 3-1 【选择样板】对话框

图 3-2 选择图形文件的绘制单位

3.1.2 保存图形文件

保存图形文件就是将新创建或修改过的图形文件保存在电脑中。绘图过程中或绘图结束时都要保存或另存图形文件，以免出现意外情况时丢失当前所做的重要工作。

1．保存新图形文件

第一次保存新建的图形文件，其保存命令主要有以下几种。

❏ 执行【文件】>【保存】命令。

❏ 单击标题栏中的【保存】按钮 🖫。

❏ 按 Ctrl+S 组合键。

执行上述任意一个保存命令后，都将打开【图形另存为】对话框，在该对话框中输入文件名，并在【文件类型】下拉列表框中选择所需要的文件类型，然后单击【保存】按钮，如图 3-3 所示。

提 示

> AutoCAD 2012 默认的保存文件类型是【AutoCAD 2010 图形（*.dwg）】。另外还可以将图形文件保存为如*.dws、*.dwt 和*.dxf 等其他文件类型。

2．另存为图形文件

当用户不确定图形文件修改后的效果是否良好，可执行另存为命令。主要方法如下。

❏ 执行【文件】>【另存为】命令。

❏ 单击标题栏中的【另存为】按钮 🖫。

❏ 在命令行中执行 SAVEAS 命令。

执行上述任意一种另存为文件命令后，将打开【图形另存为】对话框，然后按照保存图形文件的方法对图形文件进行另存，在确定文件名时，用户可在原基础上任意改动，而不影响原文件。

3．间隔保存文件

前两种方法需要在操作过程中及时执行保存操作，如果在设计过程中忘记保存，同时出现意外情况时将导致文件丢失，造成不必要的麻烦。可采用设定间隔时间让计算机自动保存，图形，也能免去随时手动保存的麻烦。

在绘图区中单击鼠标右键，在弹出的快捷菜单中选择【选项】命令，在打开的【选项】对话框中切换至【打开和保存】选项卡，然后在【文件安全措施】选项组中选中【自动保存】复选框，设置自动保存间隔时间即可，如图 3-4 所示。

图 3-3 【图形另存为】对话框

图 3-4 设置自动保存间隔时间

3.1.3 打开图形文件

在电气设计过程中，并非每个电气符号的 AutoCAD 图形都必须绘制，可根据设计需要将已经保存在本地存储设备上的文件调出进行使用等。打开图形文件的主要方法如下。

- ❏ 执行【文件】>【打开】命令。
- ❏ 单击标题栏中的【打开】按钮📂。
- ❏ 在命令行中执行 OPEN 命令。

执行任意一种以上打开图形文件的方法，均可打开【选择文件】对话框，在该对话框的【查找范围】下拉列表框中选择要打开的文件路径，在【名称】列表框中选择要打开的图形文件后，单击【打开】按钮，即可打开该图形文件，如图 3-5 所示。

在【选择文件】对话框中展开【打开】按钮旁边的下拉菜单，将会显示以下 4 种打开文件的方式，如图 3-6 所示。

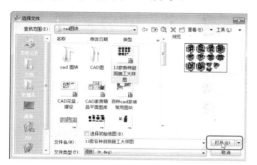

图 3-5 【选择文件】对话框

图 3-6 打开文件的方式

- ❏ **直接打开图形文件**

直接打开图形文件是最常用的打开方式，即在打开的【选择文件】对话框中双击该文件，或先选择图形文件再单击【打开】按钮，将打开当前图形文件。

- ❏ **以只读方式打开**

该打开方式表明文件以只读的方式打开，可进行编辑操作，但编辑后不能直接以原文件名存储，可另存为其他名称的图形文件。

- ❏ **局部打开**

选择该打开方式仅打开图形的指定图层。如果图形中除了电气对象，还包括尺寸、文字等内容并分别属于不同的图层，采用该方式，可选择其中的某些图层打开图样。该打开方式适合图样文件较大的情况，可提高软件的执行效率。

- ❏ **以只读方式局部打开**

以只读方式局部打开的方式打开当前图形文件，该方式与局部打开文件一样需要选择图层打开，并且可对当前图形进行编辑操作，但无法进行保存，可另存为其他名称的图形文件即可。

3.1.4 关闭图形文件

关闭图形文件与退出 AutoCAD 2012 软件不同，关闭图形文件只是关闭当前编辑的图形文件，而不是退出 AutoCAD 2012 软件。关闭图形文件主要有以下几种方法。

❑ 执行【文件】>【关闭】命令。

❑ 单击绘图区右上角的【关闭】按钮。

❑ 在命令行中执行 CLOSE 命令。

3.1.5 加密图形文件

对图形文件进行加密，可以确保图形数据的安全，要想打开加密后的图形文件，只有输入正确的密码后才能对图形进行查看和修改。

打开相关文件，单击【另存为】命令，在打开的【图形另存为】对话框中单击【工具】按钮，在打开的菜单中选择【安全选项】命令，打开相应的对话框，如图 3-7 所示，切换到【密码】选项卡，在【用于打开此图形的密码或短语】文本框中输入密码，单击【确定】按钮。打开【确定密码】对话框，在【再次用于打开此文件的密码】文本框内输入刚才设置的密码值，单击【确定】按钮即可。返回至【图形另存为】对话框，指定文件保存的路径和文件名。

然后打开刚加密的图形文件，在空白区内弹出【密码】对话框，输入设置好的密码值即可打开图形文件，如图 3-8 所示。

图 3-7 【安全选项】对话框　　　　图 3-8 输入密码

3.2 控制视图显示操作

在 AutoCAD 中绘制比较大的图形时，需要对其局部进行放大，才能更好地对其进行编辑。在完成编辑后，要观察绘图的整体效果，这时应将图形缩小以使其能全部显示。另外，还可以进行重画与重生成图形对象。

3.2.1 缩放视图

缩放视图可以增加或减少图形对象的屏幕显示尺寸，以便观察图形的整体结构和局部细节。缩放视图不改变对象的真实尺寸，只改变显示的比例。执行缩放命令主要有以下几种方法。

❑ 执行【视图】>【缩放】命令下的子命令。

❏ 在功能面板中执行【视图】>【二维导航】>【范围】命令以及下拉按钮中的命令。

❏ 在绘图区单击鼠标右键，在弹出的快捷菜单中选择【缩放】命令。

❏ 在命令行中执行 ZOOM 或 Z 命令。

在使用 ZOOM 命令对图形进行缩放的过程中，命令提示行中各选项的含义如下。

❏ **全部** 在当前窗口中显示全部图形。如果绘制的图形超出了图形界限以外，则以图形的边界所包括的范围进行显示。

❏ **中心** 以指定的点为中心进行缩放，然后相对于中心点指定比例缩放视图。

❏ **动态** 对图形进行动态缩放。将鼠标光标移动到所需位置，单击鼠标左键，然后拖动鼠标缩放当前视区框，按 Enter 键即可将当前视区框内的图形以最大化显示。

❏ **范围** 将当前窗口中的所有图形尽可能大地显示在屏幕上。

❏ **上一个** 返回前一个视口。当使用【其他】选项对视图进行缩放后，需要使用前一个视图时，可直接选择此选项。

❏ **比例** 根据输入的比例值缩放图形。

❏ **窗口** 选择该选项后，可以使用鼠标指定一个矩形区域，在该范围内的图形对象将最大化地显示在绘图区。

❏ **对象** 选择该选项后，再选择需要显示的图形对象，选择的图形对象将尽可能大地显示在屏幕上。

❏ **实时** 为默认选择的选项，执行 ZOOM 命令后即使有该选项，选择该选项将在屏幕上出现一个 形状的光标，按住鼠标左键不放向上移动则放大视图，向下移动则缩小视图，按退出或 Enter 键可以退出该命令。

3.2.2 平移视图

使用 AutoCAD 2012 在绘制图形的过程中，由于某些图形比较大，在放大进行绘制及编辑时，其余图形对象将不能进行显示，如果要显示绘图区边上或绘图区外的图形对象，但是不想改变图形对象的显示比例时，则可以使用平移视图功能，将图形对象进行移动。执行此命令的主要方法如下。

❏ 执行【视图】>【平移】命令下的子命令。

❏ 在功能面板中执行【视图】>【二维导航】>【平移】命令。

❏ 在绘图区单击鼠标右键，在弹出的快捷菜单中选择【平移】命令。

❏ 在命令行中执行 PAN 或 P 命令。

在执行【视图】>【平移】命令时，又将平移分为【实时平移】和【定点平移】两种命令，其各自的含义如下。

❏ **实时平移** 光标形状变成为手形，按住鼠标左键拖动可使图形的显示位置随鼠标向同一方向移动。

❏ **定点平移** 通过指定平移起始基点和目标点的方式进行平移。

3.2.3 重画与重生成视图

在 AutoCAD 2012 中，执行【重画】命令可以重绘图形，执行【重生成】命令可以重新生成图形。

1. 重画建筑图形

在 AutoCAD 绘图过程中，绘图区中会出现一些杂乱的标记符号，这是在删除操作拾取对象时留下的临时标记。这些标记符号实际上是不存在的，只是残留的重叠图像。此时可执行【视图】>【重画】命令来刷新绘图区，消除临时标记。

2. 重生成图形

重生成和重画在本质上是不一样的，执行【视图】>【重生成】命令可以重生成绘图区，此时系统从磁盘中调用当前图形的数据，比【重画】命令执行的速度慢，更新绘图区的时间长。在 AutoCAD 中，某些操作只有执行【重生成】命令后才可生效，例如改变点的样式。

> **提 示**
>
> 执行【视图】>【全部重生成】命令，可以同时更新多重视口。

3.3 设置图层

在使用 AutoCAD 绘图时，线段的线型、线宽的设置是很重要的。不同的线型、线宽所绘制出的线段，其表达的意义也不同，这在机械制图中足以体现。在 AutoCAD 软件中，图层命令也经常被用到，它可将复杂的图形进行分层管理，使得图形易于观察。

3.3.1 新建图层

图层是 AutoCAD 中一个重要的组织和管理图形对象的工具，是用来控制对象线型、线宽和颜色等属性的有效工具。AutoCAD 2012 允许在图纸中定义若干个图层，每个图层上的图形具有相对独立的属性。

在绘制图纸之前，需创建新图层。在绘制图形的时候根据需要会使用到不同的颜色和线型等，这就需要新建不同的图层来进行控制。执行【常用】>【图层】>【图层特性】命令，如图 3-9 所示，弹出【图层特性管理器】面板，单击【新建图层】按钮，进行图层的创建，如图 3-10 所示。

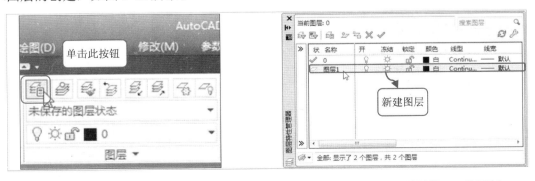

图 3-9 执行【图层特性】命令　　　图 3-10 【图层特性管理器】面板

AutoCAD 2012 中文版电气设计标准教程

3.3.2 图层颜色的设置

通过指定图形对象的颜色，可以直观地将图形对象进行编组，有助于区分图形中相似的元素。特别是通过图层指定颜色可以在图形中轻易地识别每个图层，为绘制和查看图形带来极大的方便。

在【图层特性管理器】面板中的【颜色】栏下，单击色块，打开【选择颜色】对话框。在该对话框中，有 3 个选项卡，下面将分别对其进行介绍。

1．索引颜色

在 AutoCAD 2012 软件中使用的颜色都为 ACI 标准颜色。每种颜色用 ACI 编号（1～255 之间）进行标识，如图 3-11 所示。而标准颜色名称仅适用于 1～7 号颜色，分别为：红、黄、绿、青、蓝、洋红、白/黑，如图 3-12 所示。

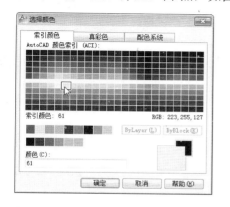

图 3-11 【索引颜色】选项卡

图 3-12 标准颜色选项

2．真彩色

真彩色使用 24 位颜色定义显示 1600 多万种颜色。在选择某色彩时，可以使用 HSL 或 RGB 颜色模式。通过 HSL 颜色模式，可选择颜色的色调、饱和度和亮度要素，如图 3-13 所示；通过 RGB 颜色模式，可选择颜色的红、绿、蓝组合，如图 3-14 所示。

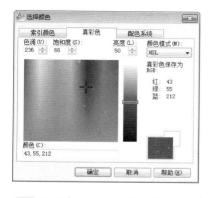

图 3-13 HSL 颜色模式

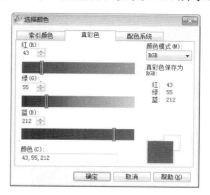

图 3-14 RGB 颜色模式

3．配色系统

AutoCAD 2012 包括多个标准 Pantone 配色系统。用户可载入其他配色系统，例如 DIC 颜色指南或 RAL 颜色集。载入用户定义的配色系统可以进一步扩充可供使用的颜色选择，如图 3-15 和图 3-16 所示。

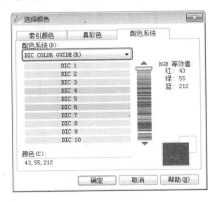

图 3-15　DIC 颜色指南

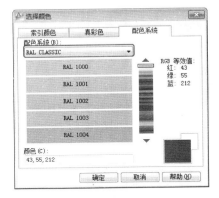

图 3-16　RAL 颜色集

3.3.3　图层线型的设置

线型是图形基本元素线条的组成和显示方式，如虚线和实线等。通过设置线型可以从视觉上很轻易地区分不同的绘图元素，便于查看和修改图形。另外，用户还可以自定义线型，以满足不同的需要。

要设置图层的线型，在相应的图层中单击【线型】标题下的【线型】对象，然后在打开的对话框中选择相应的线型，如图 3-17 所示。如果在当前对话框中没有合适的线型，可单击【加载】按钮，然后在打开的对话框中选择所需线型，如图 3-18 所示。

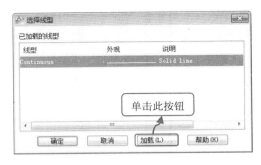

图 3-17　【选择线型】对话框

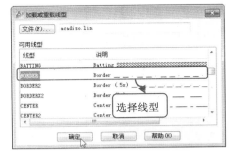

图 3-18　【加载或重载线型】对话框

提　示

在绘制图形的过程中，经常遇到细点划线或虚线间距太小或太大的问题，可采用修改线型比例改变其外观。选中需要修改的线型，在绘图区单击鼠标右键，在弹出的快捷菜单中选择【特性】命令，打开相应的对话框，在【常规】卷展栏下单击【线型比例】文本框，输入相应的比例数值，即可更改线型外观。

3.3.4 图层线宽的设置

线宽是指定宽度表现对象的大小或类型，通过控制图形显示和打印中的线宽，可以进一步区分图形中的对象。

要设置图层的线宽，需要在对应图层中单击【线宽】标题下的【线宽】对象，在打开的【线宽】对话框中选择对应线型即可，如图 3-19 所示。另外，也可以先选择需要修改的对象，然后选择【常用】>【特性】>【线宽】命令，展开【线宽】列表框，切换所需的线宽。

在【线宽】列表框的底部单击【线宽设置】选项，或者在菜单栏中选择【格式】>【线宽】命令，打开【线宽设置】对话框，调整线宽的比例，如图 3-20 所示。

图 3-19　【线宽】对话框

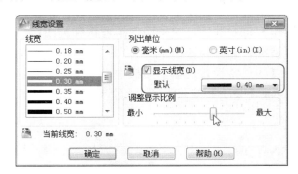

图 3-20　【线宽设置】对话框

3.4 管理图层

在【图层特性管理器】面板中，除了可创建图层并设置图层属性外，还可以对创建好的图层进行管理操作。例如图层的关闭、冻结、锁定，以及图层的复制外、合并和保存等操作。

在 AutoCAD 2012 中，执行【常用】>【图层】>【图层特性】命令，打开【图层特性管理器】面板，并显示出相应的图形对象，如图 3-21 和图 3-22 所示。

图 3-21　【图层特性管理器】面板

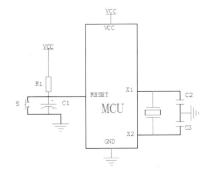

图 3-22　参照图形

3.4.1 置为当前层

若要在某个图层上绘制具有该图层特性的图形对象，应将该图层设置为当前图层。在 AutoCAD 中，将图层设置为当前图层的方法主要有以下几种。

- ❑ 单击【置为当前】按钮✅。
- ❑ 在图层上单击鼠标右键，在弹出的快捷菜单中选择【置为当前】命令。
- ❑ 选择【常用】>【图层】>【将对象的图层设为当前图层】命令 ⤵。

3.4.2 打开/关闭图层

默认情况下，图层都处于打开状态，在该状态下图层中的所有图形对象将显示在屏幕上，用户可对其进行编辑操作。若将其关闭后，该图层上的实体不再显示在屏幕上，也不能被编辑和打印输出。

在【图层特性管理器】面板中，选中所需设置的图层，单击该图层前的【打开】按钮💡，变成【关闭】按钮💡，则可对该图层进行隐藏操作，如图 3-23 和图 3-24 所示。

图 3-23 单击【打开】按钮

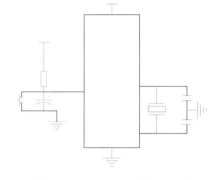

图 3-24 图层隐藏后的效果

3.4.3 冻结/解冻图层

冻结图层有利于减少系统重生成图形的时间，在冻结图层中的图形对象不参与重生成计算且不显示在绘图区中，用户不能对其进行编辑。若用户绘制的图形较大且需要重生成图形时，即可使用图层的冻结功能将不需要重生成的图层冻结，完成重生成后，可使用解冻功能将其解冻，恢复为原来的状态。

在【图层特性管理器】面板中，选择所需的图层，单击【冻结】按钮☼，当其变成【雪花】图样❋，即可完成图层的冻结，如图 3-25 和图 3-26 所示。

3.4.4 锁定/解锁图层

将图层进行锁定，将无法修改该图层上的所有对象。锁定图层可以降低意外修改对

AutoCAD 2012 中文版电气设计标准教程

象的可能性。当锁定某图层后，该图层颜色会比没有锁定之前要浅一些，同时被锁定的对象不能够进行编辑，如图 3-27 和图 3-28 所示。

图 3-25　单击【冻结】按钮

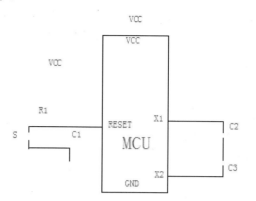

图 3-26　图层冻结后的效果

图 3-27　单击【锁定】按钮

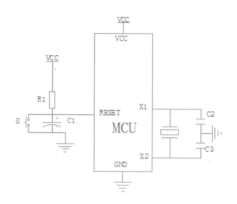

图 3-28　图层锁定后的效果

3.4.5　删除图层

在绘图时，可以创建多个图层，以方便绘制图形。但是，创建过多的图层，反而不利于图形的绘制，在【图层特性管理器】对话框中可以将多余的图层删除。选中图层，单击【删除图层】按钮✖，或者单击鼠标右键，在弹出的快捷菜单中选择【删除图层】命令即可删除图层。

> **提　示**
>
> 其中被参照的图层不能删除，包括图层 0、图层 Defpoints、包含对象的图层、当前图层和依赖外部参照的图层。

3.4.6　合并图层

合并图层是将选定图层合并到目标图层中，并将以前的图层从图形中删除。

执行菜单栏中的【格式】>【图层工具】>【图层合并】命令，根据命令窗口的提示，在绘图窗口中，选择要合并的图层上的对象，这里选择【实线】层上的对象，其后选择目标图层上的对象，确定【文字】层为目标对象，弹出文本框，根据命令的提示输入"Y"，即可将图层合并，如图 3-29 和图 3-30 所示。

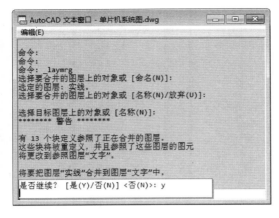

图 3-29　AutoCAD 文本窗口

图 3-30　图层合并后的效果

3.4.7　隔离图层

图层隔离与锁定在用法上相似，都是为了降低在进行图层操作时，其他图层受到意外修改可能性，其区别在于图层隔离只能将选中的图层进行修改操作，而其他未被选中的图层都为锁定状态，无法进行编辑；而锁定图层只是将当前选中的图层进行锁定，无法编辑。

执行菜单栏中的【格式】>【图层工具】>【图层隔离】命令，根据命令窗口中的提示，在绘图窗口中选中所要隔离的图层对象，按 Enter 键，即可将其隔离，如图 3-31 和图 3-32 所示。

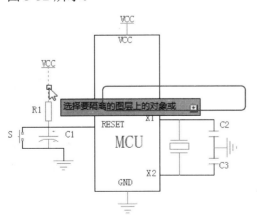

图 3-31　选择要隔离的图层上的对象

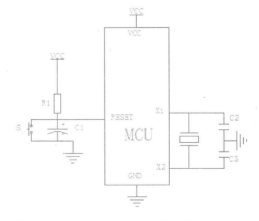

图 3-32　图层隔离后的效果

3.4.8　保存并输出图层

　　绘制较复杂的图形时，需要创建多个图层并为其设置相应的图层特性，若每次绘制新的图形时都要创建和设置这些图层，则会十分麻烦且降低工作效率。因此，AutoCAD 2012 为用户提供了保存及调用图层特性的功能，即用户将创建好的图层以文件的形式保存起来，在绘制其他图形时，直接将其调用到当前图形中即可。

　　在【图层特性管理器】面板中，单击【图层状态管理器】按钮，在打开的对话框中单击【新建】按钮，打开【要保存的新图层状态】对话框，如图 3-33 所示，在文本框中输入名称和相关说明，单击【确定】按钮，返回至上层对话框，单击【输出】按钮，打开【输出图层状态】对话框，选择保存路径，并确定文件名，然后单击【保存】按钮即可，如图 3-34 所示。

　　图 3-33　【要保存的新图层状态】对话框　　　　**图 3-34**　【输出图层状态】对话框

3.5　课堂练习

3.5.1　绘制信号器件

　　常用的信号器件有信号灯、电铃、蜂鸣器等，如图 3-35～图 3-37 所示。在本案例中将会介绍圆、直线、旋转、修剪等知识点。

　　图 3-35　信号灯　　　　　　**图 3-36**　电铃　　　　　　**图 3-37**　蜂鸣器

1. 绘制信号灯

信号灯由圆和直线组合而成，其绘制步骤如下。

1️⃣ 选择【常用】>【绘图】>【圆】命令 ⊘，绘制半径为 20 的圆，如图 3-38 所示。

2️⃣ 右击状态栏中的【对象捕捉】按钮，选择【设置】命令，打开【草图设置】对话框，切换到【对象捕捉】选项卡，选中【象限点】复选框，然后单击【确定】按钮，如图 3-39 所示。

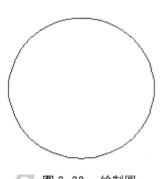

图 3-38　绘制圆　　　　　　　图 3-39　选中【象限点】复选框

3️⃣ 执行【直线】命令，捕捉圆的象限点并上下左右连接，如图 3-40 所示。

4️⃣ 执行【旋转】命令，以圆心为基点，对刚绘制的两条直线进行 45 度旋转，如图 3-41 所示。

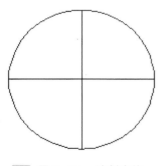
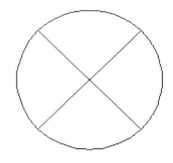

图 3-40　绘制直线　　　　　　　图 3-41　旋转直线

5️⃣ 选定整个信号灯后，执行【创建】命令，在打开的【块定义】对话框中输入块名称为"信号灯"，单击【确定】按钮即可。

2. 绘制电铃

电铃是由圆弧和直线组合而成的，其绘制步骤如下。

1️⃣ 执行【圆弧】命令，绘制圆弧，其效果如图 3-42 所示。命令行提示内容如下。

```
命令：_arc 指定圆弧的起点或 [圆心(C)]：c          （选择【圆心】选项）
指定圆弧的圆心：0,0                              （指定圆心坐标）
指定圆弧的起点：@0,-10                           （指定圆弧起点）
指定圆弧的端点或 [角度(A)/弦长(L)]：a            选择【角度】选项）
指定包含角：180                          （输入角度并按 Enter 键确定）
```

AutoCAD 2012 中文版电气设计标准教程

2 执行【直线】命令，分别捕捉圆弧端点作为直线的起点和端点，如图 3-43 所示。

3 继续执行【直线】命令，在【对象捕捉】和【对象捕捉追踪】模式打开的情况下，以直线的上端点为基点，向下选取距离为 5 的点，如图 3-44 所示。

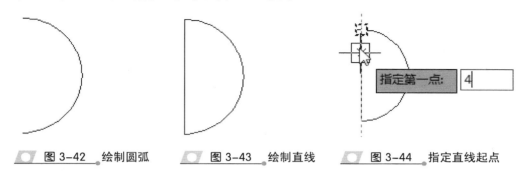

图 3-42　绘制圆弧　　　　图 3-43　绘制直线　　　　图 3-44　指定直线起点

4 指定直线的起点后向左绘制长度为 6 的直线，接着再向上绘制长度为 18 的垂直直线，如图 3-45 所示。

5 选择【常用】>【修改】>【镜像】命令▲，以圆弧的中点为基点，将垂直的两条直线进行镜像操作，如图 3-46 所示。

6 选定整个电铃图形对象后执行【创建】命令，在打开的【块定义】对话框中输入块名称为"电铃"，单击【确定】按钮即可，如图 3-47 所示。

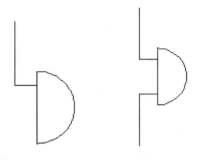

图 3-45　绘制直线　　　　图 3-46　镜像直线　　　　图 3-47　创建块

3．绘制蜂鸣器

蜂鸣器的绘制步骤如下。

1 执行【圆弧】命令，绘制半圆弧，如图 3-48 所示。

2 执行【直线】命令，分别捕捉圆弧端点作为直线的起点和端点，如图 3-49 所示。

3 继续执行【直线】命令，捕捉圆弧的中心点为起点，向左绘制长度为 14 的水平直线，如图 3-50 所示。

4 执行【偏移】命令，将刚绘制的水平直线分别向上和向下偏移，距离为 4，如图 3-51 所示。

5 执行【修剪】命令，以圆弧为剪切边，对偏移的直线进行修剪，并删除中间的直线，如图 3-52 所示。

6 执行【直线】命令，以第一条直线的左端点为起点，向上绘制长度为 18 的竖直直线。然后以第二条直线的左端点为起点，向下绘制长度为 18 的竖直直线，如图 3-53 所示。

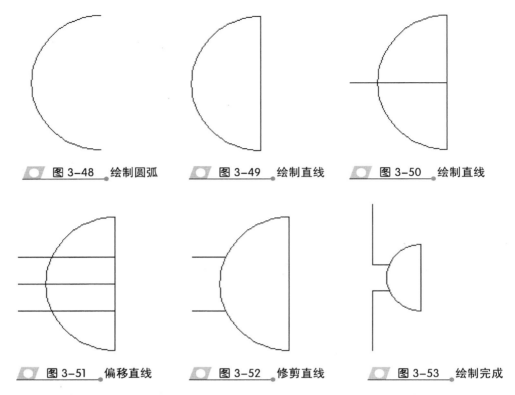

图 3-48　绘制圆弧　　　　　　图 3-49　绘制直线　　　　　　图 3-50　绘制直线

图 3-51　偏移直线　　　　　　图 3-52　修剪直线　　　　　　图 3-53　绘制完成

7 选定整个蜂鸣器图形对象后执行【创建】命令，在打开的【块定义】对话框中输入块名称为"蜂鸣器"，单击【确定】按钮即可。

3.5.2　绘制电磁阀工作原理图

下面将介绍常开型二位二通电磁阀和常闭型二位二通电磁阀的绘制过程。其中将会介绍到直线、旋转、移动、箭头和文字样式等命令，如图 3-54 和图 3-55 所示。

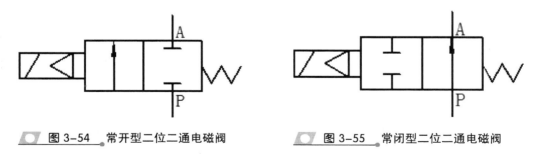

图 3-54　常开型二位二通电磁阀　　　　　　图 3-55　常闭型二位二通电磁阀

1 选择【常用】>【图层】>【图层特性】命令，打开【图层特性管理器】面板，将 0 图层的线宽设置为 0.30 毫米，如图 3-56 所示。

2 为了显示线宽，要在状态栏中启动【显示线宽】模式，如图 3-57 所示。

3 执行【直线】命令，绘制一个长宽分别为 25 和 10 的矩形，如图 3-58 所示。

4 执行【直线】命令，绘制长宽分别为 45 和 20 的矩形，但该矩形是由长度依次为 5（刚绘制的矩形的右上角点为起点，向上垂直直线）、22.5（水平线段）、22.5（水平线段）、20（垂直线段）、

AutoCAD 2012 中文版电气设计标准教程

22.5（水平线段）、22.5（水平线段）和 15（垂直线段）组成，如图 3-59 所示。

图 3-56　设置线宽

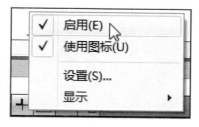

图 3-57　启用【显示线宽】模式

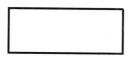

图 3-58　绘制矩形

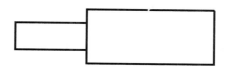

图 3-59　绘制矩形

5 右击【极轴追踪】按钮，在打开的【草图设置】对话框中的【极轴追踪】选项卡中，选中【启用极轴追踪】复选框，然后将【增量角】设置为 30，如图 3-60 所示。

6 执行【多段线】命令，利用极轴追踪，在左侧矩形内绘制一个等边三角形，以上边的中点为起点，如图 3-61 所示。

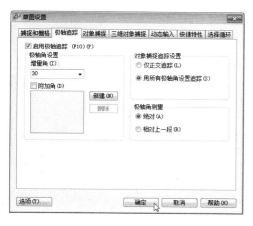

图 3-60　设置【极轴追踪】选项卡

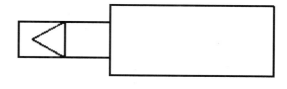

图 3-61　绘制三角形

7 执行【移动】和【直线】命令，将三角形右移 8，然后在小矩形内绘制中线，如图 3-62 所示。

8 执行【旋转】命令，以中线的上端点为基点将其顺时针旋转 30 度，如图 3-63 所示。

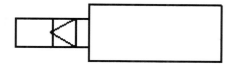

图 3-62　绘制中线

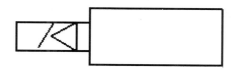

图 3-63　旋转中线

9 执行【延伸】命令，将旋转后的中线延伸至矩形下边处，如图 3-64 所示。命令行提示内容如下。

```
命令：_extend
当前设置：投影=UCS，边=延伸
选择边界的边...
选择对象或 <全部选择>：找到 1 个                    （选择矩形下边）
选择对象：                                          （按 Enter 键）
选择要延伸的对象，或按住 Shift 键选择要修剪的对象，或
[栏选(F)/窗交(C)/投影(P)/边(E)/放弃(U)]：           （选择旋转后的中线）
选择要延伸的对象，或按住 Shift 键选择要修剪的对象，或
[栏选(F)/窗交(C)/投影(P)/边(E)/放弃(U)]：           （按 Enter 键）
```

10 执行【移动】和【直线】命令，将斜线向左移动5，然后在右边矩形中绘制中线，如图 3-65 所示。

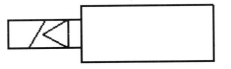

图 3-64　移动斜线

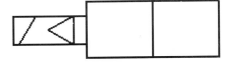

图 3-65　绘制中线

11 二位二通电磁阀有常开型和常闭型，将刚绘制的图形进行复制，便于后面常闭型二位二通电磁阀的绘制。接下来继续绘制常开型电磁阀，执行【复制】命令，将图形对象进行复制，如图 3-66 所示。

12 执行【多段线】命令，在大矩形左半部分绘制箭头，如图 3-67 所示。命令行提示内容如下。

```
命令：_pline
指定起点：
当前线宽为 0.0000
指定下一个点或 [圆弧(A)/半宽(H)/长度(L)/放弃(U)/宽度(W)]：14   （选取中点）
指定下一点或 [圆弧(A)/闭合(C)/半宽(H)/长度(L)/放弃(U)/宽度(W)]：w
                                                    （选择【宽度】选项）
指定起点宽度 <0.0000>：1.5                （输入1.5，按 Enter 键）
指定端点宽度 <1.5000>：0.3                （输入0.3，按 Enter 键）
指定下一点或 [圆弧(A)/闭合(C)/半宽(H)/长度(L)/放弃(U)/宽度(W)]：   （选取中点）
指定下一点或 [圆弧(A)/闭合(C)/半宽(H)/长度(L)/放弃(U)/宽度(W)]：   （按 Enter 键）
```

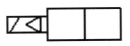

图 3-66　移动斜线

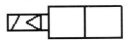

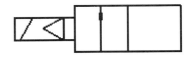

图 3-67　绘制中线

13 执行【直线】命令，绘制长度为 6 的水平直线和长度为 13 的垂直直线，垂直线段过水平线段的中点，如图 3-68 所示。

14 执行【镜像】命令，将刚绘制的倒 T 图形进行镜像复制，如图 3-69 所示。

15 执行【多段线】命令，在矩形的右边中点处开始绘制 W 图形，如图 3-70 所示。

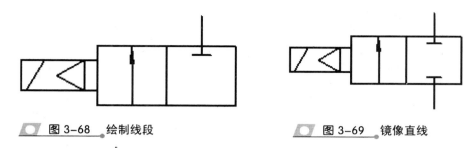

图 3-68　绘制线段　　　　　　　　　　图 3-69　镜像直线

16　单击【注释】>【文字】右下角按钮，打开【文字样式】对话框，设置字体为宋体，字高为 5，然后单击【应用】、【置为当前】和【关闭】按钮。执行【多行文字】命令，为图形添加文字，如图 3-71 所示。至此，常开型电磁阀绘制完毕。

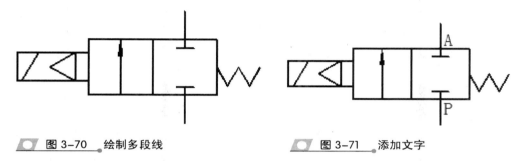

图 3-70　绘制多段线　　　　　　　　　　图 3-71　添加文字

17　接下来绘制常闭型二位二通电磁阀原理图，在刚复制的图形中，绘制一个小倒 T 图形，水平线和竖直线长度均为 6，如图 3-72 所示。

18　执行【镜像】命令，对小倒 T 图形进行镜像复制，如图 3-73 所示。

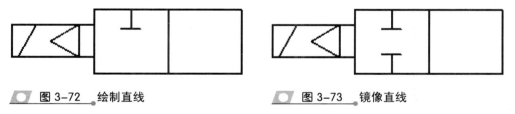

图 3-72　绘制直线　　　　　　　　　　图 3-73　镜像直线

19　执行【直线】命令，在右边矩形内绘制一个长为 40 的垂直线段，其中点与矩形竖直边的中点在一条水平线上，如图 3-74 所示。

20　执行【多段线】命令，绘制箭头，起点宽度为 0.3，端点宽度为 1.5，如图 3-75 所示。

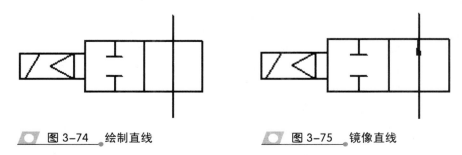

图 3-74　绘制直线　　　　　　　　　　图 3-75　镜像直线

21　执行【复制】命令，将绘制完成的 W 图形复制到合适的地方，如图 3-76 所示。

22　执行【多行文字】命令，为图形添加文字，如图 3-77 所示。至此，常闭型二位二通电磁阀原理图绘制完毕。

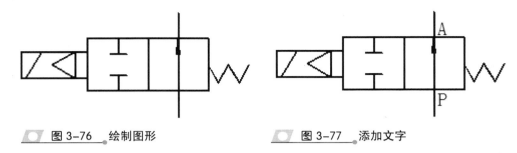

图 3-76　绘制图形　　　　　　　　　　　　图 3-77　添加文字

3.5.3　绘制车床电气图

将要绘制的电气图为 C616 车床电气原理图，该电路由 3 部分组成，其中从电源到 3
台电动机的电路称为主回路；而由继电器等组成的电路称为控制回路；第三部分是照明
及指示回路供电，还包括指示灯和照明灯。其绘制方法如下。

1　执行【直线】和【偏移】命令，绘制一条长度为 350 的水平直线，然后将该直线向下偏移 15 和
　　30，如图 3-78 所示。

2　执行【直线】命令，捕获最上面一条直线的左端点，向下绘制长度为 60 的竖直直线，如图 3-79
　　所示。

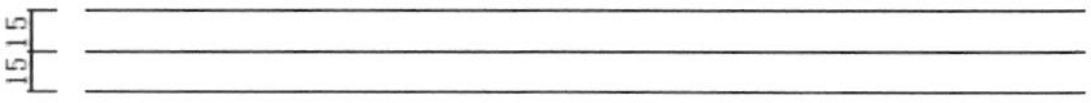

图 3-78　绘制直线 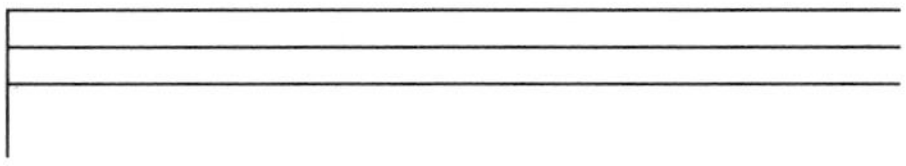　　　　　　　　　　　　图 3-79　绘制竖直直线

3　执行【直线】命令，以刚绘制的竖直直线为起始，一次向右绘制一组竖直直线，偏移量依次为 5、
　　15、15、75、15、15、55、80、30、15 和 30，如图 3-80 所示。

4　执行【修剪】命令，对图形进行修剪并删除多余的直线，如图 3-81 所示。一共有 14 个接口，可
　　供接入电源和各种电气设备，主连接线绘制完毕。

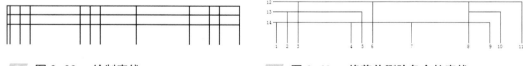

图 3-80　绘制直线　　　　　　　　　　　　图 3-81　修剪并删除多余的直线

5　执行【直线】和【偏移】命令，绘制一条长度为 85 的水平直线。然后以其为起始，分别向下偏移
　　7 条直线，偏移量依次为 12、12、10、25、10、15 和 15，如图 3-82 所示。

6　执行【直线】和【偏移】命令，先连接最上和最下两条直线的左端点，然后以竖直直线为起始，
　　依次向右偏移 15、15、25、15 和 15，如图 3-83 所示。

7　执行【修剪】命令，将多余的线段修剪并删除掉，如图 3-84 所示。

8　执行【拉长】命令，将直线 1、2、3 分别向上拉长 10，直线 4、5、6 向下拉长 10，如图 3-85
　　所示。

9　执行【圆】、【图案填充】和【复制】命令，绘制一个半径为 1 的圆，然后对其图案填充，图案为
　　"SOLID"，然后将填充好的圆复制到交叉节点处，如图 3-86 所示。

AutoCAD 2012 中文版电气设计标准教程

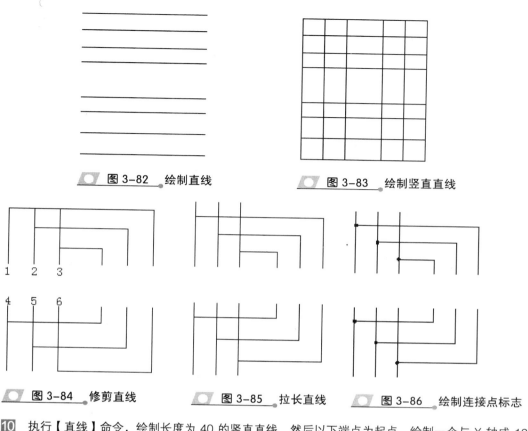

图 3-82　绘制直线

图 3-83　绘制竖直直线

图 3-84　修剪直线　　图 3-85　拉长直线　　图 3-86　绘制连接点标志

10　执行【直线】命令，绘制长度为 40 的竖直直线，然后以下端点为起点，绘制一个与 X 轴成 120
度，长度为 9 的直线，如图 3-87 所示。

11　执行【圆】和【移动】命令，以竖直直线的上端点为基点，向下 18 捕获圆心绘制长度为 1 的圆，
然后将斜线向上平移 12，如图 3-88 所示。

12　执行【修剪】和【复制】命令，将多余的部分修剪掉，并将修建好的图形向右复制两份，距离为
15 和 30，如图 3-89 所示。

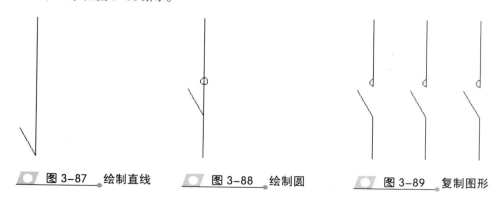

图 3-87　绘制直线　　　　图 3-88　绘制圆　　　　图 3-89　复制图形

13　执行【直线】命令，捕获最右边一条斜线的中点向左绘制长度为 35 的水平直线，再绘制一个长度
为 2 的竖直直线，选取水平直线，然后单击【常用】>【特性】>【线型】下拉按钮，选择【其他】
命令，打开相应的对话框，单击【加载】按钮，选择线型 ACAD_IS002W100，回到上一对话框，
单击【当前】和【确定】按钮即可，如图 3-90 所示。

14　执行【移动】和【复制】命令，将刚绘制好的接触器移动复制到图 3-86 上，如图 3-91 所示。

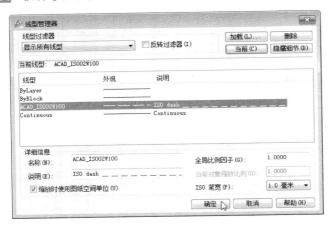

图 3-90　加载线型

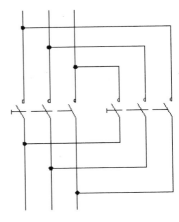

图 3-91　组合图形

15　执行【常用】>【块】>【插入】命令，打开【插入】对话框，如图 3-92 所示，单击【浏览】按钮，分别选择电动机和热电器件插入对象，单击【确定】按钮即可。

16　执行【缩放】命令，将插入的图形对象调整比例，然后进行组合，如图 3-93 所示。

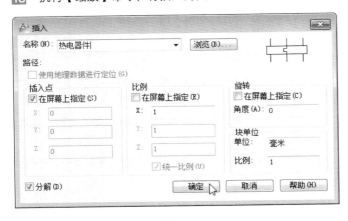

图 3-92　【插入】对话框

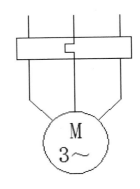

图 3-93　组合图形

17　执行【移动】命令，将图 3-93 中的图形移至图 3-91 中，如图 3-94 所示。完成主回路的绘制。

18　执行【直线】和【偏移】命令，绘制一条长度为 150 的竖直直线，以该直线为起始，向右依次偏移 15、15、20 和 20，如图 3-95 所示。

19　执行【直线】和【偏移】命令，用鼠标分别捕获直线 1 和 5 的下端点，绘制一条水平直线，然后以其为起始，向上依次偏移 10、80、10 和 30，如图 3-96 所示。

20　执行【修剪】命令，对图形进行修剪，并删除多余的直线，如图 3-97 所示。

21　执行【直线】、【移动】命令，绘制一条长度为 43 的竖直直线，以上端点为起点，向右绘制一条长度为 9 的水平直线，并将水平直线向下平移 15，如图 3-98 所示。

22　继续执行【直线】和【移动】命令，以竖直直线的下端点为起点，绘制一条与 X 轴方向成 60° 角，长度为 16.5 的直线，并向上平移 15，如图 3-99 所示。

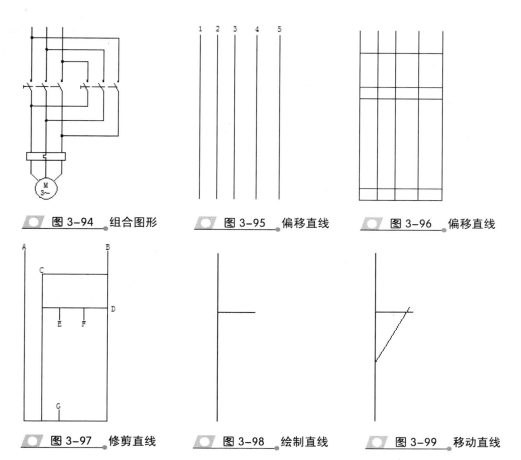

图 3-94　组合图形　　　　图 3-95　偏移直线　　　　图 3-96　偏移直线

图 3-97　修剪直线　　　　图 3-98　绘制直线　　　　图 3-99　移动直线

23 执行【修剪】和【直线】命令，修剪水平直线和斜线中间的线段，然后以斜线的下端点为起始点，向右绘制一条长度为 5.5 的水平直线 1，如图 3-100 所示。

24 执行【平移】和【直线】命令，将直线 1 位移（4,7,0），然后以直线 1 的右端点为起点，向上绘制长度为 3.5 的竖直直线，其次向右绘制长度为 4.5 的水平直线，接着向上绘制长度为 4.5 的竖直直线，如图 3-101 所示。

25 执行【镜像】命令，以直线 1 为镜像线，对部分直线进行镜像操作，如图 3-102 所示。

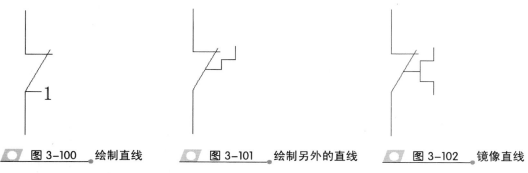

图 3-100　绘制直线　　　　图 3-101　绘制另外的直线　　　　图 3-102　镜像直线

26 选取直线 1，单击【常用】>【特性】>【线型】下拉按钮，选择线型 ACAD_IS002W100 即可，如图 3-103 所示。限流保护开关绘制完成。

27 执行【直线】和【偏移】命令，绘制一条长度为 40 的竖直直线，以其上端点为起点，向右绘制一条长度为 8 的水平直线，并向下平移 14，如图 3-104 所示。

28 执行【直线】、【偏移】和【修剪】命令，以竖直直线的下端点为起点，绘制一条与轴成 60 度角，长度为 16 的直线，并向上平移，然后修剪多余的部分，如图 3–105 所示。

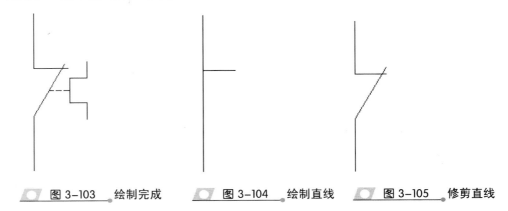

图 3–103 绘制完成   图 3–104 绘制直线   图 3–105 修剪直线

29 执行【圆】命令，以水平直线的左端点为圆心，绘制半径为 2 的圆，如图 3–106 所示。

30 执行【偏移】和【修剪】命令，将圆向上平移 2，然后对圆进行修剪，如图 3–107 所示。接触器的图形符号绘制完成。

31 执行【移动】和【修剪】命令，选择限流保护开关图，以最上面的一个端点为基点，距图 3–97 中的 A 点下方 15 处选取移动的第二个点，将多余的线段修剪掉，如图 3–108 所示。

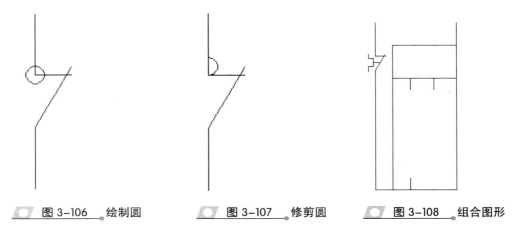

图 3–106 绘制圆   图 3–107 修剪圆   图 3–108 组合图形

32 执行【移动】和【修剪】命令，捕获电流接触器的最上面的端点为基点，距图 3–97 中的 E 点上方 15 处选取移动的第二点，然后将多余的部分修剪掉，如图 3–109 所示。

33 执行【复制】命令，将刚修剪过的接触器图形符号复制到图 3–97 中的 F 点的合适位置，如图 3–110 所示。

34 执行【直线】、【移动】和【修剪】命令，绘制普通开关，如图 3–111 所示。

35 执行【移动】、【复制】和【修剪】命令，将普通开关放置到图 3–97 中 D 点的合适位置，并进行适当的修剪，如图 3–112 所示。

36 执行【移动】命令，选取图 3–89 中的最左边的普通接触器图形符号，移至图 3–97 所示的 G 点的合适位置，并作适当调整，如图 3–113 所示

37 执行【插入】和【修剪】命令，依次插入电阻以及其他电气元件，并作适当修剪，如图 3–114 所示。控制回路绘制完成。

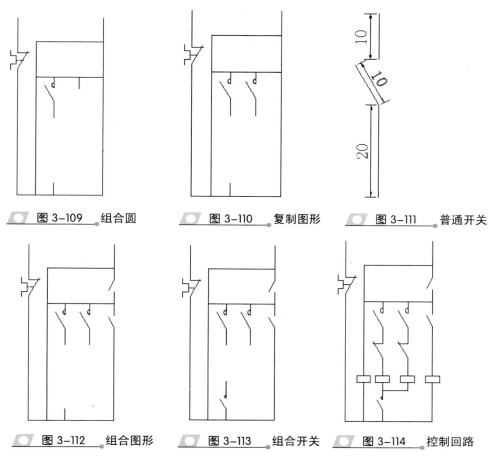

图 3-109　组合圆　　　　图 3-110　复制图形　　　　图 3-111　普通开关

图 3-112　组合图形　　　　图 3-113　组合开关　　　　图 3-114　控制回路

38 执行【直线】和【偏移】命令，绘制长度为 130 的竖直直线，以该直线为起始，向右依次偏移 15 和 25，如图 3-115 所示。

39 执行【直线】和【偏移】命令，连接两边的竖直直线的上端点，然后以其为起始，向下偏移 15、15 和 100，如图 3-116 所示。

40 执行【修剪】命令，修剪图形，并删除多余的直线，如图 3-117 所示。

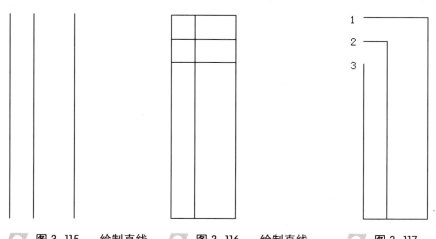

图 3-115　绘制直线　　　　图 3-116　绘制直线　　　　图 3-117　修剪直线

41 执行【直线】命令，以点 1、2、3 为起点，分别向左绘制长度为 10 的水平直线，如图 3-118 所示。

42 执行【直线】命令，以左下端点为起点，向下绘制长度为 20 的直线，以该直线的下端点为中点，绘制一个长度为 10 的水平直线，如图 3-119 所示。回路连接线绘制完成。

43 执行【直线】命令，绘制一条长度为 15 的竖直直线，然后以其上端点为起点，绘制一条与 X 轴成 60 度角，长度为 16 的直线，如图 3-120 所示。

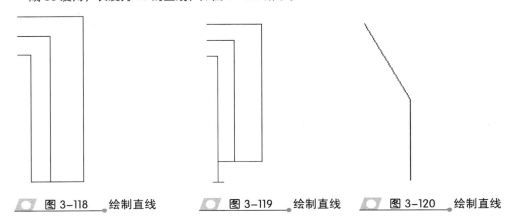

图 3-118　绘制直线　　　　图 3-119　绘制直线　　　　图 3-120　绘制直线

44 执行【直线】命令，以斜线的上端点为起点向右绘制长度为 8 的水平直线，接着向上绘制长度为 15 的竖直直线，如图 3-121 所示。

45 执行【直线】和【移动】命令，连接两条竖直直线，然后将该直线向左平移 15，如图 3-122 所示。

46 执行【执行】和【移动】命令，以平移后直线的下端点为起点，向右绘制长度为 8 的水平直线，然后将其向上平移 7，并修改线型，如图 3-123 所示。按钮开关绘制完成。

图 3-121　绘制直线　　　　图 3-122　绘制直线　　　　图 3-123　按钮开关

47 执行【插入】命令，电阻、按钮开关、指示灯等元件添加到回路连接线内，如图 3-124 所示。

48 执行【移动】和【插入】命令，将主回路、控制回路和指示以及照明回路组合起来，并插入所需元件，如图 3-125 所示。

49 单击【注释】>【文字】右下角按钮，打开【文字样式】对话框，字体为仿宋，字高为 5，单击【应用】、【置为当前】和【关闭】按钮，如图 3-126 所示。

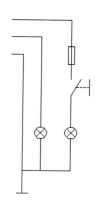

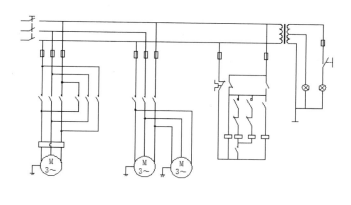

图 3-124 照明指示回路　　图 3-125 组合图形

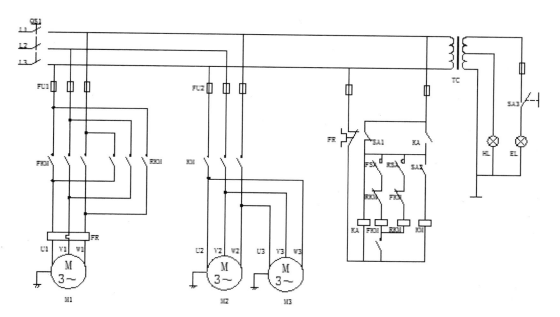

图 3-126 车床电路图

3.6 课后习题

一、填空题

1. 图形文件可以【打开】、【以只读方式打开】、【局部打开】和【以只读方式局部打开】4 种方式打开，可以对图形文件进行编辑；如果以【_____】和【以只读方式局部打开】方式打开图形，编辑完图形之后要命名为其他名称的图形文件。

2. 在【图层特性管理器】面板中，从左到右的五个图标依次控制层的_____、_____、_____、_____ 和_____。

3. 在 AutoCAD 中，打开【图层特性管理器】面板的快捷键是_____。

二、选择题

1. AutoCAD 软件的基本图形格式为_____。
A．*.dwg　　　　B．*.dxf

C．*.dws　　　D．*.dwt

2．下面不属于图层设置的范围有_____。

A．颜色　　　B．线宽

C．过滤器　　D．线型

3．以下关于图层的说法中，正确的是_____。

A．各图层的颜色、线型、宽度在设置好后不能修改

B．各图层的原点以轴向可以不同

C．当前层可关闭但不能被冻结

D．0层可以被删除也可以改名

图 3-127　手动开关符号

三、上机实训

1．绘制手动开关符号，如图 3-127 所示。

操作提示：先设置两个新图层，然后利用精确定位工具配合图层命令绘制各图线。

2．绘制三相电机简图，如图 3-128 所示。

操作提示：设置两个图层，利用【直线】和【圆】命令绘制各部分，然后标注文字。

图 3-128　三相电机简图

AutoCAD 2012 中文版电气设计标准教程

第 4 章
使用图形辅助工具

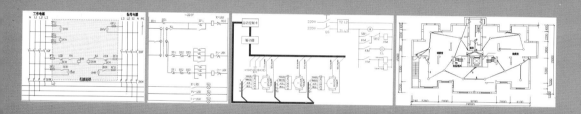

使用 AutoCAD 2012 绘制图形时，利用各种辅助工具，如对象捕捉、正交、极轴追踪和对象捕捉追踪等功能，可以更快捷、轻松地完成操作。

本章将为用户详细介绍使用对象捕捉、极轴追踪、栅格、正交、夹点编辑，以及查询等辅助功能绘制图形的方法和技巧，并学习参数化工具的使用操作等内容。

本章学习要点：

➤ 掌握捕捉工具的使用
➤ 掌握夹点工具的使用
➤ 了解查询工具的使用
➤ 了解参数化工具的使用

使用 AutoCAD 2012 绘制图形，除了利用输入坐标值来精确绘制图形之外，还可以利用其他辅助功能来快速、便捷地绘制图形，如对象捕捉、极轴追踪、栅格、正交和动态输入等功能。

4.1.1 对象捕捉功能

几何图形都有一定的几何特征点，如中点、端点、圆心、切点和象限点等，通过捕捉几何图形的特征点，可以快速准确地绘制图形对象。

要执行对象捕捉操作，首先需要指定捕捉点的类型，系统将进入自动捕捉模式，该捕捉模式是常规绘图过程中最常用的捕捉模式。右击状态栏中的【对象捕捉】按钮□，在弹出的快捷菜单中选择【设置】命令，打开【草图设置】对话框，切换到【对象捕捉】选项卡，如图 4-1 所示。

在该对话框中可以选择对象捕捉的方式，例如要捕捉圆心，可选中【圆心】复选框。这样在进行以下的绘图过程中，鼠标移动到图形对象的圆心时，将捕捉该对象的圆心点，如图 4-2 所示。

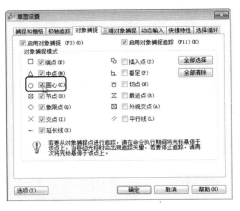

图 4-1　【对象捕捉】选项卡

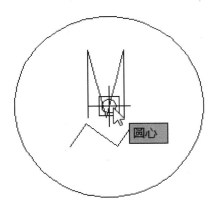

图 4-2　圆心捕捉标记

提 示

右击状态栏中的【对象捕捉】功能，在打开的菜单中包含所有对象捕捉模式，在【草图设置】对话框中同样可设置捕捉模式。其中各选项前方如果显示未选取状态，则选择后将显示另外一种效果。例如未选择之前交点捕捉显示效果为　交点，选择后效果为　交点。

4.1.2 极轴追踪功能

使用极轴追踪功能，可以在绘图区中根据用户指定的几周角度，绘制具有一定角度的直线。单击状态栏中的【极轴追踪】按钮Ｇ，可开启或关闭极轴功能，在使用极轴追踪功能绘制图形时，首先应设置极轴角度。在状态栏上右击【极轴追踪】按钮，在弹出的快捷菜单中选择【设置】命令，打开【草图设置】对话框，切换到【极轴追踪】选项卡，如图 4-3 所示。

若利用极轴追踪功能绘制一条角度为 15 度、长度为 40 的直线，即在【极轴追踪】选项卡中，选中【启用极轴追踪】复选框，在【极轴角设置】选项组的【增量角】下拉列表框中选择 45，单击【确定】按钮，完成极轴角设置。单击【直线】命令，完成倾斜直线的绘制，如图 4-4 所示。

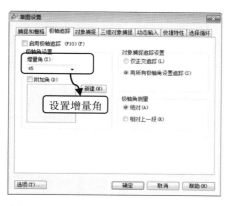

图 4-3 【极轴追踪】选项卡

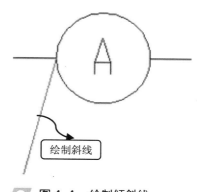

图 4-4 绘制倾斜线

4.1.3 对象捕捉追踪功能

对象捕捉追踪功能是对象捕捉与追踪功能的结合，其方法是：在执行绘图命令后，将十字光标移动到图形对象的特征点上，当出现对象捕捉标记时，移动十字光标，将出现对象追踪线，并将拾取的点锁定征该追踪线上。

对象捕捉追踪功能主要有两种方式，即仅正交追踪和极轴角追踪。其设置方法是：在【草图设置】对话框的【极轴追踪】选项卡的【对象捕捉追踪设置】选项组中选择相应的选项。各选项的含义如下。

- ❏ **仅正交追踪** 选中该单选按钮，启用对象捕捉追踪时将显示获取对象捕捉点的正交（水平/垂直）对象捕捉追踪路径，如图 4-5 所示。
- ❏ **用所有极轴角设置追踪** 选中该单选按钮，启用对象捕捉追踪时，将从对象捕捉点起沿极轴对齐角度进行追踪，如图 4-6 所示。

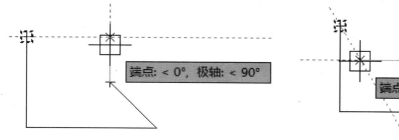

图 4-5 仅正交追踪

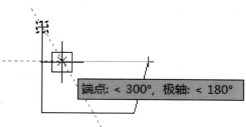

图 4-6 用所有极轴角度设置追踪

4.1.4　使用捕捉和栅格、正交模式

1．捕捉和栅格

在绘图中，使用捕捉和栅格功能有助于创建和对齐图形中的对象。栅格是按照设置的间距显示在图形区域中的点，它能提供直观的距离和位置的参照，类似于坐标纸中的方格的作用，栅格只在图形界限以内显示。

捕捉则使光标只能停留在图形中指定的点上，这样就可以很方便地将图形放置在特殊点上，便于以后的编辑工作。捕捉和栅格这两个辅助绘图工具之间有着很多联系，尤其是两者间距的设置。有时为了方便绘图，可将栅格间距设置为与捕捉间距相同，或者使栅格间距为捕捉间距的倍数。

单击状态栏中的【栅格】按钮▦，屏幕上将显示当前图形界限内均匀分布的点和线，如图 4-7 所示。而启用状态栏中的【捕捉】功能，在屏幕上移动鼠标光标，该光标将沿着栅格点或线移动。要设置捕捉和栅格间距，以及栅格的行为方式和捕捉类型，可以右击状态栏中的【栅格】功能，在弹出的快捷菜单中选择【设置】命令，然后在打开的【草图设置】对话框中设置对应的参数，如图 4-8 所示。

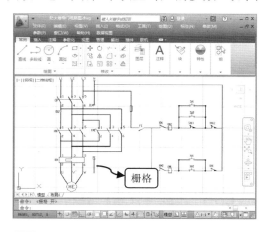

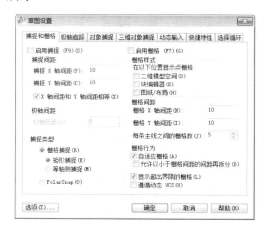

图 4-7　启用【栅格】功能　　　　图 4-8　【捕捉和栅格】选项卡

> **提　示**
>
> 在设置捕捉间距时，不需要和栅格间距相同。例如，可以设置较宽的栅格间距用作参照，但使用较小的捕捉间距以保证定位点时的精确性。

2．正交

在绘图过程中使用正交模式，可以将光标限制在水平或垂直方向上移动，以便于精确地创建和修改对象。

单击状态栏中的【正交】按钮∟，这样在绘制和编辑图形对象时，拖动鼠标光标将受到水平或垂直方向限制，无法随意拖动。

4.1.5 使用动态输入

使用 AutoCAD 提供的动态输入功能，可以在工具栏中直接输入坐标值或进行其他操作，而不必在命令行中进行输入。动态输入有三个组件：指针输入、标注输入和动态提示。

在状态栏上右击，在弹出的快捷菜单中选择【设置】命令，并在打开的【草图设置】对话框中的【动态输入】选项卡中选中【启用指针输入】复选框即可，如图 4-9 所示。

1．指针输入

启用指针输入功能后，在执行操作时，十字光标的位置将在光标附近的工具栏提示坐标，可以在工具栏提示中输入坐标值，而不用在命令行中输入，如图 4-10 所示。在使用指针输入坐标点时，第二点和后续点的默认设置为相对极坐标，如果需要使用绝对坐标，需要使用井号前缀 "#"。此外单击【指针输入】选项组中的【设置】按钮，便可在弹出的【指针输入设置】对话框中设置指针的格式和可见性，如图 4-11 所示。

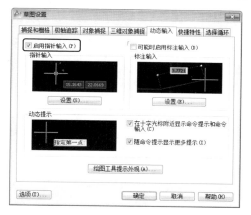

图 4-9 【动态输入】选项卡

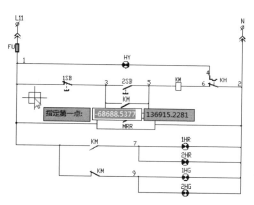

图 4-10 通过指针输入定义直线

2．标注输入

如果启用标注输入功能，当命令提示输入第二点时，工具提示将显示距离和角度值。并且在工具提示中的值将随着光标移动而改变，此时按住 Tab 键可以移动到要更改的值。标注输入可用于圆弧、圆、椭圆、直线和多段线。

选中【可能时启用标注输入】复选框，命令在执行时，十字光标的位置将在光标附近的工具栏中显示为坐标。可直接在工具栏提示中输入坐标值，而不用在命令行中输入。

要进行标注输入设置，可在【标注输入】选项组中单击【设置】按钮，便可在打开的【标注输入的设置】对话框中设置标注的可见性，如图 4-12 所示。

3．动态提示

此外，选中【动态提示】选项组中的【在十字光标附近显示命令提示和命令输入】复选框，可在光标附近显示命令提示。例如使用夹点拉伸圆轮廓线时，将显示【指定拉伸点或】提示框，可指定新的坐标点或者按 Enter 键。

 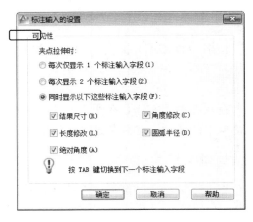

图 4-11　【指针输入设置】对话框　　　图 4-12　【标注输入的设置】对话框

4.2　使用夹点工具

在未执行任何编辑命令选择图形时，将出现夹点，如图 4-13 所示。将鼠标移动到夹点时，将以红色进行显示，如图 4-14 所示。单击夹点后移动鼠标，将对图形进行放大、移动等操作，如图 4-15 所示。

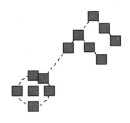 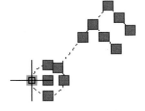 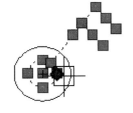

图 4-13　显示夹点　　　图 4-14　移动鼠标到夹点　　　图 4-15　单击夹点进行放大

4.2.1　夹点的设置

在 AutoCAD 2012 中，可对夹点的尺寸和颜色等参数进行设置。在绘图窗口中单击鼠标右键，在弹出的快捷菜单中选择【选项】命令，在打开的【选项】对话框的【选择集】选项卡的【夹点尺寸】选项组中拖动滑块，即可设置夹点的大小。在【夹点】选项组中单击【夹点颜色】按钮，分别对【未选中夹点颜色】、【选中夹点颜色】、【悬停夹点颜色】和【夹点轮廓颜色】进行设置。另外也可设置显示夹点或选择对象时限制显示的夹点数等选项，如图 4-16 所示。

4.2.2　交点的编辑

在建立夹点并单击某一夹点后，单击鼠标右键，在弹出的快捷菜单中选择相应命令，便可对夹点进行操作，如图 4-17 所示。其中各命令的功能如下。

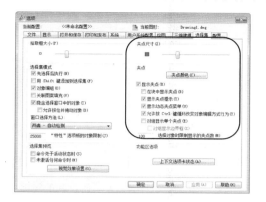

图 4-16　设置夹点功能

图 4-17　交点编辑

- ❏ **拉伸**　对于圆环、椭圆和圆弧等实体，若启动的夹点位于圆周上，则拉伸功能等效于对半径进行【比例】夹点编辑。
- ❏ **移动**　相当于 MOVE 命令，可以将选择的图形对象进行移动操作。
- ❏ **旋转**　旋转的默认选项将把所选择的夹点作为旋转的基准点并旋转物体。
- ❏ **缩放**　缩放的默认选项，可将夹点所在形体以指定夹点为参考基点等比例缩放。
- ❏ **镜像**　用于镜像图形物体，进行以指定基点及第二点连线镜像、复制镜像等编辑操作。
- ❏ **基点**　该命令用于先设置一个参考点，然后夹点所在形体以参考点等比例缩放。
- ❏ **复制**　可缩放并复制生成新的物体。
- ❏ **参照**　通过指定参考长度或新长度的方法来指定缩放的比例因子。

4.3　使用查询工具

查询对象是通过查询命令查询对象的面积、周长和距离等信息，以便清楚图形对象之间的距离、位置以及图形的面积和周长等图形特征，以利于图形的编辑操作。

4.3.1　距离查询

距离查询是测量两个点之间的最短长度值，距离查询是最常用的查询方式。在使用距离查询工具的时候只需要指定要查询距离的两个端点，系统将自动显示出两个点之间的距离。执行【工具】>【查询】>【距离】命令，选择所需查询图形的起点和端点，即两个圆的圆心点，系统将自动显示出该两点之间的距离，如图 4-18 和图 4-19 所示。

4.3.2　半径查询

半径查询主要用于查询圆或圆弧的半径或直径值。执行【工具】>【查询】>【半径】命令，在绘图窗口中，选择要进行查询的圆，此时，系统自动查询出圆或圆弧的半径和直径值，如图 4-20 和图 4-21 所示。

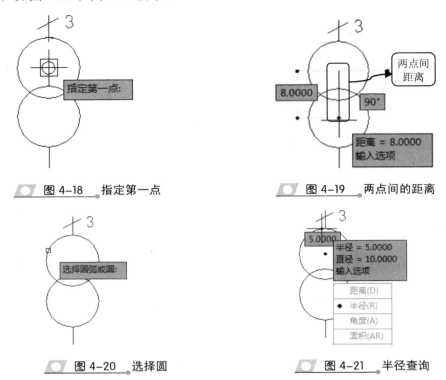

图 4-18　指定第一点　　　　　　图 4-19　两点间的距离

图 4-20　选择圆　　　　　　　　图 4-21　半径查询

4.3.3　角度查询

角度查询用于测量两条线段之间的夹角度数，执行【工具】>【查询】>【角度】命令，在绘图窗口中，选择所要查询角度的弧线，此时，系统将自动测量出弧线的夹角度数，如图 4-22 和图 4-23 所示。

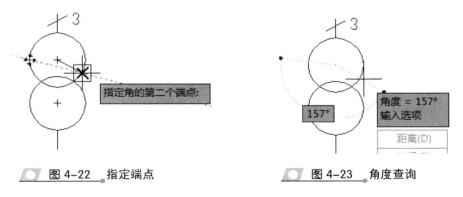

图 4-22　指定端点　　　　　　　图 4-23　角度查询

4.3.4　面积/周长查询

执行【面积】命令，可求以若干个点为顶点的多边形区域，或由指定对象所围成区域的面积与周长，还可以进行面积的加、减运算。在菜单栏中执行【工具】>【查询】>【面积】命令，根据命令行的提示，选择所需测量图形面的四个顶点，按 Enter 键，即可显示面积值，如图 4-24 和图 4-25 所示。

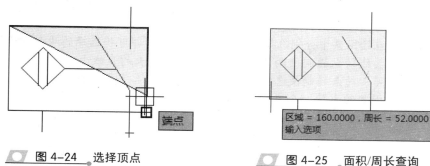

图 4-24　选择顶点

图 4-25　面积/周长查询

在执行【面积】命令并选择对象时，用户可选择圆、椭圆、二维多段线、矩形、样条曲线、面域等。对于带有宽度的多段线，其面积按多段线的中心线计算。对于非封闭的多段区域或样条曲线，在执行命令后，AutoCAD 会先假设用一条直线将其首尾相连，然后再求所围成区域的面积，但计算出来的长度是该多段线或样条曲线的实际长度。

4.3.5　面域/质量查询

在菜单栏中，执行【工具】>【查询】>【面域/质量特性】命令，根据命令行的提示，全选图形对象，如图 4-26 所示，按 Enter 键，弹出【AutoCAD 文本窗口】，显示图形对象的质量特性，如图 4-27 所示，输入 Y 并按 Enter 键，可将其保存。

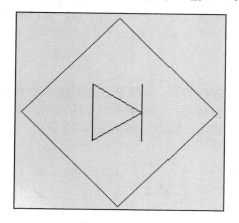

图 4-26　选择图形对象

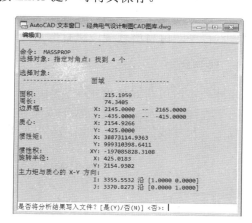

图 4-27　AutoCAD 文本窗口

4.4　使用参数化工具

参数化绘制图形，即利用几何约束方式绘制图形，如将线条限制为水平、垂直、同心以及相切等特性，从而可以快速对图形对象进行编辑处理，更好地完成图形的绘制。

4.4.1 几何约束

几何约束即几何限制条件。切换到【参数化】选项卡，在【几何】面板中单击相应的几何约束命令即可对图形对象进行限制。其中各命令的作用如下。

- ❑ 重合 ▢ 在绘图区中分别选择图形的两个特征点，即可将选择的两个点进行重合。
- ❑ 共线 ✓ 共线约束强制使两条直线位于同一无限长的直线上。
- ❑ 同心 ◎ 同心约束强制使选定的圆、圆弧或椭圆保持同一中心点。
- ❑ 固定 🔒 固定约束使一个点或一条曲线固定到相对于世界坐标系（WCS）的指定位置和方向上。
- ❑ 平行 ∥ 平行约束强制使两条直线保持相互平行。
- ❑ 垂直 ✓ 垂直约束强制使两条直线或多段线线段的夹角保持 90 度。
- ❑ 水平 ▦ 水平约束强制使两条直线保持平行。
- ❑ 竖直 ▯ 竖直约束强制使一条直线或一对点与当前 UCS 的 X 轴保持平行。
- ❑ 相切 ◯ 相切约束强制使两条曲线保持相切或与其延长线保持相切。
- ❑ 平滑 ⌁ 平滑约束强制使一条样条曲线与其他样条曲线、直线、圆弧或多段线保持几何连续性。
- ❑ 对称 ▯ 对称约束强制使对象上的两条曲线或两个点关于选定直线保持对称。
- ❑ 相等 = 相等约束强制使两条直线或多段线线段具有相同长度，或强制使圆弧具有相同半径值。

4.4.2 标注约束

标注约束主要用于将所选对象进行约束，通过约束尺寸可以达到移动线段位置的目的。标注约束的操作方法与尺寸标注大致相同，需要指定对象上的两个点，然后输入约束尺寸，程序即可将所选线段进行约束。

1. 线性约束

线性约束可以将对象沿水平方向或竖直方向进行约束。如果所选对象的两个参考点是在同一直线上，那么只能沿水平或竖直方向进行移动，只有所选对象的两个点不在同一直线上，尺寸线的方向才能沿水平和竖直方向移动，如图 4-28 和图 4-29 所示。

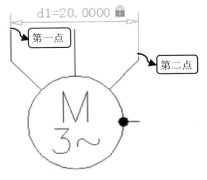

图 4-28　参考点在同一直线上

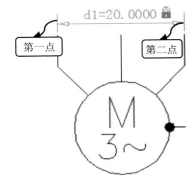

图 4-29　参考点不在同一直线上

在选择约束对象的两个点后指定一个方向为尺寸线的放置方向，此时尺寸为可编辑状态，并测量出当前的值，如图 4-30 所示。重新输入尺寸值后按下键盘上的 Enter 键，程序自动将选择的对象进行锁定，并将对象进行移动，如图 4-31 所示。

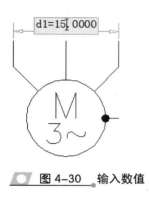

图 4-30 输入数值

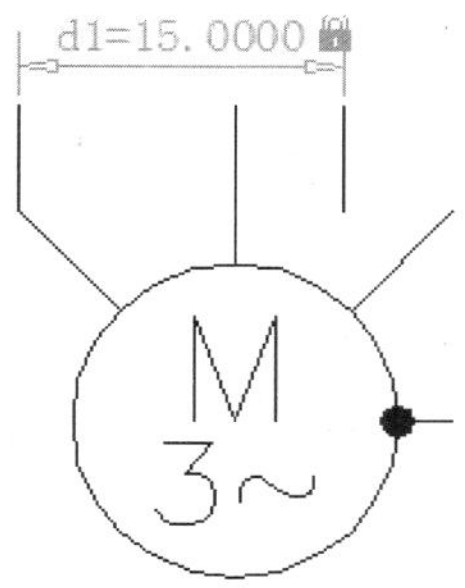

图 4-31 线性约束标注

2．水平约束

水平约束可以将所选对象的尺寸线沿水平方向进行移动，不能沿竖直方向进行移动。

3．竖直约束

竖直约束只能将约束对象的尺寸线沿竖直方向进行移动，不能沿水平方向进行移动。

4．对齐约束

该命令是用于将不在同一直线上的两个点对象进行约束，如图 4-32 和图 4-33 所示。

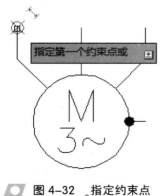

图 4-32 指定约束点

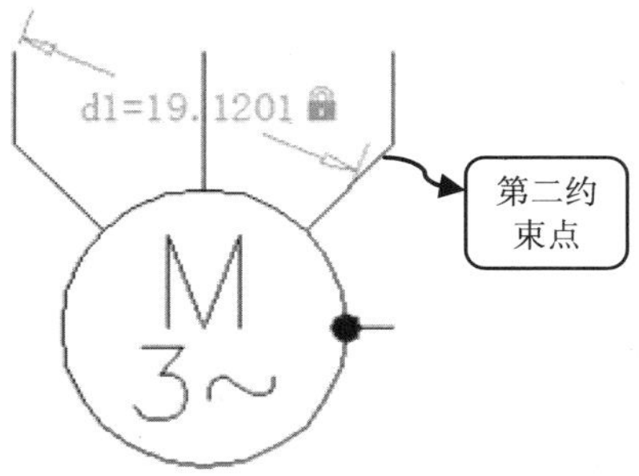

图 4-33 对齐约束标注

5．半径、直径约束

半径约束是将圆或圆弧的半径值进行约束，如图 4-34 所示。直径约束用于将圆的直径进行约束，如图 4-35 所示。

6．角度约束

角度约束用于将两条直线之间的角度进行约束，在【标注】面板中单击【角度】按钮，然后在绘图窗口中分别选择两条直线，程序自动将两条直线之间的角度进行约束，如图 4-36 和图 4-37 所示。

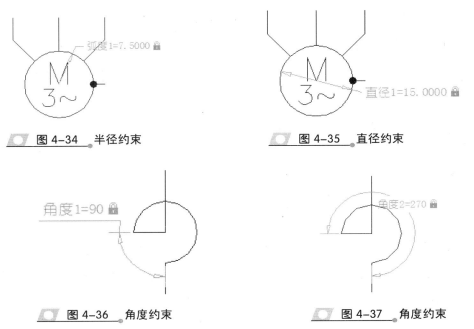

图 4-34　半径约束

图 4-35　直径约束

图 4-36　角度约束

图 4-37　角度约束

7．转换

可以将已经标注的尺寸转换为标注约束。在【参数化】选项卡的【标注】面板中单击【转换】按钮，然后在绘图窗口中选择一个要进行转换的尺寸，此时该尺寸为可编辑状态。输入新尺寸后，按 Enter 键，即可完成标注尺寸的约束，如图 4-38 和图 4-39 所示。

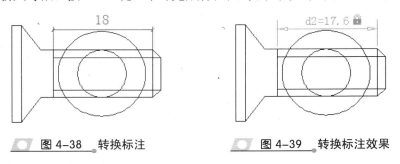

图 4-38　转换标注

图 4-39　转换标注效果

4.5　课堂练习

4.5.1　绘制输电保护工程图

下面介绍绘制输电保护工程图。将会介绍圆、矩形、线段、修剪、文字样式、镜像等命令。绘制步骤如下。

1 执行【矩形】、【圆】命令，绘制长宽分别为 10 和 2 的矩形。然后启动【对象捕捉】和【对象捕捉追踪】模式，捕获矩形的中点为圆心，绘制半径为 1 的圆，如图 4-40 所示。

2 执行【直线】命令，捕获矩形下边的中点为端点向下绘制长度为 100 的垂直线段，如图 4-41 所示。

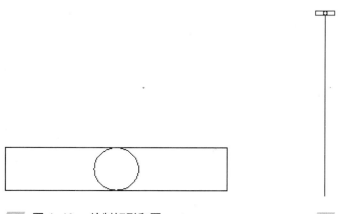

图 4-40　绘制矩形和圆

图 4-41　绘制直线

3 执行【复制】命令，复制相同的图形至右侧 16 的位置上，如图 4-42 所示。

4 继续执行【复制】命令，将刚绘制的两路电路复制到右侧 140 位置处，如图 4-43 所示。

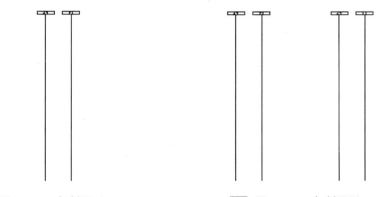

图 4-42　复制图形

图 4-43　复制图形

5 执行【圆】、【复制】命令，在左侧两条线路上绘制 4 个节点，先捕获最左边线段的中点画半径为 1 的圆，然后将刚绘制的圆分别上移 15，下移 40，如图 4-44 所示。

6 执行【复制】命令，将左端线段中点上的圆，位移（16,35），如图 4-45 所示。命令提示内容如下。

```
命令: _copy
选择对象: 指定对角点: 找到 1 个                              (选择中点上的圆)
选择对象:                                                  (按 Enter 键)
当前设置:  复制模式 = 多个
指定基点或 [位移(D)/模式(O)] <位移>:                        (选取圆心)
指定第二个点或 [阵列(A)] <使用第一个点作为位移>: @16,35      (输入位移)
指定第二个点或 [阵列(A)/退出(E)/放弃(U)] <退出>:            (按 Enter 键)
```

7 执行【圆】、【复制】命令，在右侧的两条线路上绘制 4 个节点，先捕获最右边线段的中点绘制半径为 1 的圆，然后将其分别上下复制 15，以及位移（-16,35），如图 4-46 所示。

8 执行【矩形】命令，在四路线路中间绘制一个长宽分别为 40 和 90 的矩形，即电箱外框，如图 4-47 所示。

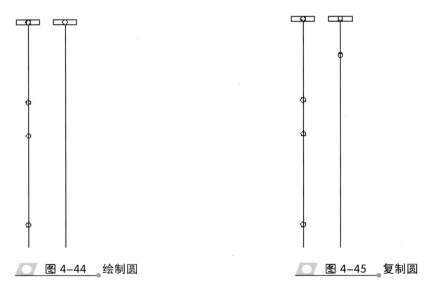

图 4-44　绘制圆　　　　　　　　　　　　　图 4-45　复制圆

9 执行【直线】命令，绘制 4 条线段，水平线段以圆心为起点、长度为 45，垂直线段长度为 10，如图 4-48 所示。

10 执行【直线】命令，绘制两条水平线段，以圆心为起点、长度为 61，如图 4-49 所示。

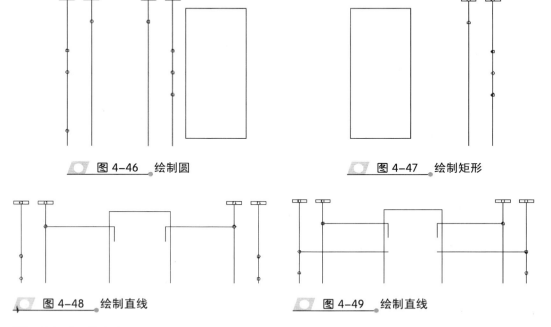

图 4-46　绘制圆　　　　　　　　　　　　　图 4-47　绘制矩形

图 4-48　绘制直线　　　　　　　　　　　　图 4-49　绘制直线

11 执行【圆】命令，为图形添加相应的电路节点，如图 4-50 所示。

12 执行【直线】命令，绘制三条线段，左边线段的长度为 24，右边两条线段的长度均为 21，如图 4-51 所示。

13 执行【矩形】和【圆】命令，在刚才绘制的三条线段上添加一个长宽分别为 20 和 35 的矩形，并为这三条线段的端点添加圆节点，如图 4-52 所示。

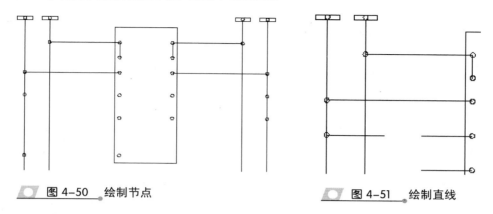

图 4-50　绘制节点

图 4-51　绘制直线

14 执行【直线】和【矩形】命令，连接底部两个圆的圆心，长度依次为 22、7、6、7、19，并在中间绘制一个长宽分别为 20 和 12 的矩形，如图 4-53 所示。

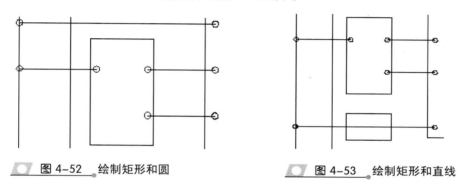

图 4-52　绘制矩形和圆

图 4-53　绘制矩形和直线

15 执行【旋转】命令，将刚绘制的长度为 6 的线段进行旋转，以右端点为基点旋转 30 度，如图 4-54 所示。

16 执行【矩形】、【直线】命令，依次绘制 3 个矩形，并将矩形移至合适的位置，如图 4-55 所示。

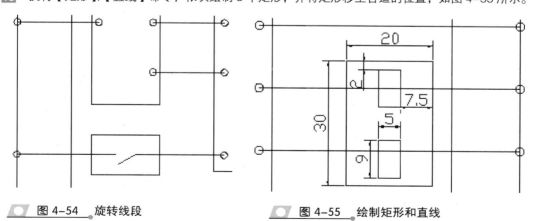

图 4-54　旋转线段

图 4-55　绘制矩形和直线

17 执行【修剪】命令，将矩形内多余的部分修剪掉，如图 4-56 所示。

18 单击【注释】>【文字】右下角按钮，打开【文字样式】对话框，设置字体为宋体，字高为 3，单击【应用】、【置为当前】、【关闭】按钮即可，如图 4-57 所示。

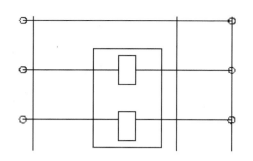

图 4-56 修剪矩形

图 4-57 设置文字样式

19 执行【多行文字】命令，为输电保护工程图添加注释，如图 4-58 所示。

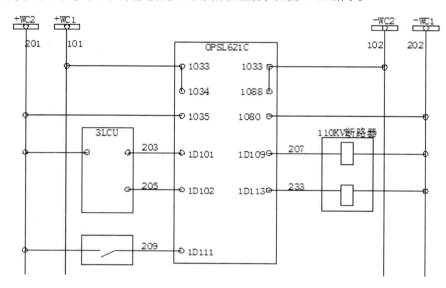

图 4-58 输电保护工程图

至此，输电保护工程图绘制完毕，保存即可。

4.5.2 绘制气缸供气系统图

绘制气缸供气系统图，将会有多种线型模块的绘制，先将模块绘制好后组装，其操作步骤如下。

1 选择【常用】>【图层】>【图层特性】命令，打开【图层特性管理器】面板，将 0 图层的线宽设置为 0.30 毫米，如图 4-59 所示，然后启动【显示线宽】模式。

2 执行【多段线】命令，右击【极轴追踪】按钮，在打开的对话框的【极轴追踪】选项卡中，将【增量角】设置为 30，单击【关闭】按钮。绘制边长为 25 的等边三角形，如图 4-60 所示。命令行提示内容如下。

```
命令: _pline
指定起点:                                          (指定一点)
当前线宽为 0.0000
```

指定下一个点或 [圆弧(A)/半宽(H)/长度(L)/放弃(U)/宽度(W)]：25（绘制竖直线段）
指定下一点或 [圆弧(A)/闭合(C)/半宽(H)/长度(L)/放弃(U)/宽度(W)]：25
（利用极轴追踪绘制夹角为30的斜线）
指定下一点或 [圆弧(A)/闭合(C)/半宽(H)/长度(L)/放弃(U)/宽度(W)]：c
（选择【闭合】选项）

图 4-59　设置线宽

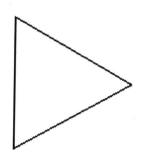

图 4-60　绘制三角形

3 执行【直线】命令，以三角形右边的端点为起点向右绘制一个长度为 10 的水平线段，如图 4-61 所示。

4 选取整个气源图形对象，执行【创建】命令，打开【块定义】对话框，将其命名为"气源"，单击【拾取点】按钮，指定一点，然后单击【确定】按钮即可，如图 4-62 所示。

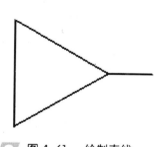

图 4-61　绘制直线

图 4-62　创建块

5 执行【矩形】命令，绘制一个边长为 30 的正方形，如图 4-63 所示。

6 执行【旋转】、【直线】命令，将正方形旋转 45 度，并连接下面两边的中点，如图 4-64 所示。

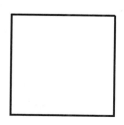

图 4-63　绘制正方形

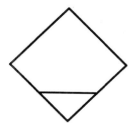

图 4-64　绘制直线

7 单击【常用】>【特性】>【线宽】下拉按钮，选择【其他】命令，打开【线型管理器】对话框，单击【加载】按钮，打开【加载或重载线型】对话框，在其中选择所需线型，单击【确定】按钮，如图 4-65 所示。

8 返回【线型管理器】对话框，选择刚加载的线型，单击【当前】、【确定】按钮即可，如图 4-66 所示。

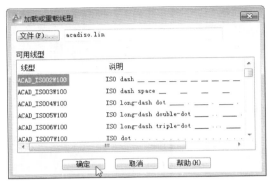

图 4-65　选取线型

图 4-66　加载线型

9 执行【直线】命令，以水平线段的中点绘制一条垂直线段，如图 4-67 所示。

10 单击【常用】>【特性】>【线宽】下拉按钮，选择 ByLayer 命令，然后执行【直线】命令，为过滤器两端分别添加长度为 15 的水平线段，如图 4-68 所示。

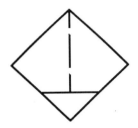

图 4-67　绘制直线

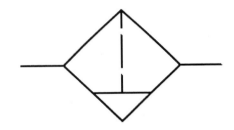

图 4-68　绘制直线

11 选取整个水雾过滤器，执行【创建】命令，打开【块定义】对话框，将其命名为"水雾过滤器"，拾取点后，单击【确定】按钮即可，如图 4-69 所示。

12 执行【矩形】、【旋转】命令，绘制一个边长为 30 的正方形，然后将其旋转 45 度，如图 4-70 所示。

图 4-69　创建块

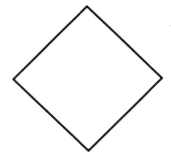

图 4-70　旋转正方形

13 执行【直线】命令，绘制一个长为 10 的垂直线段，然后在两边添加长为 15 的水平直线，如图 4-71 所示。

14 选取整个油雾过滤器，执行【创建】命令，打开【块定义】对话框，将其命名为"油雾过滤器"，拾取点后，单击【确定】按钮即可，如图 4-72 所示。

图 4-71 绘制直线

图 4-72 创建块

15 执行【矩形】、【直线】命令，绘制一个边长为 30 的正方形，然后经过正方形左右边的中点绘制三条线段，长度依次为 15、30 和 15，如图 4-73 所示。

16 执行【多段线】命令，以正方形右边的中点为起点绘制箭头，如图 4-74 所示。

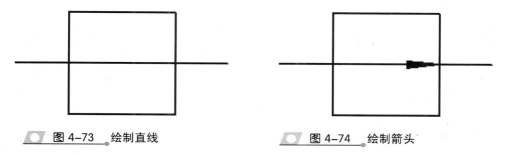

图 4-73 绘制直线

图 4-74 绘制箭头

17 执行【直线】命令，绘制底部线段，如图 4-75 所示。

18 选择线型 ACAD_ISO02W100 为当前线型，执行【直线】命令绘制线段，如图 4-76 所示。

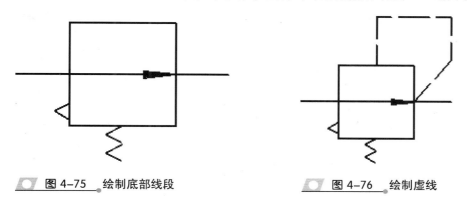

图 4-75 绘制底部线段

图 4-76 绘制虚线

19 选取整个减压阀，执行【创建】命令，打开【块定义】对话框，将其命名为"减压阀"，拾取点后，单击【确定】按钮即可。

20 执行【移动】命令，将绘制好的模块进行连接，如图 4-77 所示。

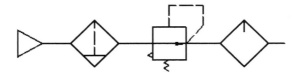

图 4-77 连接各个组件

21 执行【插入】命令，打开【插入】对话框，选择常开二位二通电磁阀，插入到图形中并放置到合适的位置。然后执行【多段线】命令，为气路系统添加方向，如图 4-78 所示。

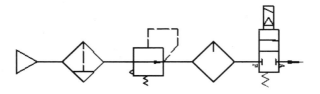

图 4-78 为气路系统添加方向

22 打开【文字样式】对话框，将字体设为宋体，字高为 6，单击【应用】、【置为当前】、【关闭】按钮即可。执行【多行文字】命令，为气路系统添加文字说明，如图 4-79 所示。

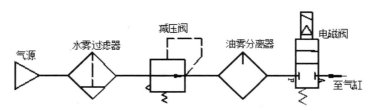

图 4-79 气缸供气系统图

4.5.3 绘制录音机电路

本练习将会用到正多边形、旋转、分解等命令。录音机电路如图 4-80 所示，绘制步骤如下。

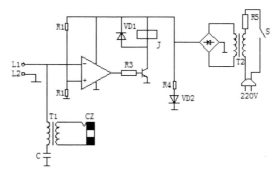

图 4-80 录音机电路

AutoCAD 2012 中文版电气设计标准教程

1 新建文件，另存为"录音机电路.dwg"，执行【正多边形】命令，绘制一个内切于圆的正三角形，圆的半径为3，如图4-81所示。命令行提示内容如下。

命令：_polygon 输入侧面数 <4>：3	（确定边数）
指定正多边形的中心点或 [边(E)]：	（指定一点）
输入选项 [内接于圆(I)/外切于圆(C)] <I>：	（按 Enter 键）
指定圆的半径： <正交 开> 3	（指定半径）

2 执行【旋转】和【分解】命令，将三角形进行180度旋转，并对其分解，然后将水平边删除，如图4-82所示。

3 执行【直线】命令，以上部两个端点为直线起点，向两边绘制长度均为8的水平线段，如图4-83所示。

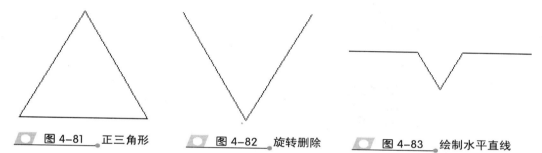

图 4-81　正三角形　　　　图 4-82　旋转删除　　　　图 4-83　绘制水平直线

4 执行【直线】命令，绘制两条长为24的垂直线段和一条长为8的水平线段组成一个矩形，如图4-84所示。

5 执行【偏移】命令，将相互平行、长度为8的线段向内依次偏移8，如图4-85所示。

6 执行【图案填充】命令，选择SOLID图案，然后指定区域进行填充，如图4-86所示。

图 4-84　绘制直线　　　　图 4-85　偏移直线　　　　图 4-86　图案填充

7 执行【直线】命令，在底部添加一条长度为10的水平线段，如图4-87所示。

8 选择【常用】>【块】>【创建】命令，打开【块定义】对话框，单击【拾取点】按钮选取图形对象的一点，再返回到对话框单击【选择对象】按钮选取整个图形对象，按Enter键返回到对话框，输入名称为"信号输出设置"，单击【确定】按钮即可，如图4-88所示。

9 执行【正多边形】、【旋转】命令，绘制一个内切于圆的正三角形，圆的半径为20，然后将其旋转30度，如图4-89所示。命令行提示内容如下。

命令：_polygon 输入侧面数 <4>：3	（指定边数）
指定正多边形的中心点或 [边(E)]：	（指定一点）

```
输入选项 [内接于圆(I)/外切于圆(C)] <I>:                               (按 Enter 键)
指定圆的半径: 20                                                    (输入数值)
命令: _rotate
UCS 当前的正角方向: ANGDIR=逆时针  ANGBASE=0
选择对象: 找到 1 个                                                 (选择对象)
选择对象:                                                          (按 Enter 键)
指定基点:                                                          (指定一点)
指定旋转角度, 或 [复制(C)/参照(R)] <180>: 30                        (输入角度)
```

10 执行【分解】、【偏移】命令,将三角形分解,并将竖直的线段向右偏移 15,如图 4-90 所示。

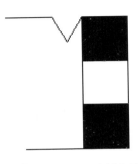

图 4-87 绘制直线

图 4-88 创建块

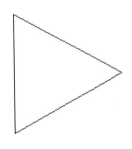

图 4-89 绘制正三角形

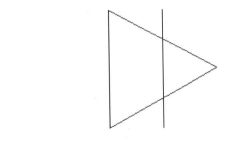

图 4-90 偏移直线

11 执行【直线】命令,以偏移直线与两条斜边相交的点为起点,向左绘制两条长度为 30 的水平直线,如图 4-91 所示。

12 执行【直线】、【修剪】命令,以三角形右边的端点为起点,向右绘制一条长度为 10 的水平直线,然后将三角形内的多余部分修剪掉,如图 4-92 所示。

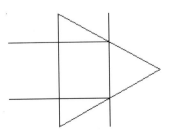

图 4-91 绘制直线

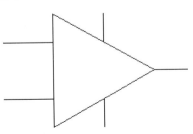

图 4-92 修剪直线

13 单击【注释】>【文字】右下角按钮,打开【文字样式】对话框,进行相关参数设置,然后单击相应的按钮即可,如图 4-93 所示。

14 执行【多行文字】、【创建】命令,为图形添加"+"和"−",然后将其定义为块"比较器",如图 4-94 所示。

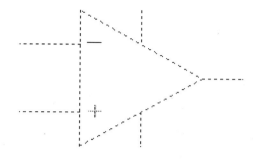

图 4-93 设置文字样式   图 4-94 定义为块

15 执行【圆】、【直线】命令,绘制一个半径为 7 的圆,并连接其水平直径,如图 4-95 所示。

16 执行【修剪】命令,以直线为剪切边,将圆下半部分修剪掉,如图 4-96 所示。

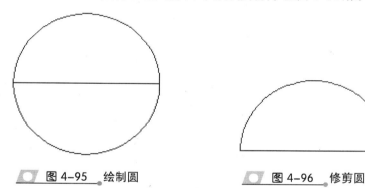

图 4-95 绘制圆   图 4-96 修剪圆

17 执行【直线】命令,以直线的左端点为起点,向下绘制长为 5 的垂直线段,如图 4-97 所示。

18 执行【偏移】命令,将该线段向右偏移 4 和 10,删除原直线,如图 4-98 所示。

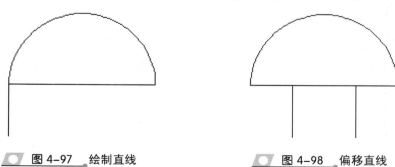

图 4-97 绘制直线   图 4-98 偏移直线

19 执行【拉长】命令,将两条竖直线段向上拉伸 14,如图 4-99 所示。命令行提示内容如下。

```
命令: _lengthen
选择对象或 [增量(DE)/百分数(P)/全部(T)/动态(DY)]: de          (选择【增量】选项)
```

输入长度增量或 [角度(A)] <0.0000>: 14	（确定长度）
选择要修改的对象或 [放弃(U)]:	（选择左边直线）
选择要修改的对象或 [放弃(U)]:	（选择右边直线）
选择要修改的对象或 [放弃(U)]:	（按 Enter 键）

20 执行【修剪】、【创建】命令，将半圆内部的多余部分修剪掉，如图 4-100 所示。然后将其创建成块"插座"。

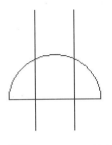

图 4-99　拉长直线

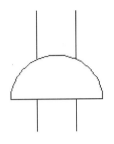

图 4-100　修剪直线

21 执行【圆弧】和【复制】命令，绘制半径为 3 的圆，并向右依次复制 3 个，如图 4-101 所示。命令行提示内容如下。

命令: _arc 指定圆弧的起点或 [圆心(C)]: c	（选择【圆心】选项）
指定圆弧的圆心: 0,0	（指定圆心位置）
指定圆弧的起点: @3,0	（指定起点）
指定圆弧的端点或 [角度(A)/弦长(L)]: a	（选择【角度】选项）
指定包含角: 180	（输入角度）
命令: _copy	
选择对象: 找到 1 个	（选择圆弧）
选择对象:	（按 Enter 键）
当前设置: 复制模式 = 多个	
指定基点或 [位移(D)/模式(O)] <位移>:	（以圆弧的左端点为基点）
指定第二个点或 [阵列(A)] <使用第一个点作为位移>:	（以圆弧的右端点为第二点）
指定第二个点或 [阵列(A)/退出(E)/放弃(U)] <退出>:	（以复制圆弧的右端点为第二点）
指定第二个点或 [阵列(A)/退出(E)/放弃(U)] <退出>:	（以复制圆弧的右端点为第二点）
指定第二个点或 [阵列(A)/退出(E)/放弃(U)] <退出>:	（按 Enter 键）

22 执行【旋转】、【直线】命令，将刚绘制的四个半圆弧旋转 90 度，并用直线连接，如图 4-102 所示。

图 4-101　绘制圆并复制

图 4-102　旋转圆弧并绘制直线

23 执行【偏移】命令,将刚绘制的直线向右偏移 12,并删除原直线,如图 4-103 所示。

24 执行【镜像】、【创建】命令,将四联圆弧以垂直线为镜像线,镜像一个到其右侧,如图 4-104 所示,并将其定义为块"变压器"。

25 执行【圆】、【复制】命令,绘制半径为 1.5 的圆,以圆心为基点并向下距离 10 复制一个圆,竖直排列,如图 4-105 所示。

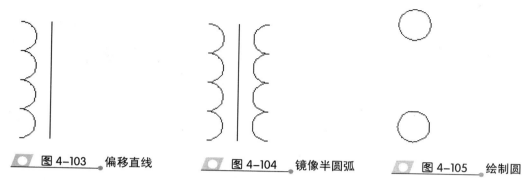

图 4-103　偏移直线　　　　图 4-104　镜像半圆弧　　　　图 4-105　绘制圆

26 执行【直线】命令,启动【正交】模式,依次绘制 6 条直线,各直线的位置和尺寸如图 4-106 所示。

27 执行【修剪】命令,将圆内的直线修剪掉,如图 4-107 所示。

28 执行【移动】命令,将绘制完成的"比较器"移至合适的地方,如图 4-108 所示。

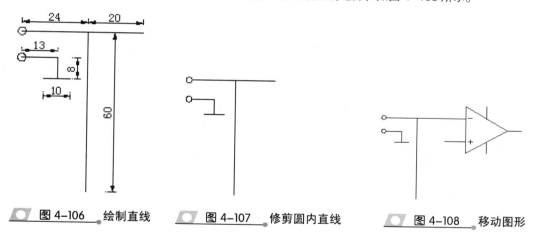

图 4-106　绘制直线　　　　图 4-107　修剪圆内直线　　　　图 4-108　移动图形

29 执行【移动】命令,将变压器移至合适的位置,如图 4-109 所示。

30 执行【直线】、【移动】命令,捕获图 4-109 中的 A 点,向右绘制一条长度为 15 的水平直线。接着捕获 B 点,向右绘制一条长度为 20 的水平直线。然后将"信号输出设置"移至合适的位置,如图 4-110 所示。

31 执行【常用】>【块】>【插入】命令,将第 1 章中所绘制的电容符号插入到图形当中,打开【选择图形文件】对话框,选择插入对象,单击【打开】按钮,如图 4-111 所示。

32 返回【插入】对话框,设置其中的参数后,单击【确定】按钮即可,如图 4-112 所示。

33 执行【移动】、【直线】命令,将电容符号以图 4-109 所示中的 C 点为基点放置到合适的位置,然后以电容的底部端点为中点,绘制一条长为 6 的水平直线,如图 4-113 所示。

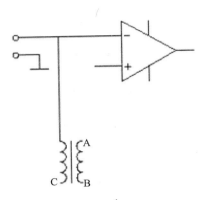

图 4-109　移动变压器

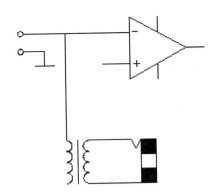

图 4-110　移动图形

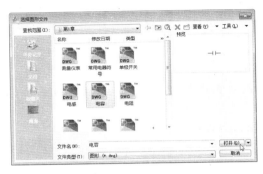

图 4-111　【选择图形文件】对话框

图 4-112　【插入】对话框

34 执行【直线】命令，依次插入二极管、三极管、电阻等电气元件，插入比例均为 0.25。插入过程中根据需要绘制导线，如图 4-114 所示。

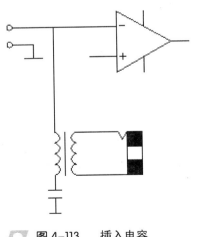

图 4-113　插入电容

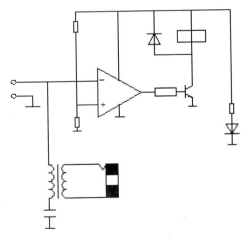

图 4-114　组合元件

35 执行【正多边形】、【旋转】命令，绘制一个外切于圆的四边形，圆的半径为 10，然后将其旋转45 度，如图 4-115 所示。

36 执行【插入】命令，将"二极管"插入到四边形的中心位置，设置插入比例，如图 4-116 所示。

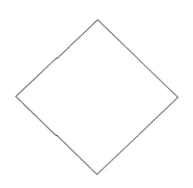

图 4-115　旋转四边形

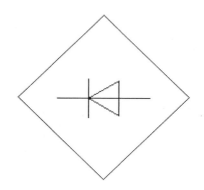

图 4-116　插入二极管

37　执行【直线】命令，依次绘制若干个水平和竖直直线，如图 4-117 所示。

38　执行【插入】命令，将变压器插入图形中并放置到合适的位置，如图 4-118 所示。

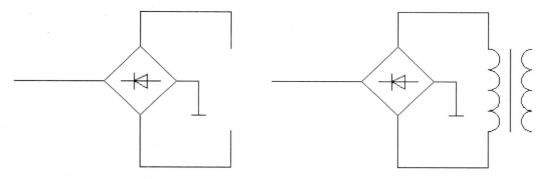

图 4-117　绘制直线　　　　　图 4-118　插入变压器

39　执行【直线】、【插入】命令，将电阻、开关和插座等电气元件插入到图形中，并绘制导线，如图 4-119 所示。

40　执行【移动】、【多行文字】命令，将之前绘制的图形进行移动，放置到合适的位置，然后在各个位置添加相应文字。

至此，完成录音机电路的绘制，如图 4-120 所示。

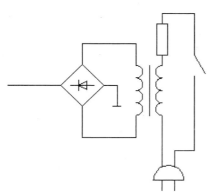

图 4-119　插入图形

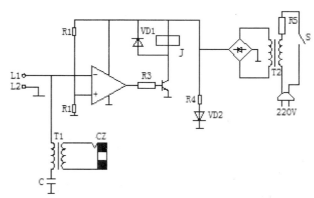

图 4-120　完成绘制

4.6 课后习题

一、填空题

1. 在 AutoCAD 的对象捕捉中有_____个对象捕捉模式。

2. 在 AutoCAD 中设置捕捉模式在_____栏中。

3. _____查询用于测量两条线段之间的夹角度数。

二、选择题

1. 为了切换打开和关闭正交模式，可以按功能键_____。

   A．F8   B．F3

   C．F4   D．F2

2. 使用【极轴追踪】绘图模式时，必须指定_____。

   A．增量角   B．附加角

   C．基点   D．长度

3. 在下列选项中不属于几何约束的是_____。

   A．同心   B．相交

   C．对称   D．平滑

三、上机实训

1. 绘制三极管符号，如图 4-121 所示。

操作提示：结合【极轴追踪】模式，使用【直线】命令绘制直线，然后使用【多段线】命令绘制箭头。

图 4-121 三极管符号

2. 绘制密闭插座符号，如图 4-122 所示。

操作提示：灵活利用精确定位工具集合直线和圆弧命令，绘制该图形。

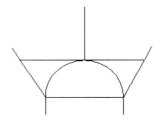

图 4-122 密闭插座符号

第 5 章

绘制二维图形

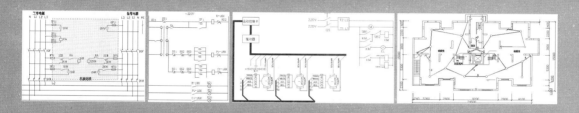

AutoCAD 2012 继承了以前版本中强大的二维绘图功能，用户可以直接在功能区面板中执行相关命令来进行操作。二维图形是整个 AutoCAD 绘图的基础，因此，熟练地掌握二维图形的绘制方法和技巧，才能更好地绘制出复杂的图形。其中绘图命令主要包括点、直线、圆、矩形、多段线以及样条曲线等。

本章将详细介绍 AutoCAD 2012 中点、线、圆、矩形等各种绘图命令的使用及操作方法。希望用户学以致用，可以熟练地绘制出相关的电气图。

本章学习要点：

➢ 熟练掌握设置点样式和绘制点的方法
➢ 熟练掌握各种直线图形的绘制方法
➢ 熟练掌握各种曲线图形的绘制方法
➢ 熟练掌握矩形和正多边形的绘制方法

5.1 绘制点

在 AutoCAD 2012 中，点对象可用作捕捉和偏移对象的节点或参考点。可以通过单点、多点、定数等分和定距等分 4 种方法创建点对象。下面将介绍一些关于点设置的命令操作。

5.1.1 设置点样式

为了满足用户的需要，AutoCAD 提供了多种点样式供用户选择。而在 AutoCAD 2012 中，可以通过以下两种方法来设置。

在命令行中输入 "DDPTYPE" 命令，然后按空格键，即可打开【点样式】对话框，如图 5-1 所示。在【点样式】对话框中，选择合适的点样式，并输入【点大小】的数值，然后单击【确定】按钮，即可完成点样式的设置。

在菜单栏中执行【格式】>【点样式】命令，也可打开【点样式】对话框。

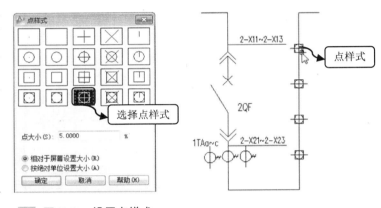

图 5-1 设置点样式

然后选择【文件】>【保存】命令，或者单击快捷工具栏中的【保存】按钮，将上述设置的绘图环境保存起来。

提 示

> 在【点样式】对话框中，点的大小还可以根据绘图区的尺寸来设置，也可以使用绝对尺寸来设置。若选择【相对于屏幕设置大小】单选按钮，则按屏幕尺寸的百分比设置点的显示大小，当进行缩放时，点的显示大小并不变化。

5.1.2 绘制点

在 AutoCAD 中，可以绘制多种形式的点，如单点、多点等。执行【常用】>【绘图】>【多点】命令，然后在绘图区中指定点的位置，即可创建完成，如图 5-2 所示。

用户也可直接在命令行中输入 point 命令，按 Enter 键，然后在绘图区中指定所需点的位置，同样可完成点的创建。

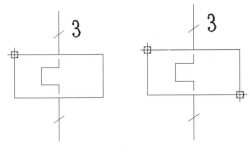

图 5-2 绘制多点

另外，用户还可以通过输入绝对坐标或相对坐标来绘制点。用相对坐标绘制点，即输入相对于上一点的位移或者距离与角度来确定新的点，输入方式为"@距离数值，距离数值"。通过输入极坐标绘制点，即给出指定点距固定点的距离和角度。输入方式为"@距离数值<角度数值"。

5.1.3 定数等分对象

定数等分是将所选对象等分为制定数目的相等长度，然后在该对象上按指定数目等间距创建点或插入块。该命令并不是将对象实际等分为单独的对象，而是指定数等分的位置，以便将它们作为几何参考点。

执行【常用】>【绘图】>【定数等分】命令，根据命令行中的提示，选择所要等分的对象，输入等分数值，按 Enter 键，即可完成等分操作，如图 5-3 所示的红色矩形框部分。

此外，选取等分对象后，如果在命令行内输入 B，可以将指定的块等间距插入到当前活动图形中，插入的块可以与原对象对齐或不对齐分布。

在执行【定数等分】命令时，每次只能对一个对象进行等分操作，而不能对一组对象进行等分操作。

5.1.4 测量

定距等分是按指定的长度，从指定的端点测量一条直线、圆弧或多段线，并在其上按长度标记点或块标记。它与定数等分在表现形式上是相同的，不同的则是，前者是按照线段的长度来平均分段；后者是按照线段的段数来分段的。

执行【常用】>【绘图】>【测量】命令，根据命令行提示，选择所需要等分的对象，输入距离 70，按 Enter 键，即可完成操作，如图 5-4 所示的红色矩形框部分。

如果在选取等分对象后，在命令行中输入字母 B，并输入插入块的名称，此时输入字母 Y，表示插入块与等分对象对齐；输入字母 N，则表示旋转角度为 0°方向位置。最后设置等分间距或选取点指定间隔长度，将按指定间距等分对象。

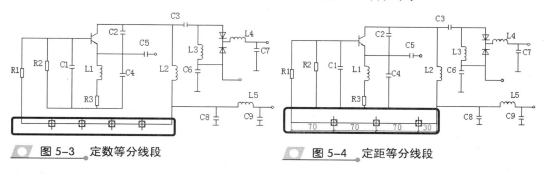

图 5-3 定数等分线段　　　　图 5-4 定距等分线段

放置点的起始位置从离对象选择点较近的端点开始。如果对象总长不能被所输入的长度整除，则最后放置点到对象端点的距离将不等于所输入的长度。

5.2 绘制线段

线段是图形中一类基本的图形对象。线条的类型有多种，如直线、射线、构造线、多线、多段线以及样条曲线等。这些线型对象和指定点位置一样，都可以通过指定起始点和通过点来绘制。用户可根据需求，选择相关的命令进行操作。

5.2.1 绘制直线

直线是各种绘图中最常用、最简单的一类图形对象。用户只需指定线段的起点和终点，即可绘制一条直线。绘制出的直线可以是一条线段，也可以是一系列相连的线段，但每条线段都是独立的对象。

在 AutoCAD 2012 中，执行【常用】>【绘图】>【直线】命令，根据命令行中的提示，在绘图区中指定好线段的起点和线段方向，然后在命令行中输入该线段的长度值，按 Enter 键，即可完成直线的绘制。如图 5-5 所示，用直线绘制 6 条竖直直线，然后连接端点绘制三条倾斜直线，最后连接斜线的中点绘制水平直线，多极开关绘制完毕。

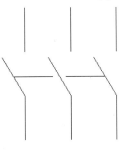

图 5-5 直线绘制多极开关

5.2.2 绘制射线

射线是以一个起点为中心，向某方向无限延伸的直线。射线一般用来作为创建其他直线的参照。

执行【常用】>【绘图】>【射线】命令，在绘图窗口中指定好射线的起始点，根据需要，将光标移至所需位置，即可完成射线的绘制。如图 5-6 所示，先选择矩形的中点，向左移动光标并指定好第二、三、四点，完成射线的绘制。

5.2.3 绘制构造线

构造线在建筑制图中的应用与射线相同，都是起辅助制图的作用。构造线是无限延伸的线，

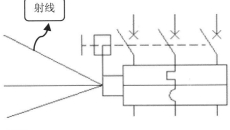

图 5-6 绘制射线

也可以用来作为创建其他直线的参照，可以创建出水平、垂直、具有一定角度的构造线。

执行【常用】>【绘图】>【构造线】命令，在绘图窗口中分别指定线段的起点和端点，即可创建出构造线，这两个点就是构造线上的点，如图 5-7 所示。命令行中的各选项介绍如下。

❑ **水平（H）** 绘制与 X 轴方向重合或平行的水平构造线。

❏ **垂直（V）** 绘制与 Y 轴方向重合或平行的竖直构造线。

❏ **角度（A）** 绘制与 X 轴方向或水平直线成一定角度的倾斜构造线。其中设置角度为正值，表示构造线绕通过点逆时针旋转一定角度。如图 5-7 所示，执行【构造线】命令，在命令行中输入 A，并输入角度为 30，然后选取左边线段底部的端点为通过点，按 Enter 键即可完成构造线的绘制。

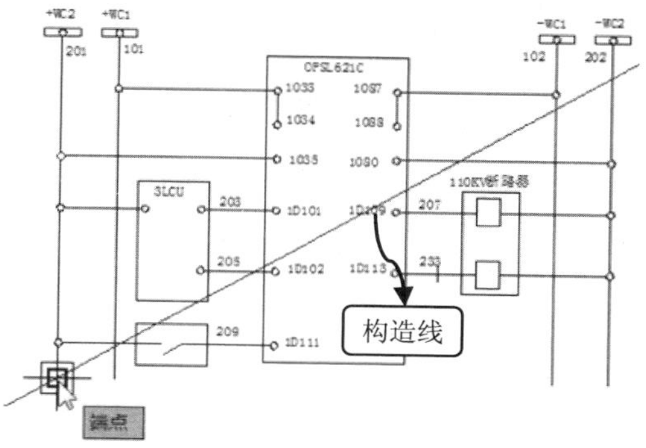

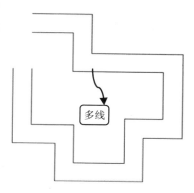

图 5-7 绘制一定角度的构造线

❏ **偏移（O）** 由选取的直线、射线或构造线偏移一定距离而产生新的构造线。该方式相当于直线的偏移操作，一次可以偏移复制出等距离的多条构造线。

❏ **二等分（B）** 绘制一个角的角平分线，主要由选取角的起始和终止位置决定。

5.2.4 绘制多线

多线一般是由多条平行线组成的对象，平行线之间的间距和数目是可以设置的。多线常用于绘制建筑图形中的墙线、电子线路等平行对象。

执行【绘图】>【多线】命令，根据命令行的提示指定多线的起点、通过点和终点，即可绘制多线，如图 5-8 所示。在绘制多线时命令行中各选项的含义如下。

❏ **对正** 设置基准对正的位置，对正方式包括以下 3 种。

❏ **上** 当从左向右绘制多线时，多线上最顶端的多线将随着光标移动。

❏ **无** 绘制多线时，多线的中心线将随着光标移动。

❏ **下** 当从左向右绘制多线时，多线上最底端的多线将随着光标移动。

❏ **比例** 该选项用于指定所绘制的多线宽度相对于多线定义的比例因子，即通过设置比例改变多线每条图素之间的距离大小。

图 5-8 绘制多线

❏ **样式** 输入要采用的多线样式名称，默认为 STANDARD。选择该选项后，可按照命令行提示输入已定义的样式名称。

5.2.5 绘制多段线

多段线是由相连的直线和圆弧曲线组成的，可在直线和圆弧曲线之间进行自由切换。多段线可设置其宽度，也可在不同的线段中设置不同的线宽，并可设置线段的始末端点具有不同的线宽。

执行【常用】>【绘图】>【多段线】命令，根据命令窗口提示信息，指定多段线起点。在动态输入框中，输入相关选项绘制多段线。如图5-9所示，指定多段线的起点，选择【宽度】选项，设置起点宽度为0、端点宽度为2绘制箭头，然后再选择【宽度】选项，设置起点和端点宽度均为0，向右和向下绘制垂直线段。各选项的含义如下。

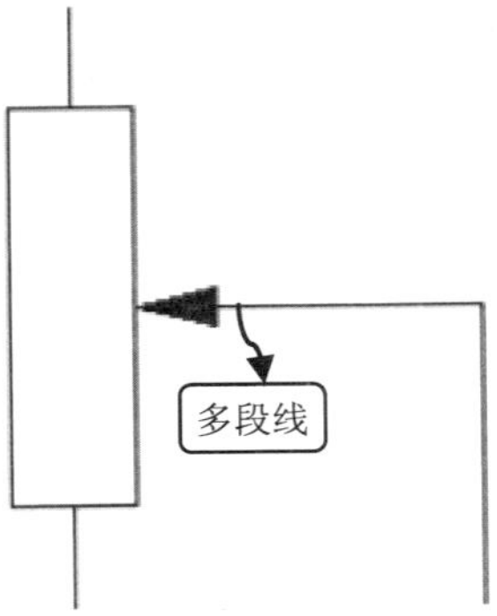

- ❑ **圆弧** 由绘制直线转换成绘制圆弧。
- ❑ **半宽** 将多段线总宽度的值减半。在命令行中分别输入起点宽度和终点宽度相应的数值，即可绘制一条宽度渐变的线段或圆弧。
- ❑ **长度** 提示用户给出下一段多段线的长度。系统按照上一段的方向绘制这一段多段线。
- ❑ **宽度** 其输入的数值即实际线段的宽度。如果继续绘制其他多段线，必须先选择该方式，将宽度恢复成原来设置进行绘制。

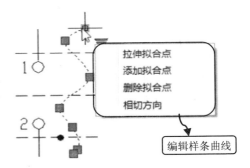
图 5-9　多段线绘制电位器

5.2.6　绘制样条曲线

样条曲线是通过一系列指定点的光滑曲线，用来绘制不规则的曲线图形。样条曲线主要用来绘制波浪线、断面线等。

执行【常用】>【绘图】>【样条曲线拟合】命令，根据命令窗口提示信息，指定样条曲线的起点，并按照同样的操作，指定以下点位置，直到端点，按 Enter 键，完成样条曲线的绘制。

单击该曲线，将光标移至线条拟合点上，系统自动打开快捷菜单，可选择相关选项进行编辑操作，如图5-10所示。单击三角形夹点可在显示控制顶点和拟合点之间进行切换。

5.2.7　绘制云线

修订云线是由连续圆弧组成的多段线。用于在检查阶段提醒用户注意图形的某个部分。在检查或用红线圈阅图形时，可以使用修订云线功能亮显标记以提高工作效率。

执行【常用】>【绘图】>【修订云线】命令，根据命令栏中的提示，设置好最大弧长和最小弧长，指定好云线起点，然后移动光标位置，单击即可进行绘制。如图5-11所示，最大

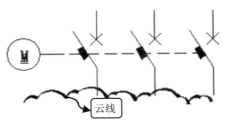
图 5-10　绘制样条曲线

图 5-11　修订云线完成

弧长和最小弧长均为 5。

5.3 绘制曲线

曲线是图形中一类基本的图形对象，根据用途不同，可以将曲线分类为圆、圆弧、椭圆、圆环等。下面将介绍绘制曲线对象的操作步骤。

5.3.1 绘制圆

在 AutoCAD 中，【圆】命令有 6 种表现方法，其中包括【圆心，半径】、【圆心，直径】、【两点】、【三点】、【相切、相切、半径】以及【相切、相切、相切】这 6 种。而【圆心，半径】命令是系统默认方法。

执行【常用】>【绘图】>【圆】命令，根据命令行的提示绘制圆，如图 5-12 中所示的圆形。下面分别介绍绘制圆的这 6 种方法：

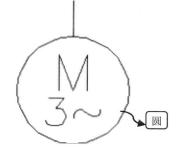

图 5-12　绘制圆

- ❑ 【圆心、半径】命令　该方法是先确定圆心，然后输入圆的半径。
- ❑ 【圆心、直径】命令　该方法与圆心、半径方法相类似，只不过在确定了圆心后，输入的是圆的直径。
- ❑ 【三点】命令　不在同一条线上的三点可以唯一确定一个圆，用该方法绘制圆时，要求输入圆周上的三个点来确定圆。
- ❑ 【两点】命令　该命令通过确定直径来确定圆的大小及位置，即要求确定直径上的两端点。
- ❑ 【相切、相切、半径】命令　确定与圆相切的两个对象，并且要确定圆的半径。
- ❑ 【相切、相切、相切】命令　使用这种方法绘制圆时，要确定与圆相切的三个对象。

5.3.2 绘制圆弧

绘制圆弧除要确定圆心和半径之外，还需要确定起始角和终止角。单击【圆弧】下拉按钮，将显示 11 种绘制圆弧的命令，这里将介绍其中常用的 3 种命令。

- ❑ 【三点】命令　该方式是通过指定三个点来创建一条圆弧曲线，第一个点和第三点分别为圆弧上的起点和端点，且第三点直接决定圆弧的形状和大小，第二点可以确定圆弧的位置，如图 5-13 所示，依次指定 A、B、C 三个端点为圆弧上的点来绘制圆弧。

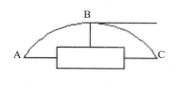

图 5-13　三点绘制圆弧

- ❑ 【起点、圆心】命令　指定圆弧的起点和圆心。使用该方法绘制圆弧还需要指定它的端点、角度或长度，如图 5-14 所示，依次指定 E 点为起点，F 点为圆心，G 点为端点，绘制圆弧。

❑ 【起点、端点】命令 指定圆弧的起点和端点。使用该方法绘制圆弧还需要指定圆弧的半径、角度或方向，如图 5-15 所示，指定 L 点为起点，M 点为端点，然后输入半径值 5，绘制圆弧。

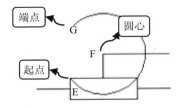

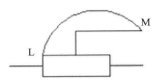

图 5-14 起点、圆心和端点绘制圆弧　　　　图 5-15 起点、端点和半径绘制圆弧

5.3.3 绘制椭圆和椭圆弧

椭圆是由一条较长的轴和一条较短的轴定义而成。在 AutoCAD 中，绘制椭圆有 3 种表现类型：圆心；轴端点；椭圆弧。其中【圆心】命令是系统默认绘制方式。

❑ 【圆心】命令 指定圆心绘制椭圆，即是通过指定椭圆圆心、长半轴的端点，以及短半轴的长度绘制椭圆。如图 5-16 所示，指定圆心为椭圆的中心点，长半轴为 8，短半轴为 3，按 Enter 键即可绘制椭圆。

❑ 【轴端点】命令 在绘图区域直接指定椭圆一轴的两个端点，并输入另一半轴的半轴长度绘制椭圆。如图 5-17 所示，以点 P、Q 为一条轴上的两个端点，然后确定另一半轴的长度为 8，按 Enter 键即可绘制椭圆。

❑ 【椭圆弧】命令 椭圆弧是椭圆的部分弧线。指定圆弧的起始角和终止角，即可绘制椭圆弧。此外，在指定椭圆弧终止角时，可以通过在命令行中输入数值，或直接在图形中指定位置点定义终止角，还可以通过参数

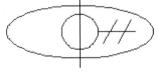

图 5-16 指定中心点绘制椭圆

来确定椭圆弧的另一端点。如图 5-18 所示，以点 R、T 为椭圆长轴的端点，输入短半轴长度为 2，起始角度为 0 度，终止角度为 270 度，按 Enter 键确定椭圆弧的绘制。

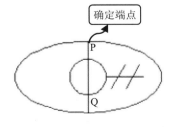

图 5-17 指定端点绘制椭圆

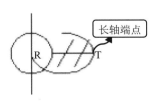

图 5-18 绘制椭圆弧

5.3.4 绘制圆环

圆环是由两个同心圆组成的组合图形。执行【常用】>【绘图】>【圆环】命令，按照命令行中的提示，应首先指定圆环的内径、外径，然后指定圆环的中心点即可完成圆环的绘制。绘制一个圆环后，可以继续指定中心点的位置，来绘制相同大小的多个圆环，直到按 Esc 键退出，即可完成绘制，如图 5-19 所示。

在绘制圆环之前，可在命令行中输入"FILL"命令，可控制圆环填充的可见性。输入该命令后，命令行将显示"输入模式[开(ON)/关(OFF)]<开>: "的提示信息。其中"ON"模式表示绘制的圆环要填充，如图 5-20 所示左侧的圆环；选择"OFF"模式表示绘制的圆环不填充，如图 5-20 所示右侧的圆环。

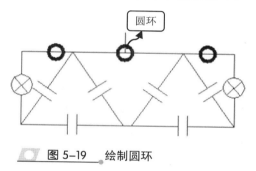

图 5-19　绘制圆环

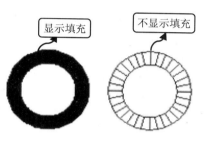

图 5-20　控制圆环内部填充显示

5.3.5 绘制螺旋线

螺旋线常被用来创建具有螺旋特征的曲线，螺旋线的底面半径和顶面半径决定了螺旋线的形状，用户还可以控制螺旋线的圈间距。

执行【常用】>【绘图】>【螺旋线】命令，在绘图窗口中指定一个点作为螺旋线的圆心点，根据命令行的提示输入螺旋线的参数，按 Enter 键，螺旋线即可创建完成，如图 5-21 所示。

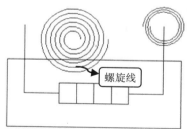

图 5-21　绘制螺旋线

5.4　绘制矩形和正多边形

矩形和正多边形在线形类别中，属于折线类型，而在 AutoCAD 中也是较为常用的命令。下面将分别对其进行介绍。

5.4.1 绘制矩形

【矩形】命令在 AutoCAD 中是最常用的命令之一。在使用该命令时，用户可指定矩形的两个对角点，来确定矩形的大小和位置。当然也可指定矩形的长和宽来确定矩形。

执行【常用】>【绘图】>【矩形】命令，用户即可根据命令行的提示，选择 F 选项，设置圆角值为 1，进行矩形绘制，如图 5-22 所示。执行矩形命令行的过程中，各选项的含义如下。

图 5-22 绘制圆角矩形

- ❑ **倒角** 该选项用于绘制带倒角的矩形，并设置倒角距离。
- ❑ **标高** 该选项一般用于三维绘图，设置所绘矩形到 XY 平面的垂直距离。
- ❑ **圆角** 该选项用于绘制带圆角的矩形，并设置倒角距离。
- ❑ **厚度** 该选项用于设置矩形的厚度，一般也用于三维绘图。
- ❑ **宽度** 该选项用于设置矩形的线宽，即矩形 4 个边的宽度。

通常在执行【矩形】命令时，利用"@"相对坐标输入矩形尺寸，则先输入符号，然后再输入矩形的长宽值，该方法最为常用。

5.4.2 绘制正多边形

正多边形是由多条边长相等的闭合线段组合而成的。在默认情况下，正多边形的边数为 4。执行【常用】>【绘图】>【正多边形】命令，用户可根据命令行中的提示，进行设置。

在执行【正多边形】命令时，除了可以通过指定多边形的中心点来绘制正多边形之外，还可以通过指定多边形一条边来绘制。

1．内接于圆

该方法即是先确定正多边形的中心位置，然后输入外接圆的半径。所输入的半径值是多边形的中心点至多边形任意端点间的距离，即整个多边形位于一个虚构的圆中。

选择【正多边形】命令，输入多边形的边数，然后根据命令行提示选择【内接于圆】选项，最后输入内接圆的半径参数值，即可绘制内接于 R25 圆的正七边形，如图 5-23 所示。

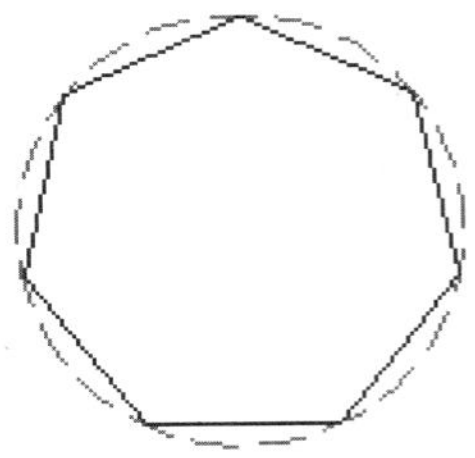

2．外切于圆

图 5-23 内接于圆

该方法即是先确定正多边形的中心位置，然后输入内切圆的半径。所输入的半径值为多边形的中心点到边线中点的垂直距离。

选择【正多边形】命令，输入要绘制的多边形的边数为"7"，并指定中心点和选择【外切于圆】选项，然后输入内切圆的半径值，即可绘制外切于圆的正七边形，如图 5-24 所示。

3．边

该方法是通过输入长度数值或指定两个端点来确定正多边形的一条边，进而绘制多边形。在指定完多边形的边数后输入字母 E，在绘图区域指定两点或在指定一点后输入边长数值，即可绘制出所需的多边形，如图 5-25 所示。

AutoCAD 2012 中文版电气设计标准教程

5.4.3 绘制面域

面域是具有一定边界的二维闭合区域。执行【常用】>【绘图】>【面域】命令，根据命令行的提示，选中所要创建面域的线段，按 Enter 键，即可完成面域的创建，如图 5-26 所示。

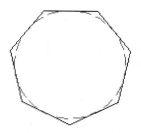

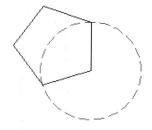

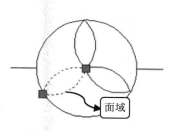

▶ **图 5-24** 外切于圆   ▶ **图 5-25** 边长方式绘制   ▶ **图 5-26** 创建面域

提 示

若要创建面域，则需当前对象为一个封闭区域才可，如果有线段交叉或重叠，则无法创建。

5.5 课堂练习

5.5.1 绘制变送器控制柜电气图

绘制变送器控制柜电气图将会用到矩形、圆、文字样式、镜像、块、直线和椭圆、特性等知识内容在电气绘图中的应用。其绘制步骤如下。

1 首先绘制穿孔穿心一体化交流电流变送器。执行【矩形】和【圆】命令，绘制一个边长为 15 的正方形，然后以正方形的中点为圆心绘制半径为 6 的圆，如图 5-27 所示。

2 单击【常用】>【文字】右下角按钮，打开【文字样式】对话框，选择字体为宋体，字高为 3，然后执行【多行文字】命令，为变送器框架添加文字说明，如图 5-28 所示。

3 执行【多段线】命令，绘制一条变送器的引线，如图 5-29 所示。

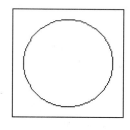

图 5-27 绘制矩形和圆   **图 5-28** 添加文字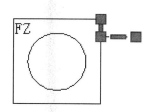

图 5-29 绘制多段线

4 执行【镜像】命令，将刚绘制的引线以变送器左右两边的中点为镜像线上的点，进行镜像操作，如图 5-30 所示。

5 执行【多行文字】命令，在引线的上下位置处添加文字说明，如图 5-31 所示。

6 单击【常用】>【特性】>【线宽】下拉选项，选择线宽为 0.30 毫米，然后执行【多段线】命令，绘制带箭头的穿心线，线段部分的长度为 30，如图 5-32 所示。

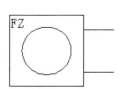

图 5-30 镜像多段线

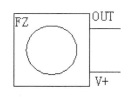

图 5-31 添加文字

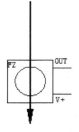

图 5-32 绘制箭头

7 选取整个变送器，执行【创建】命令，打开【块定义】对话框，命名为"电流变送器"，拾取点，然后单击【确定】按钮即可，如图 5-33 所示。

8 将线宽 ByLayer 置为当前。执行【矩形】和【直线】命令，绘制长宽分别为 25 和 10 的矩形，然后添加长为 5 的垂直线段，如图 5-34 所示。

图 5-33 创建块

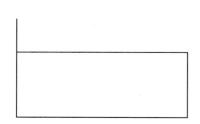

图 5-34 绘制直线

9 执行【偏移】和【镜像】命令，将刚绘制的直线向右偏移 5，然后进行镜像复制，如图 5-35 所示。

10 执行【多行文字】命令，为图形对象添加说明文字，如图 5-36 所示。

图 5-35 镜像直线

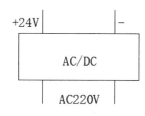

图 5-36 添加文字

11 选取整个电源的前提下，执行【创建】命令，打开【块定义】对话框，命名为"电源"，单击【拾取点】按钮，然后单击【确定】按钮即可，如图 5-37 所示。

106

12 单击【常用】>【特性】>【线型】下拉选项，选择【其他】选项，打开【线型管理器】对话框，添加 ACAD-IS002W100 线型，并置为当前，如图 5-38 所示。

图 5-37 创建块

图 5-38 加载线型

13 执行【矩形】命令，绘制边长为 100 的正方形，如图 5-39 所示。

14 执行【移动】和【复制】命令，将变送器和电源移至虚线方形框内合适的位置，如图 5-40 所示。

图 5-39 绘制虚线

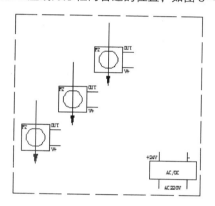
图 5-40 移动复制块

15 将线型 ByLayer 置为当前，绘制电源及变送器的连线，如图 5-41 所示。

16 执行【圆】和【修剪】命令，绘制 4 个节点，圆的半径为 "1"。然后将虚线框外的线段修剪掉，如图 5-42 所示。

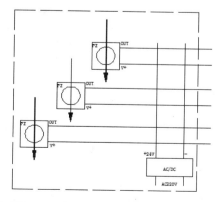
图 5-41 绘制连线

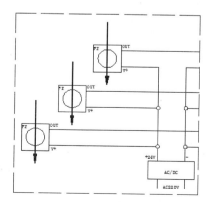
图 5-42 修剪线段添加圆

17 执行【图案填充】命令，为圆添加图案填充，选择 SOLID 图案，如图 5-43 所示。

18 执行【圆】、【修剪】和【多行文字】命令，在实线和虚线交汇处，添加六路和外界相连的端口，分别表示电源地和电流变送器的输出，如图 5-44 所示。

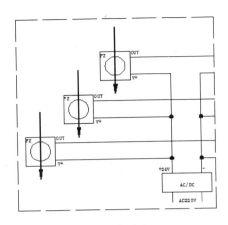

图 5-43　图案填充

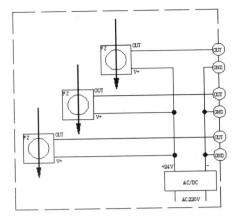

图 5-44　添加对外出口

19 执行【椭圆】命令，绘制一个长短轴分别为 12 和 6 的椭圆，如图 5-45 所示。命令行提示内容如下。

命令：_ellipse	
指定椭圆的轴端点或 [圆弧(A)/中心点(C)]：_c	（按 Enter 键）
指定椭圆的中心点：	（指定一点）
指定轴的端点：@6,0	（输入坐标）
指定另一条半轴长度或 [旋转(R)]：3	（输入长度）

20 执行【阵列】命令，将椭圆向右复制 3 个，距离为 12，如图 5-46 所示。命令行提示内容如下。

命令：_arrayrect	
选择对象：找到 1 个	（选择椭圆）
选择对象：	（按 Enter 键）
类型 = 矩形　关联 = 是	
为项目数指定对角点或 [基点(B)/角度(A)/计数(C)] <计数>：	
输入行数或 [表达式(E)] <4>：1	（输入1）
输入列数或 [表达式(E)] <4>：	（按 Enter 键）
指定对角点以间隔项目或 [间距(S)] <间距>：36	（输入36）
按 Enter 键接受或 [关联(AS)/基点(B)/行(R)/列(C)/层(L)/退出(X)]<退出>：	
	（按 Enter 键）

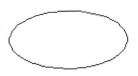

图 5-45　绘制椭圆

图 5-46　阵列椭圆

21 执行【分解】、【打断】和【镜像】命令，将左端的一个椭圆从中间打断，将打断后的左侧部分镜

AutoCAD 2012 中文版电气设计标准教程

像到最右端，如图 5-47 所示。命令行提示内容如下。

```
命令：_break 选择对象：
指定第二个打断点 或 [第一点(F)]: f                           （选择 F）
指定第一个打断点：                                （指定椭圆短轴上端点）
指定第二个打断点：                                  （指定短轴下端点）
```

22 执行【移动】和【复制】命令，移动双绞线至控制箱的输出端口，再复制两条至合适位置，如图 5-48 所示。

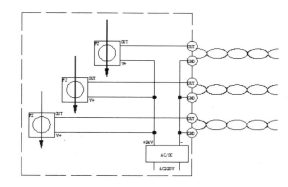

图 5-47　打断椭圆并镜像　　　　　图 5-48　添加双绞线

23 执行【多行文字】命令，为变送器控制柜电气图添加文字说明，如图 5-49 所示。

5.5.2　绘制液位控制器电路图

液位控制器电路图包含了按钮开关、信号灯、钮子开关和电源接头线等多种电气元件。其绘制步骤如下。

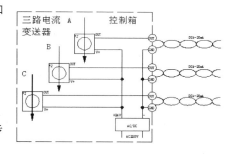

图 5-49　变送器控制柜电气图

1 选择【常用】>【图层】>【图层特性】命令，打开【图层特性管理器】面板，新建图层，并设置相关属性，如图 5-50 所示。

2 执行【直线】命令，启动【正交】模式，依次绘制长度为 15、7.5 和 11 的直线，如图 5-51 所示。

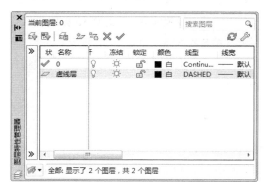

图 5-50　设置图层

图 5-51　绘制直线

③ 执行【直线】命令，连接竖直直线底部的端点，如图 5-52 所示。

④ 执行【直线】命令，捕获右边线段下边的端点，以其为起点，向左绘制长度为 15 的水平直线，然后向右绘制长度为 6 的线段，如图 5-53 所示。

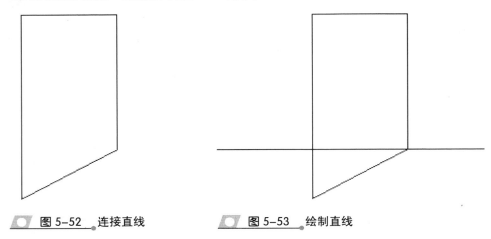

图 5-52 连接直线   图 5-53 绘制直线

⑤ 继续执行【直线】命令，捕获顶部水平线段的中点为起点，向下绘制长度为 13 的线段，如图 5-54 所示。

⑥ 执行【偏移】命令，将顶部的水平直线向下偏移 3.5，如图 5-55 所示。

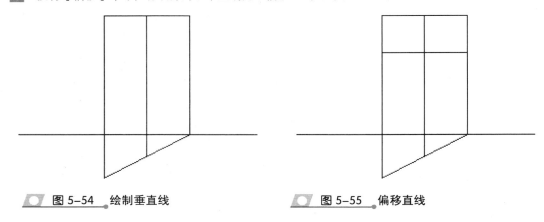

图 5-54 绘制垂直线   图 5-55 偏移直线

⑦ 选取中间的竖直线段，单击【常用】>【图层】>【图层】下拉按钮，弹出下拉菜单，选择【虚线层】命令，单击【特性】右下小箭头，打开选项板设置线型比例为 0.3，如图 5-56 所示。

⑧ 执行【修剪】和【删除】命令，修剪并删除多余的直线，如图 5-57 所示。

⑨ 选取整个按钮开关 1，执行【创建】命令，打开【块定义】对话框，命名为"按钮开关 1"，单击【拾取点】按钮，然后单击【确定】按钮即可，如图 5-58 所示。

⑩ 执行【矩形】和【分解】命令，绘制一个长宽分别为 7.5 和 10 的矩形，并进行分解，如图 5-59 所示。

⑪ 执行【拉长】命令，将底部直线分别向左和向右拉长 7.5，如图 5-60 所示。

⑫ 右击【极轴追踪】按钮，打开快捷菜单，选择【设置】命令，在打开的【草图设置】对话框的【极轴追踪】选项卡中，设置相关参数，如图 5-61 所示。

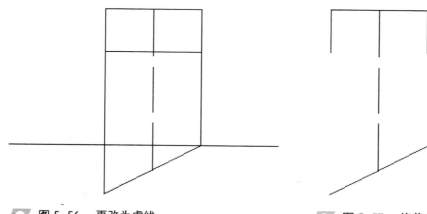

图 5-56 更改为虚线   图 5-57 修剪直线

图 5-58 创建块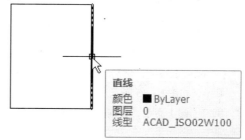

图 5-59 分解矩形

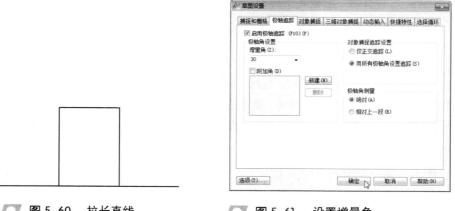

图 5-60 拉长直线   图 5-61 设置增量角

13 执行【直线】命令，以左边竖直线段的下端点为起点，绘制一条与 X 轴方向成 30 度的直线，终点在右边的竖直线段上，并绘制中竖线，如图 5-62 所示。

14 将刚绘制的中竖线的图层属性设为【虚线层】，设置线型比例为 0.3，如图 5-63 所示。

15 执行【偏移】命令，将顶部的水平线段向下偏移 3.5，如图 5-64 所示。

16 执行【修剪】和【删除】命令，将多余的线段修剪和删除，如图 5-65 所示。

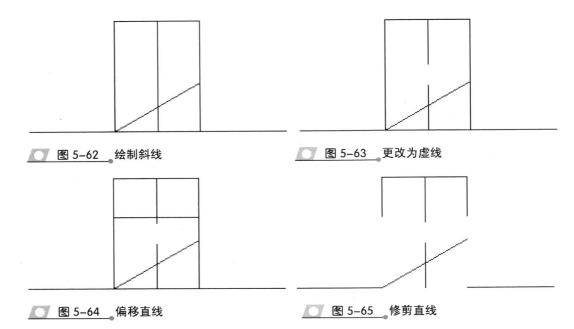

图 5-62　绘制斜线　　　　　　　　　　　图 5-63　更改为虚线

图 5-64　偏移直线　　　　　　　　　　　图 5-65　修剪直线

17　选取整个按钮开关 2，执行【创建】命令，打开【块定义】对话框，命名为"按钮开关 2"，单击【拾取点】按钮，然后单击【确定】按钮即可。执行【直线】命令，依次绘制长度为 17、25、9 和 9，如图 5-66 所示。

18　执行【圆】命令，分别捕获线段的端点和中点为圆心，绘制 3 个半径为 3 的圆，如图 5-67 所示。

图 5-66　绘制直线　　　　　　　　　　　图 5-67　绘制圆

19　右击状态栏中的【对象捕捉】按钮，在弹出的快捷菜单中选择【设置】命令，在打开的【草图设置】对话框的【对象捕捉】选项卡中，选中【交点】和【切点】复选框，如图 5-68 所示。

20　执行【直线】命令，捕获左边圆与直线的交点，然后连接右边上面的圆的切点，如图 5-69 所示。

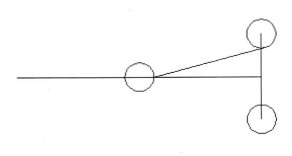

图 5-68　【对象捕捉】选项卡　　　　　　图 5-69　绘制直线

21 执行【拉长】命令，将斜线右端处拉长 4，如图 5-70 所示。命令行提示内容如下。

```
命令：_lengthen
选择对象或 [增量(DE)/百分数(P)/全部(T)/动态(DY)]: de          (选择【增量】选项)
输入长度增量或 [角度(A)] <0.0000>: 4                       (输入增量值)
选择要修改的对象或 [放弃(U)]:                              (单击斜线右端处)
选择要修改的对象或 [放弃(U)]:                              (按 Enter 键)
```

22 执行【修剪】和【删除】命令，修剪并删除多余的线段，如图 5-71 所示。

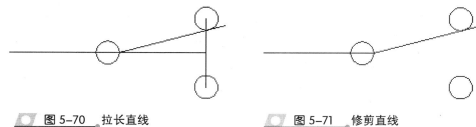

图 5-70　拉长直线　　　　　　　　图 5-71　修剪直线

23 选取整个钮子开关，执行【创建】命令，打开【块定义】对话框，命名为"钮子开关"，单击【拾取点】按钮，然后单击【确定】按钮即可。执行【直线】命令，绘制 3 段直线组合成三角形，水平直线的长度为 11，竖直直线的长度为 4，如图 5-72 所示。

24 执行【拉长】命令，将水平线段向左拉长 11，向右拉长 12，如图 5-73 所示。

图 5-72　绘制三角形　　　　　　　　图 5-73　拉长直线

25 执行【直线】命令，以水平线段的左端点为起点向上绘制长度为 12 的垂直线段，然后设置为虚线，如图 5-74 所示。

26 执行【移动】和【镜像】命令，将虚线向右平移 3.5，然后选取基点进行镜像，如图 5-75 所示。

图 5-74　绘制虚线　　　　　　　　图 5-75　镜像虚线

27 执行【偏移】命令，将两条虚线向右偏移 24，如图 5-76 所示。

28 执行【直线】命令，分别连接虚线顶部和底部的两个端点，绘制两条平行直线，将其图层属性设置为【虚线层】，如图 5-77 所示。

29 执行【直线】命令，捕获中间一条水平直线的右端点，向下绘制长度为 20 的垂直线段，如图 5-78 所示。

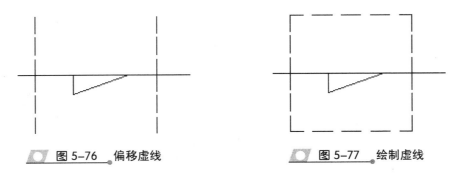

图 5-76　偏移虚线　　　　　　　　图 5-77　绘制虚线

30 执行【旋转】命令，选择刚绘制的垂直直线以左的图形，以垂直直线的上端点为基点，做 180 度旋转复制操作，完成电极探头的绘制，并创建成块，如图 5-79 所示。

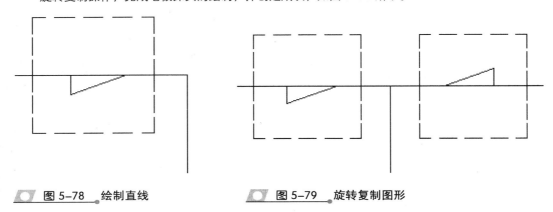

图 5-78　绘制直线　　　　　　　　图 5-79　旋转复制图形

31 执行【圆】和【直线】命令，绘制半径为 3 的圆，捕获圆心向下绘制长度为 9 的竖直直线，如图 5-80 所示。

32 执行【直线】命令，启动【极轴追踪】按钮，捕获圆心为起点，绘制一条与 X 轴方向成 45 度直线，长度为 4，如图 5-81 所示。

图 5-80　绘制圆与直线　　　　　　图 5-81　绘制斜线

33 执行【旋转】命令，以圆心为基点，将斜线旋转复制 180 度，如图 5-82 所示。

34 执行【直线】命令，绘制导线连接图，各直线的长度为 AB=40、BC=45、CD=9、DE=50、EF=40、FG=45、GT=25、CM=40、MN=90、EO=20、OP=40、FP=20、GQ=20、PQ=45、PN=29、MK=34、LT=31、TJ=83、KW=52、WV=40、VJ=68、WR=20、RS=40、VS=20，如图 5-83 所示。

AutoCAD 2012 中文版电气设计标准教程

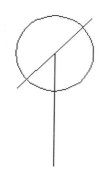

图 5-82　旋转复制斜线

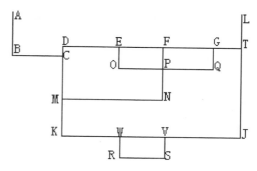

图 5-83　绘制导线

35　执行【平移】、【复制】和【插入】命令，将绘制好的电气元件放置在导线连接的合适位置，如图 5-84 所示。

36　执行【修剪】和【多行文字】等命令，将多余的部分修剪掉，并添加文字信息，字高设置为 6，如图 5-85 所示。

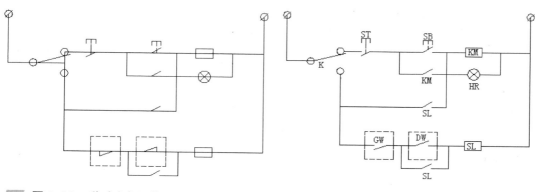

图 5-84　移动电气元件

图 5-85　液位控制器电路图

5.5.3　绘制电机驱动控制电路图

　　绘制某型号的电机驱动器的控制电路图，其中包括开关、排气扇、接触器、电源等电气元件。下面将介绍其绘制步骤。

1　执行【直线】命令，绘制直线，长度依次为 30、30、15、30，其中斜线与 X 轴的夹角为 30 度，如图 5-86 所示。

2　执行【复制】命令，将刚绘制的 4 条线段向下复制 30，如图 5-87 所示。

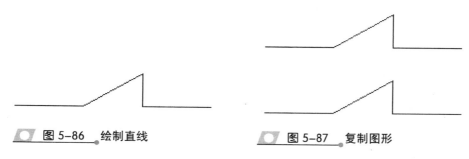

图 5-86　绘制直线

图 5-87　复制图形

3 单击【常用】>【特性】>【线型】下拉按钮，选择【其他】命令，打开【线型管理器】对话框，
单击【加载】按钮加载所需线型，如图 5-88 所示。

4 执行【直线】命令，连接两条斜线的中点，如图 5-89 所示。

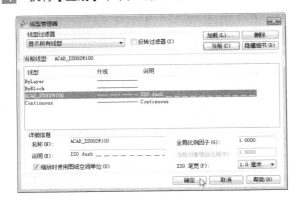

图 5-88　加载线型

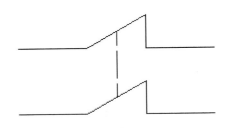

图 5-89　绘制虚线

5 执行【拉长】命令，将虚线的顶部拉长 25，如图 5-90 所示。

6 更改线型，执行【直线】命令，以虚线的顶部端点为中点，绘制长度为 26 的水平直线，如图 5-91
所示。

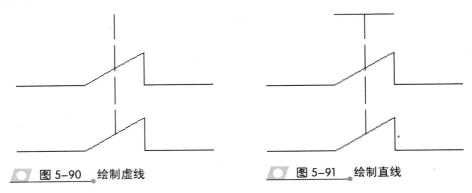

图 5-90　绘制虚线

图 5-91　绘制直线

7 将图中的多余线段删除，然后执行【创建】命令，打开【块定义】对话框，将块命名为"手动开
关"，如图 5-92 所示。

8 执行【直线】命令，绘制长度为 60 的水平直线，然后以左端点为起点，绘制一条与 X 轴方向成
30 度角、长度为 20 的直线，如图 5-93 所示。

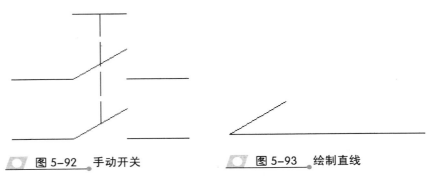

图 5-92　手动开关

图 5-93　绘制直线

9　执行【移动】和【圆】命令，将斜线向右移动 20，以水平线段的右端点为圆心，绘制半径为 2 的圆，如图 5-94 所示。

10　执行【移动】和【修剪】命令，将圆向左移动 20，并将多余部分修剪掉，如图 5-95 所示，然后将其创建成"接触器"块，如图 5-95 所示。

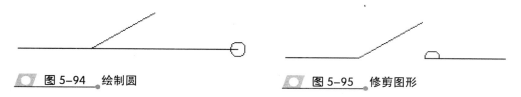

图 5-94　绘制圆　　　　　　　　　　　　图 5-95　修剪图形

11　执行【圆】和【多行文字】命令，绘制半径为 11 的圆，然后设置多行文字的字体为宋体，字高为 10，如图 5-96 所示。并创建块为"鼓风机"。

12　执行【矩形】和【移动】命令，绘制长宽分别为 50 和 60 的矩形，然后将手动开关移至合适位置，如图 5-97 所示。

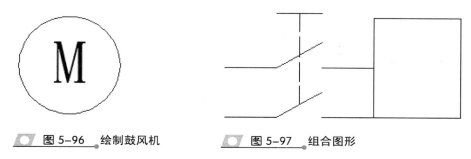

图 5-96　绘制鼓风机　　　　　　　　　　图 5-97　组合图形

13　执行【移动】和【直线】命令，将手动开关向上平移 15，然后在矩形的右边处添加导线，长度依次为 200、30、89 和 89，如图 5-98 所示。

14　执行【移动】命令，将鼓风机移至合适的位置，如图 5-99 所示。

图 5-98　绘制直线　　　　　　　　　　　图 5-99　组合图形

15　执行【直线】和【移动】等命令，为图形添加导线 1～4，长度依次为 35、35、35 和 20，其中小矩形的长宽为 16 和 28，然后将前面绘制的电气元件放置至合适的位置，如图 5-100 所示。

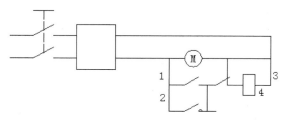

图 5-100　插入开关和信号灯

16 执行【直线】、【移动】和【插入】命令，绘制 1～3 的导线，长度依次为 30、65 和 35，将接触器放置到合适的位置。然后执行【插入】命令，将第 1 章绘制好的信号灯，设置插入比例为 0.5，放置到合适的位置，如图 5-101 所示。

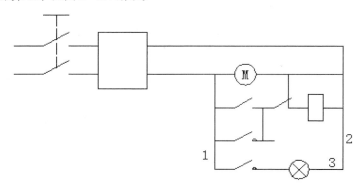

图 5-101　添加开关和电源

17 执行【直线】和【复制】命令，添加导线 1～7，长度依次为 40、40、20、20、35、20 和 20，将电气元件放置到合适的位置，如图 5-102 所示。

18 执行【多行文字】命令，添加文字信息，字体为仿宋_GB2312，高度为 10，如图 5-103 所示。

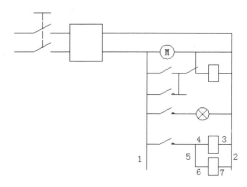

图 5-102　绘制直线

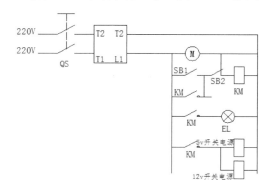

图 5-103　电机驱动控制电路图

5.6　课后习题

一、填空题

1．在使用【直线】命令画线时，若要使绘制的图形封闭，则最后结束时使用_____选项。

2．【正多边形】命令最多可以绘制_____条边的正多边形。

3．多段线是由_____组成的一个组合体，既可以一起编辑，也可以分开编辑，还可以具有不同的角度。

二、选择题

1．在 AutoCAD 中定数等分的快捷键是_____。

A．MI　　　　B．LEN

C．F11　　　　D．DIV

2．【拉伸】命令拉伸对象时，不能_____。

A．把圆拉伸为椭圆

B．把正方形拉成长方形

C．移动对象特殊点

D．整体移动对象

3．圆环是填充环或实体填充圆，及带有宽度的闭合多段线，用【圆环】命令创建圆环对象时_____。

A．圆环内径必须大于 0

B．外径必须大于内径

C．必须指定圆环圆心

D．运行一次【圆环】命令只能创建一个圆环对象

三、上机实训

1．绘制可变电阻 R1，如图 5-104 所示。

操作提示：使用【矩形】和【直线】命令绘制符号，然后用【多段线】命令添加符号，最后添加文字。

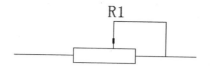

图 5-104 可变电阻 R1

2．绘制 Z35 型摇臂钻床电气原理图，如图 5-105 所示。

操作提示：绘制主动回路、控制回路和照明回路，然后添加文字说明。

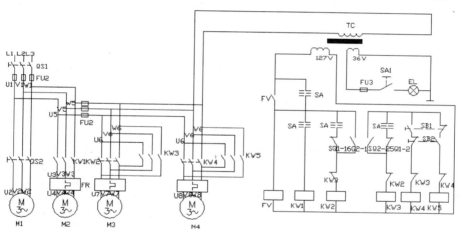

图 5-105 Z35 型摇臂钻床电气原理图

第6章

编辑二维电气图形

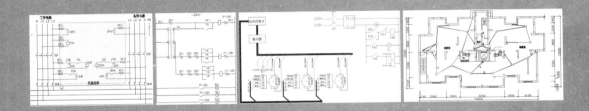

在 AutoCAD 中，仅仅使用基本的绘图工具只能绘制出简单的平面图形，在大多数情况下无法满足用户的需求，还需要对图形进行编辑操作。为此该软件提供了一系列编辑工具，如移动、旋转、拉伸、拉长、复制和镜像等。灵活地使用这些图形编辑工具，既能保证绘图的准确性，又能提高绘图效率。

本章主要介绍图形对象的选择、改变图形的位置和大小、复制图形、修改图形、填充图形图案，以及编辑多线、多段线等方法和技巧。

本章学习要点：

➢ 掌握各种选择图形的方法
➢ 掌握改变图形的位置和大小
➢ 掌握图形的复制和修改
➢ 掌握对多线、多段线的编辑以及图案填充功能

6.1 选取图形

在对图形编辑之前要对图形进行选择，然后再进行操作。用虚线亮显所选的对象，这些对象便构成了选择集，选择集可包含单个对象，也可以包含多个对象。

6.1.1 选取图形的方式

在 AutoCAD 中，选择对象的方式有很多。例如，可以通过单击对象进行逐个拾取，也可以利用矩形窗口或交叉窗口选择，还可以选择最近的对象、前面的选择集或图形中的所有图形对象，并且可以向选择集中添加选择对象或删除选择对象。

在 AutoCAD 2012 的命令行中，输入"SEL"命令，按空格键，然后输入"？"，按 Enter 键即可，根据命令行中的提示信息，选择相应的选项，即可以对应的方式来选择对象，各主要选项的含义如下。

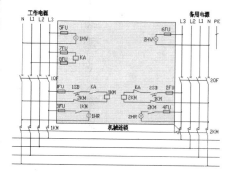

图 6-1 窗口选取

❑ **窗口** 选择该选项，可以通过绘制一个矩形区域来选择对象。当指定了矩形窗口的两个对角点时，所有部分均位于这个矩形窗口内的对象将被选中，不在该窗口内的或者只有部分在该窗口内的对象则不被选中，如图 6-1 和图 6-2 所示。

❑ **上一个** 选择该选项，选择图形窗口内可见元素中最后创建的对象。不管选择多少次【上一个】选项，都只有一个对象被选中。

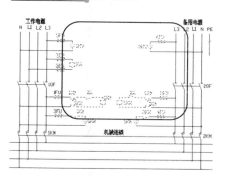

图 6-2 完成窗口选取

❑ **窗交** 选择该选项，可以使用交叉窗口选择对象，与用窗口选择对象的方式类似，但全部位于窗口之内或与窗口边界相交的对象都将被选中，如图 6-3 和图 6-4 所示。

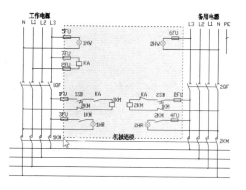

图 6-3 窗交选取

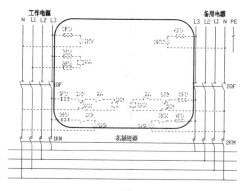

图 6-4 完成窗交选取

❑ **框**　该选项是由【窗口】和【窗交】组合的一个单独选项。从左到右设置拾取框的对角点，则执行【窗口】选项；从右到左设置拾取框的对角点，则执行【窗交】选项。

❑ **全部**　选择该选项，可以选择图形中没有被锁定、关闭或冻结图层上的所有对象。

❑ **栏选**　选择该选项，可以通过绘制一条开放的多点栅栏（多段直线），其中所有与栅栏线相接触的对象均会被选中，如图6-5和图6-6所示。

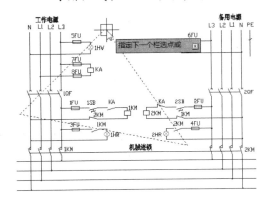

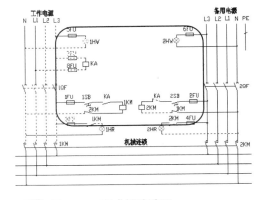

图 6-5　栏选　　　　　　　　　　　　　图 6-6　完成栏选选取

❑ **圈围**　选择该选项，可以绘制一个不规则的封闭多边形作为窗口来选取对象。完全包围在多边形中的对象将被选中。如果给定的多边形顶点不封闭，系统将自动将其封闭，如图6-7和图6-8所示。

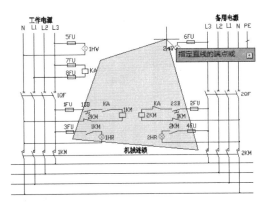

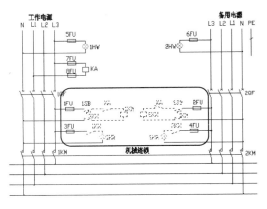

图 6-7　圈围选取　　　　　　　　　　　图 6-8　完成圈围选取

❑ **圈交**　该选项方式与【圈围】选择方式类似，绘制一个不规则的封闭多边形作为交叉式窗口来绘制对象。所有在多边形内或与多边形相交的对象都将被选中。

❑ **编组**　选择该选项，可以使用组名字来选择一个已定义的对象编组。

❑ **添加**　通过设置PICKADD系统变量把对象加入到选择集中。如果PICKADD被设置为1（默认值），则后面所选择的对象均被加入到选择集中；如果PICKADD被设置为0，则最近所选择的对象均被加入到选择集中。

❑ **删除**　选择该选项，从选择集中（而不是图中）移出已选取的对象，只需在要移出的对象上单击即可。

❑ **多个** 选择该选项，可选择多个点，但并不会醒目地显示对象，该选项可以加速对象的选择。

❑ **前一个** 选择该选项，将最近的选择集设置为当前选择集。

❑ **放弃** 选择该选项，取消最近的对象选择操作。如果最后一次选择的对象多于一个，将从选择集中删除最后一次选择的所有对象。

❑ **自动** 选择该选项，自动选择对象。如果第一次拾取点就发现了一个对象，则单个对象就会被选取，而【框】模式将会被终止。

❑ **单个** 如果提前使用【单个】方式来完成选择，则当对象被发现后，对象选择工作就会被自动结束，此时不会要求按 Enter 键来确定结束。

❑ **子对象** 选择对象的原始信息形状，这些形状是复合实体的一部分或三维实体的顶点、边和面。

❑ **对象** 选择该选项，结束选择子对象的功能，可以使用对象选择的方法。

提 示

【栏选】方式定义的多段直线可以自身相交。【圈围】方式定义的多边形可以是任意形状，但不能自身相交。

6.1.2 快速选取

快速选取可以根据对象的图层、线型、颜色和图案填充等特性来创建选择集，从而准确、快速地从复杂的图形中选择具有某种共同特性要求的对象。

执行菜单栏中的【工具】>【快速选择】命令，打开【快速选择】对话框，在该对话框中指定对象类型，在【特性】下拉列表中，选择【图层】选项，并在【值】下拉列表中选择所需图层 X4，单击【确定】按钮，即可完成该类型对象的选择，如图 6-9 和图 6-10 所示。

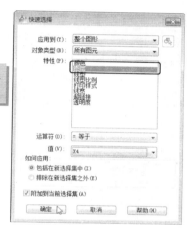

图 6-9 【快速选择】对话框

6.1.3 编组选取

编组选取是将图形对象进行编组，以创建一种选择集，从而使编组图形对象显得更加灵活和方便。编组是已命名的对象选择，随图形一起保存。一个对象可以作为多个编组的成员。在命令行中输入 GROUP 命令并按 Enter 键，在打开的【对象编组】对话框中设置相应选项，即可对所选择的对象进行编组。

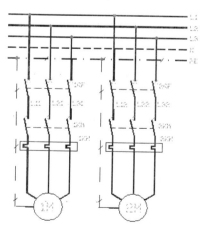

图 6-10 快速选择效果

执行【常用】>【组】>【组】命令，根据命令行的提示，来选择创建组的图形对象，这里选择字体部分，如图 6-11 所示。选择完成后，按 Enter 键，创建完成。此时单击字体的任意一处，即可将所有字体全部选中，如图 6-12 所示。

编组完成后，用户若想对组合后的图形进行修改或编辑，可通过以下方法来操作：

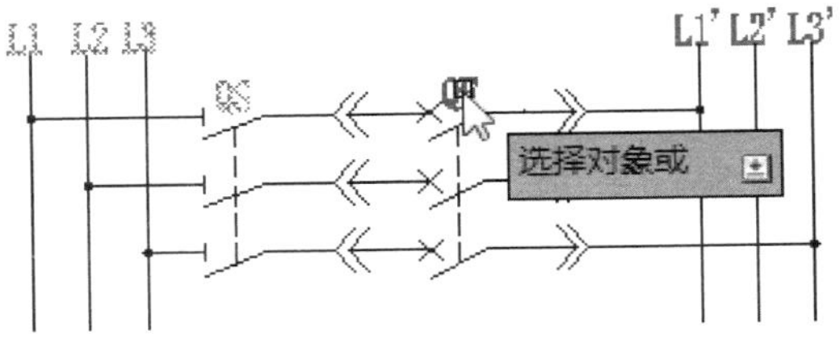

1. 解除编组

若想将创建的组进行解除，可先选择组，其后执行【组】>【解除编组】命令，即可将其解除。

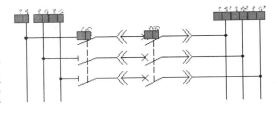

图 6-11　选择字体

2. 组编辑添加组

若想将其他图形添加到所创建的组中，则可执行【组】>【组编辑】命令，根据命令行的提示，选择"添加对象"选项并按 Enter 键，如图 6-13 所示，根据命令行提示，选中所需添加的图形对象，这里选择底部窗台部分，然后按 Enter 键，即可完成添加，如图 6-14 所示。

图 6-12　完成字体编组

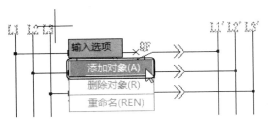

图 6-13　选择【添加对象】命令

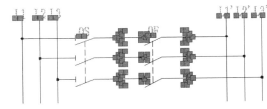

图 6-14　添加组效果

3. 组编辑删除组

若想删除组中某部分图形，同样选中该组，选择【组编辑】命令，并在命令行中输入"R"，并选中删除的图形，即可完成删除。

4. 组边界

执行【组】>【组边界】命令，可在绘图区中显示所创建组的边界框，如图 6-15 所示。若再次执行该命令，则可取消边界框，如图 6-16 所示。

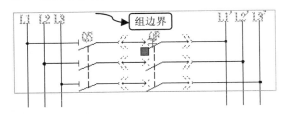

图 6-15　组边界效果

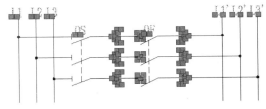

图 6-16　无组边界效果

除了以上操作外，用户也可执行【组】>【编组管理器】命令，在打开的【对象编组】对话框中，根据需要进行编组操作，如图 6-17 所示。

6.1.4　过滤选取

在命令行提示下输入"FILTER"，打开【对象选择过滤器】对话框，如图 6-18 所示。在该对话框中，可以以对象的类型（如直线、圆及圆弧等）、图层、颜色、线型或线宽等特性作为条件，过滤选择符合设定条件的对象。此时必须考虑图形中对象的这些特性是否设置为随层。

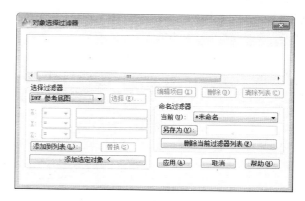

图 6-17　【对象编组】对话框　　　　图 6-18　【对象选择过滤器】对话框

6.2　改变图形位置

在绘制图形时，若遇到绘制的图形位置错误时，可以使用改变图形对象位置的方法，将图形移动到或者旋转到符合要求的位置，如移动、旋转图形对象等操作。

6.2.1　移动图形

移动图形对象可以将图形对象从当前位置移动到新的位置。移动对象仅仅是位置的平移，而不改变对象的大小和方向。要精确地移动对象，可以使用【对象捕捉】功能辅助移动操作。

执行【常用】>【修改】>【移动】命令，选取要移动的对象，并指定基点，然后选取目标点或输入相对坐标确定目标点，即可完成移动操作，如图 6-19 和图 6-20 所示。

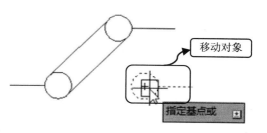

图 6-19　指定基点

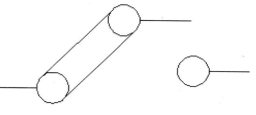

图 6-20　移动效果

6.2.2 旋转图形

旋转对象是将选择的图形按照指定的点进行旋转，还可进行多次旋转复制，可以说是集旋转和复制操作于一体。

执行【常用】>【修改】>【旋转】命令，在绘图区中选择要旋转的图形对象，指定基点，如图 6-21 所示。在命令行中输入所需旋转的角度–46 度，即可完成旋转操作，如图 6-22 所示。

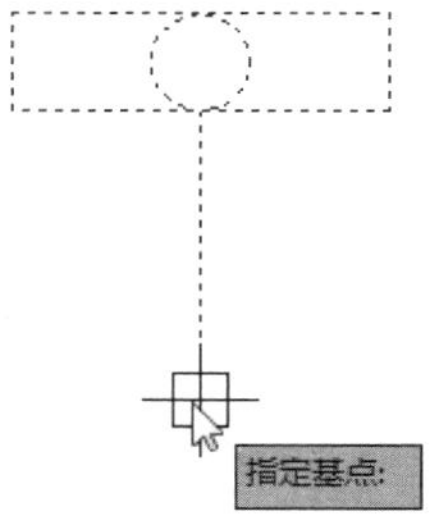

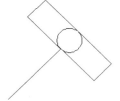

图 6-21　指定基点

提　示

> 如果在指定完旋转基点后，在命令行中输入 C，然后指定旋转角度，则在旋转的同时又能复制对象。

6.3　改变图形大小

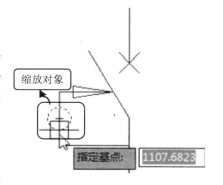

图 6-22　旋转效果

在绘制图形的过程中，有时需要根据情况改变已绘制图形的大小，如果删除原来的图形重新绘制将浪费大量的时间，这时可以通过 AutoCAD 提供的缩放对象、拉伸对象等功能来调整图形对象的大小，以提高工作效率。

6.3.1 缩放图形

缩放图形对象可以把图形对象相对于基点缩放，按指定的比例放大或缩小，以创建出与原对象成一定比例且形状相同的新图形对象。在 AutoCAD 中，比例缩放可分为以下两种缩放类型。

1．指定比例因子缩放

该方式是直接输入比例因子，当确定了缩放的比例值后，系统将相对于基点进行缩放对象操作。当比例值大于 1 时，为放大图形；当比例值大于 0 小于 1 时，为缩小图形。

选择【缩放】命令，选择缩放对象后，并指定缩放基点，如图 6-23 所示。此时拖动光标图形将按移动光标的幅度放大或缩小。然后在命令行中输入比例因子"2"，按 Enter 键确定缩放操作，如图 6-24 所示。

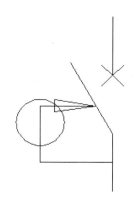

图 6-23　指定基点

2．指定参照方式缩放对象

该方式是依次指定参照长度的值与新长度的值，系统将以新长度的值与参照长度的比值作为比例因子来缩放对象。当参照长度大于新长度时，

图 6-24　指定比例因子缩放效果

图形将被缩小；反之将对图形执行放大操作。

指定基点后在命令行中输入"R"，并按 Enter 键，指定参照长度，如图 6-25 所示，然后指定新长度值为 3，按 Enter 键，即可完成参照缩放操作，如图 6-26 所示。

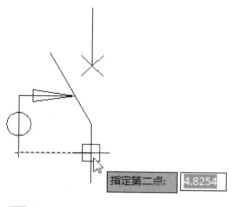

图 6-25　指定参照长度点

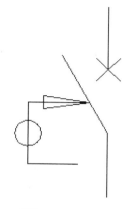

图 6-26　指定参照方式缩放效果

6.3.2　修剪图形

修剪命令是将某一对象为剪切边修剪其他对象。修剪边可以同时作为被修剪边执行修剪操作。执行修剪操作的前提条件是，修剪对象必须与修剪边界相交。

选择【修剪】命令，选取修剪的边界并单击鼠标右键，然后选取要删除的多余图形，即可将多余的对象删除。如图 6-27 所示，以竖直的直线为修剪边界，然后选择要修剪的对象。修剪后的效果如图 6-28 所示。

在使用【修剪】命令对图形对象进行修剪时，命令提示行中各主要选项的含义如下。

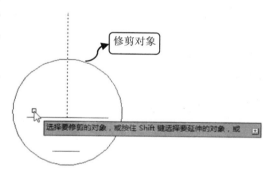

图 6-27　选择要修剪的对象

- ❏ **全部选择**　使用该选项将选择所有可见图形，作为修剪边界。

- ❏ **按住 Shift 键选择要延伸的对象**　按住 Shift 键，然后选择所需线条，即可在执行【修剪】命令时将图形对象进行延伸操作。

- ❏ **栏选**　使用该选项后，在屏幕上绘制直线时，与直线相交的线条将会被选中。

- ❏ **窗交**　在 AutoCAD 2012 中提供了窗

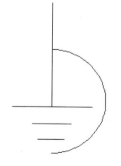

图 6-28　修剪效果

交选择方式，即可以直接使用交叉方式选择多条被修剪的线条。

- ❑ **投影**　指定修剪对象时使用的投影模式，在三维绘图中才会用到该选项。
- ❑ **边**　确定是在另一对象的隐含边处修剪对象，还是仅修剪对象到与它在三维空间中相交的对象处，在三维绘图中进行修剪时才会用到该选项。
- ❑ **删除**　删除选定的对象。

6.3.3　拉伸图形

利用拉伸图形工具可使用【交叉窗口】或者【交叉多边形】方式选取图形中的一部分将其拉伸、移动或变形，而其余部分保持不变。

选择【拉伸】命令，使用以上两种方式选取要拉伸的对象，并指定拉伸基点，然后直接选取现有的点或输入相对坐标确定第二点，系统将按照这两点的距离执行拉伸操作。如图 6-29 所示，选择两条相交斜线，指定基点，并选择一点作为第二点，即可完成拉伸操作。最终效果如图 6-30 所示。

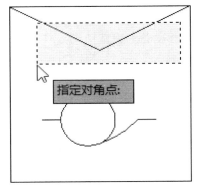

图 6-29　选择拉伸对象

6.3.4　拉长图形

【拉伸】命令是在不改变对象位置的情况下，将图形延长。可用于改变圆弧的角度，或改变非闭合对象的长度，包括直线、圆弧、椭圆弧和非闭合多段线、样条曲线。

选择【拉长】命令，根据命令行提示指定拉长类型和参数，即可对图形执行拉长或缩短对象的操作。该命令提示栏中各选项的含义如下。

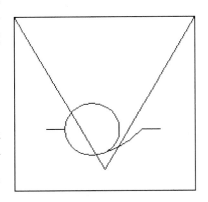

图 6-30　拉伸效果

- ❑ **增量**　使用该选项，能够以具体的长度或角度值作为图形的拉伸参数，拉长或缩短对象。当以角度方式定义图形的拉长参数时，被拉长对象只能是圆弧或椭圆弧类线段。
- ❑ **百分数**　以相对于原长度的百分比来修改直线或者圆弧的长度。
- ❑ **全部**　以给定直线新的总长度或圆弧的新包含角来编辑图形长度。在命令行中输入"T"，并输入总长度值 1200，如图 6-31 所示。按 Enter 键，然后选择要修改的直线，按 Enter 键即可显示最终的效果，如图 6-32 所示。
- ❑ **动态**　允许动态地改变圆弧或者直线的长度。

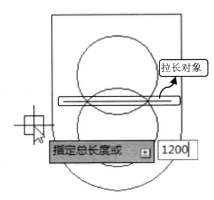

图 6-31　确定总长度值

6.3.5　延伸图形

利用延伸图形工具可将指定的对象延伸到选定的边界，被延伸的对象包括圆弧、椭圆弧、直线、二维多段线、三维多段线和射线。

选择【延伸】命令，选取延伸边界后单击鼠标右键，然后选取需要延伸的对象，如图 6-33 所示，系统将自动将该对象延伸至所指定的边界上，如图 6-34 所示。

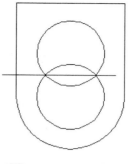

图 6-32　拉长效果

6.4　复制图形

在绘制图形时，经常会遇到图形相似或相同的对象。这时就可以利用复制对象功能一次绘制出与原对象相同或相似的图形，包括复制、偏移、镜像、阵列等命令。

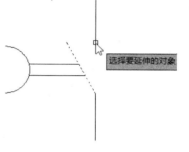

图 6-33　选择要延伸的对象

6.4.1　复制图形

【复制】命令可以对已有的对象复制出副本，原对象保留，复制后的对象将继承原对象的属性。它的使用方法与移动对象相似，但它与移动命令的区别是，在移动对象的同时还能保留原对象。通过该命令不需要重复绘制相同的图形，可极大地提高绘图效率。

选择【复制】命令，选取复制对象后先指定基点，如图 6-35 所示。然后指定第二点为复制的目标点，系统将按两点确定的位移矢量复制图形对象，如图 6-36 所示。该位移矢量决定了副本相对于原对象的距离和方向。

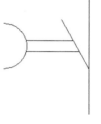

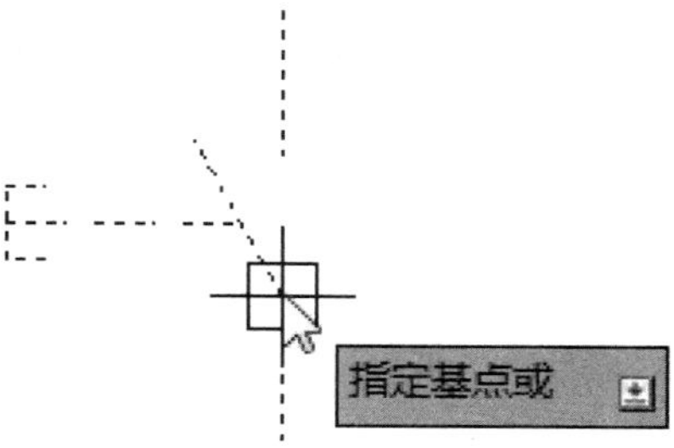

图 6-34　延伸效果

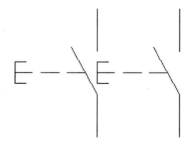

图 6-35　指定基点

图 6-36　复制效果

6.4.2　偏移图形

偏移是对选择的对象进行偏移，偏移后的对象与原来对象具有相同的形状。执行【偏移】命令，并根据命令行中的提示，便可以通过指定偏移距离或指定偏移通过的点，来偏移所选取的对象。这两种偏移的方法分别介绍如下。

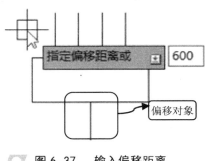

1．指定偏移距离偏移对象

该方法是根据指定的偏移距离来复制对象。通过输入距离值或指定两个点，系统将以这两个点之间的距离作为偏移距离，鼠标单击哪一侧，偏移创建的新对象将偏向哪一侧。

图 6-37　输入偏移距离

如图 6-37 所示，选择【偏移】命令，输入偏移距离 600，并选取矩形底部直线，在右侧单击鼠标，即可完成偏移操作，如图 6-38 所示。

提　示

偏移命令是一个单对象的编辑命令，在使用过程中，只能以直接选取的方式选择图形对象。另外以给定偏移距离的方式偏移对象时，距离值必须大于零。

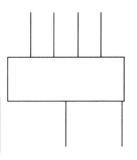

图 6-38　偏移效果

2．指定通过点偏移对象

该方法是根据指定的通过点来偏移对象。其中通过点可以是现有的端点、圆心等现有点，也可以通过输入相对坐标来确定通过点。这在绘制一些偏移距离未知的情况下是一个快捷的方法。

如图 6-39 所示，选择【偏移】命令，在命令行中输入"T"，然后选择要偏移的对象。并指定偏移通过点，即可完成偏移操作，如图 6-40 所示。

图 6-39　选择偏移对象　　　　　　　　　　图 6-40　偏移效果

6.4.3 镜像图形

镜像对象是将选择的图形以两个点为镜像中心进行对称复制，原对象可以保留或删除。【镜像】命令在 AutoCAD 中属于常用命令，并在很大程度上减少了重复操作的时间。

选择【镜像】命令，选择要镜像的对象后，指定镜像中心线的两个端点，如图 6-41 所示。然后按 Enter 键即可完成镜像操作，如图 6-42 所示。

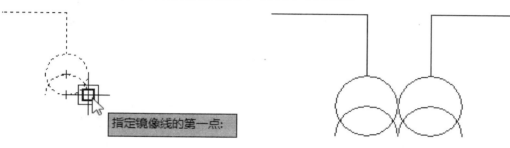

指定镜像线的第一点：

图 6-41　指定镜像线第一点　　　　图 6-42　镜像效果

在默认情况下，对图形进行镜像操作后，系统仍然保留原对象。如果要镜像后删除原对象，可在命令行的提示下，输入"Y"，即可在复制对象的同时将原对象删除。

6.4.4 阵列图形

阵列是按照一定的角度和距离将一个对象创建为多个副本，创建的副本与原对象是一样的。在 AutoCAD 2012 软件中，【阵列】命令分为矩形、环形以及路径阵列 3 种。下面将分别对其操作进行介绍。

1. 矩形阵列

矩形阵列是通过设置行数、列数、行偏移和列偏移来对选择的对象进行复制。

选择【矩形阵列】命令，根据命令窗口中的提示，先选择阵列对象，再选择【计数】选项，其后设置好行数为 4 行，如图 6-43 所示。接着确定列数 6 列，以及间

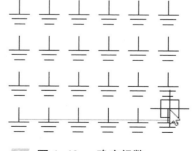

图 6-43　确定行数

131

距值，按 Enter 键完成矩形阵列，如图 6-44 所示。

2．环形阵列

环形阵列是指阵列后的图形呈环形。使用环形阵列时也需要设定有关参数，其中包括中心点、方法、项目总数和填充角度。与矩形阵列相比，环形阵列创建出的阵列效果更灵活。

选择【环形阵列】命令，可根据命令窗口中的提示信息，选取阵列对象并指定中心点，确定项目数为 5，如图 6-45 所示。指定填充角度为默认值 360 度，按 Enter 键即可完成环形阵列操作，如图 6-46 所示。

3．路径阵列

路径阵列是根据所指定的路径，例如曲线、弧线、折线等所有开放型线段，进行阵列。

选择【路径阵列】命令，根据命令行中的提示，选择阵列对象，并选择好所需路径，如图 6-47 所示。输入阵列数值，沿路径平均定数等分，按 Enter 键即可，如图 6-48 所示。

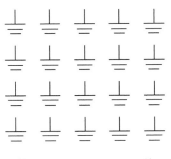

图 6-44　矩形阵列效果

图 6-45　输入项目数

图 6-46　环形阵列效果

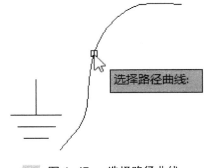

图 6-47　选择路径曲线

6.5　修改图形

在图形的绘制过程中，为了使图形更加标准，能够更快、更好地进行图形的绘制，通常会使用编辑命令对图形进行编辑处理，从而达到想要的图形效果，如对图形进行倒直角、倒圆角、分解、合并以及打断等操作。

6.5.1　图形倒角

使用【倒角】命令可以将两个非平行的直线以直线相连，在实际的绘图中，通过使用【倒角】命令可以将直线或锐角进行倒角处理。

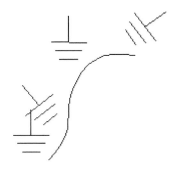

图 6-48　路径阵列效果

AutoCAD 2012 中文版电气设计标准教程

选择【倒角】命令，根据命令行的提示，选择【距离】选项，输入第一条直线的倒角距离为 100，其次再输入第二条直线的倒角值为 100，如图 6-49 所示。最后选择两条所需倒角的直线，即可完成倒直角操作，如图 6-50 所示。

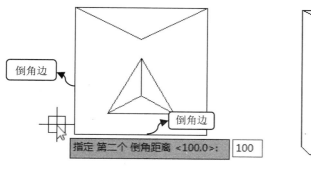
图 6-49 确定倒角距离

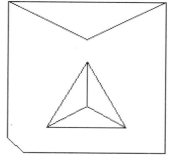
图 6-50 倒角效果

6.5.2 图形倒圆角

圆角命令可将两个相交的线段运用弧线相连，并且该弧线与两条线条相切。可以倒圆角的对象有圆、直线、圆弧等；另外，直线、构造线和射线在相互平行时也可倒圆角，此时圆角半径为平行直线距离的一半。

选择【圆角】命令，在命令行中输入"R"，设置圆角半径值为 500，如图 6-51 所示。然后选择需要倒圆角的对象即可，如图 6-52 所示。

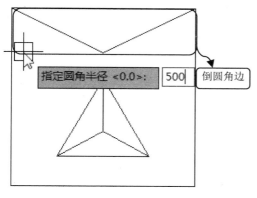
图 6-51 确定圆角半径

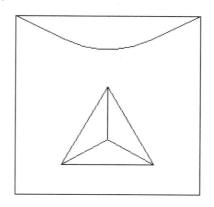
图 6-52 倒圆角效果

6.5.3 分解图形

对于由矩形、多段线、块等由多个对象组成的组合对象，如果需要对单个图形进行编辑，则需先将它分解。

选择【分解】命令，然后选取所要分解的对象，如图 6-53 所示。然后按 Enter 键即可完成分解操作，分解后各条边将单独存在，如图 6-54 所示。

6.5.4 合并图形

合并对象是将相似的对象合并为一个对象，要将相似的对象与之合并的对象称为源对象，要合并的对象必须位于相同的平面上。合并的对象可以为圆弧、椭圆弧、直线、多段线和样条曲线。

选择【合并】命令 ⁺⁺，按照命令行提示选取源对象，此时选取对象的另一部分，按 Enter 键即可将这两部分合并。如果在命令行中输入"L"，源对象为椭圆弧，系统将创建完整的椭圆，如图 6-55 和图 6-56 所示。

6.5.5 打断图形

打断操作包括打断和打断于点两种类型。其中打断相当于修剪操作，就是将两个断点间的线段删除；而打断于点则相当于分割操作，将一个图元分为两部分。

1．打断

【打断】命令是将部分删除对象或把对象分解成两部分。打断对象可以在一个对象上创建间距，使分开的两个部分之间有空间。

选择【打断】命令 ⌷，选择打断对象，系统会以选取对象时的选取点作为第一打断点，如图 6-57 所示。然后指定另一打断点，即可去除两点之间的线段，如图 6-58 所示。

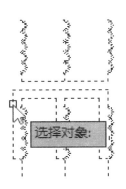
图 6-53　选择分解对象

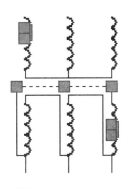
图 6-54　分解后的效果

图 6-55　选择源对象

图 6-56　椭圆弧合并效果

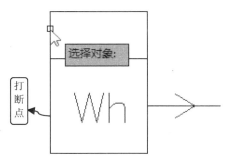
图 6-57　选择对象

2. 打断于点

打断于点是将对象在一点处断开。一个对象在执行过【打断于点】命令后，从外观上看不出来变化，但当选取该对象时，就会发现该对象已被分为两部分。该命令不能用于圆，否则系统将提示圆弧不能是 360 度。

选择【打断于点】命令 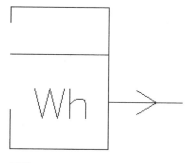，选取对象，并指定打断点为矩形左边线段的中点，如图 6-59 所示，即可将该对象分割为两个对象，如图 6-60 所示。

图 6-58　打断效果

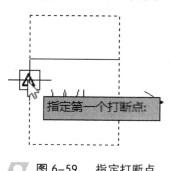

图 6-59　指定打断点

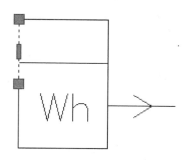

图 6-60　打断于点效果

6.6　编辑多线、多段线和样条曲线

多线、多段线和样条曲线绘制完成后，可对其进行相应的编辑操作，如可设置多线的样式，以及利用【多线编辑工具】命令对多线进行编辑操作。另外对多段线与样条曲线的编辑操作均有相对应的编辑命令。

6.6.1　设置多线样式

在 AutoCAD 中，通过设置多线的样式，可以控制多线的数目、对齐方式、比例、线型和是否封口等多种属性，以便绘制出所需的多线效果。

执行【格式】>【多线样式】命令，将打开【多线样式】对话框，在该对话框中可以创建和编辑所需的多线样式。单击【新建】按钮，在打开的【创建新的多线样式】对话框中输入新样式名称，如图 6-61 所示。在打开的【新建多线样式】对话框中可设置多线样式的元素特性，包括线条数目、线条颜色、线型，以及多线对象的特性，如连接、

图 6-61　【创建新的多线样式】对话框

封口和填充等，如图 6-62 所示。

在该对话框中各主要选项的含义如下。

1．封口

该选项组主要用于设置多线起点和端点处的封口样式。【直线】选项表示多线起点或端点处以一条直线封口；【外弧】和【内弧】选项表示起点或端点处以外圆弧或内圆弧封口；【角度】选项设置圆弧包角。

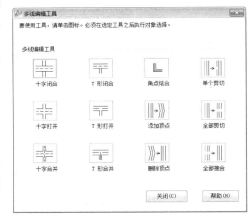

图 6-62　【新建多线样式】对话框

2．填充

该选项组用于设置多线之间内部区域的填充颜色，可以通过【选择颜色】对话框选取或配置颜色系统。

3．图元

该选项组用于显示并设置多线的平行数量、距离、颜色和线型等属性。单击【添加】按钮，可向其中添加新的平行线；单击【删除】按钮，可删除选取的平行线；【偏移】文本框用于设置平行线相对于多线中心线的偏移距离；【颜色】/【线型】选项用于设置多线显示的颜色或线型。

6.6.2　编辑多线

利用【多线】命令绘制的图形对象不一定满足需求，这时就需要对其进行编辑。此时利用多线编辑工具即可进行处理。

执行【修改】>【对象】>【多线】命令，弹出【多线编辑工具】对话框，如图 6-63 所示。在该对话框中，可以对十字形、T 字形及有拐角和顶点的多线进行编辑，还可以截断和连接多线，一共提供了 12 个编辑工具。

图 6-63　【多线编辑工具】对话框

6.6.3　编辑多段线

执行【常用】>【修改】>【编辑多段线】命令 ✐ ，或者在菜单栏中执行【修改】>【对象】>【多段线】命令，在命令行的提示下选择要编辑的多段线，系统自动弹出选项菜单，然后根据需要选择不同的选项，如图 6-64 所示。各选项的含义和功能如下。

- ❏ **多条（M）** 选择多个对象同时进行编辑。
- ❏ **闭合（C）** 将选取的处于打开状态的三维多段线以一条直线段连接起来，成为封闭的三维多段线。
- ❏ **合并** 从打开的多段线的末端新建线、弧或多段线。
- ❏ **宽度（W）** 指定选取的多段线对象中所有直线段的宽度。
- ❏ **编辑顶点（E）** 对多段线的各个顶点逐个进行编辑。
- ❏ **拟合（F）** 在顶点间建立圆滑曲线，创建圆弧拟合多段线。
- ❏ **样条曲线（S）** 将选取的多段线对象改变成样条曲线。
- ❏ **非曲线化（D）** 删除"拟合"选项所建立的曲线拟合或"样条曲线"选项所建立的样条曲线，并拉直多段线的所有线段。

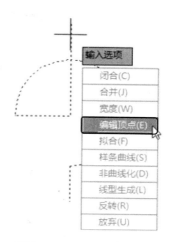

图 6-64 编辑多段线

- ❏ **线型生成（L）** 规定非连续型多段线在各顶点处的绘制方式。
- ❏ **反转（R）** 改变多段线上顶点的顺序。
- ❏ **放弃（U）** 放弃各选项的操作。

6.6.4 编辑样条曲线

执行【常用】>【修改】>【编辑样条曲线】命令 $\mathcal{B}$ ，根据命令行的提示选择需要编辑的样条曲线，然后选择相关选项，如选择【拟合数据】选项，如图 6-65 所示。然后在其子菜单中继续选择其他选项，这里选择【闭合】选项，即将样条曲线闭合显示，如图 6-66 所示，选择【打开】选项即可恢复样条曲线原样。

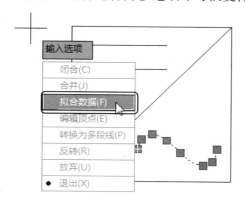

图 6-65 选择【拟合数据】选项

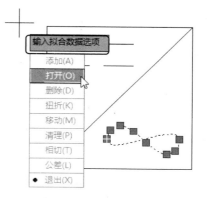

图 6-66 样条曲线闭合效果

下面将分别对其中各主要选项进行介绍。
- ❏ **闭合** 此选项用于封闭样条曲线。
- ❏ **合并** 可以合并到源的任何开放曲线。
- ❏ **拟合数据** 用于修改样条曲线的拟合点。其中各个子选项的含义为：【添加】选

137

项是添加样条曲线的拟合点来控制样条曲线的拟合程度；【闭合】选项是控制样条曲线是否闭合；【删除】选项是用来删除样条曲线的拟合点控制其拟合程度；【移动】选项指定拟合点控制样条曲线的拟合数据；【清理】选项是清除样条曲线的拟合数据，从而使命令提示信息为不包含拟合数据的情形；【相切】选项是修改样条曲线的起点和端点切向。

- ❏ **编辑顶点**　用于样条曲线的当前点。其中子选项的含义为：【提高阶数】选项可自定义所需要的阶数；【权值】选项是通过修改某控制点的权值来改变该段曲线的弧度大小。
- ❏ **转换为多段线**　用于将样条曲线转化为多段线。
- ❏ **反转**　反转样条曲线的方向，起点和终点互换。

6.7　填充图形图案

在绘制图形的过程中有时需要使用某一种图案来填充某一区域，这个过程就叫图案填充。组成图案填充区域的图形对象可以是圆、矩形、正多边形等图形围成的封闭图形。

6.7.1　图案的填充

在 AutoCAD 2012 软件中，【图案填充】功能界面与之前旧版本的不同。在使用旧版本操作时，用户需通过【图案填充与渐变色】对话框进行设置；而新版本中，用户只需在【图案填充】功能选项板中进行操作即可。执行【常用】>【绘图】>【图案填充】命令，打开【图案填充创建】功能选项板，如图 6-67 所示。在该选项板中单击【图案填充图案】按钮，选择填充的图案样式，设置填充比例值与颜色，其后选中所需填充区域，即可完成填充。

图 6-67　【图案填充创建】功能选项板

在该功能选项板中，一些主要的设置选项说明如下。

- ❏ **边界**　该功能主要是选取当前对象的选取范围。单击【拾取点】按钮，即可选取所要填充的范围。
- ❏ **图案**　该功能主要是设置所要填充的图案样式。单击【图案填充图案】按钮，在打开的图案列表中，选择所需填充的图案，如图 6-68 所示。
- ❏ **特性**　该功能主要是对当前填充图案的属性进行设置。其中包括【填充图案的类型】、【填充图案的颜色】、【背景色】、【填充图案的透明度】、【填充图案的角度】

以及【填充图案的比例】等命令，用户可根据需要，选择相应的命令，如图 6-69 所示。

❑ **原点** 该功能主要是控制填充图案生成的起始位置。某些图案填充（如砖块图案）需要与图案填充边界上的一点对齐。在默认情况下，所有图案填充原点都对应于当前的 UCS 原点。

❑ **选项** 该功能是由 6 种设置命令组成，其中【关联】命令是指定新的填充图案在修改其边界时随之更新；【注释性】命令是指定图案填充为注释性，此特性会自动完成缩放注释过程，从而使注释能够以正确的大小在图纸上打印或显示；【特性匹配】命令是指定要应用的新填充图案特性；【创建独立的图案填充】命令是控制当指定了若干独立的闭合边界时，该命令是创建单个图案填充对象，还是创建多个图案填充对象；【外部孤岛检测】命令是指定是否将最外层边界内的对象作为边界对象，如果不指定孤岛检测，将提示选择射线投射方法；【置于边界之后】命令是指将当前填充图案置于边界之后，当然用户可在扩展列表中选择其他相匹配的选项，如图 6-70 所示。

❑ **关闭** 关闭该功能面板，返回至上一层操作面板。

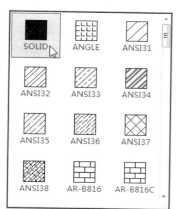

图 6-68　图案样式

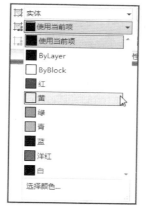

图 6-69　【特性】选项

图 6-70　【选项】功能面板

6.7.2　编辑图案填充

在对图形对象以图案进行填充后，还可以对填充图案进行编辑操作，如更改填充图案的类型、比例等。另外，还可以对图案填充的显示进行设置。

1. 编辑图案填充

选中图案填充区域，功能面板将会自动显示【图案填充编辑器】选项板，如图 6-71 所示，在该选项板中即可进行图案的编辑设置。或者执行【常用】>【修改】>【编辑图案填充】命令，选择图案填充对象，弹出【图案填充编辑】对话框，如图 6-72 所示，在该对话框中，可重新设置图案、角度以及比例等因素。

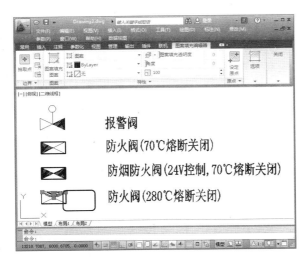

| 图 6-71 | 【图案填充编辑器】选项板 | 图 6-72 | 【图案填充编辑】对话框 |

2. 设置图案填充的可见性

在绘制较大图形的时候，需要花较长时间来等待图形中的填充图形生成，此时，可关闭填充模式，从而提高显示速度。在 AutoCAD 2012 中要打开或关闭填充模式，应执行 FILL 命令，但是，在设置填充模式后，还应使用重生成命令 REGEN，才可显示或关闭填充模式。

在命令行中输入"FILL"命令，根据命令行的提示，输入"OFF"选择关闭选项，按 Enter 键。然后再在命令行中输入"RE"命令，执行图形重生成命令，将图形对象在绘图区中重新生成，如图 6-73 和图 6-74 所示。

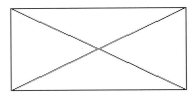

图 6-73　未关闭填充模式

图 6-74　关闭填充模式

6.7.3　渐变色的填充

渐变色填充是使用单一颜色或多种颜色的变化来填充图形区域，以便创建不同类型的图案填充图形。选择【渐变色】命令，在【图案填充创建】功能面板中的【特性】选项板中，单击【渐变色 1】下拉按钮，在打开的颜色列表中，选择第一种渐变色，其后单击【渐变色 2】下拉按钮，选择第二种所需的渐变颜色，即可修改填充颜色，如图 6-75 所示。单击【渐变色 2】按钮，将禁用双色渐变填充的选项，如图 6-76 所示。

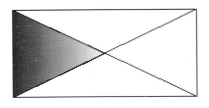

图 6-75　渐变色填充效果

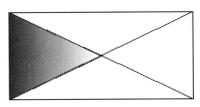

图 6-76　禁用双色渐变填充效果

6.7.4 孤岛填充的方式

孤岛填充方式属于填充方式中的高级功能。在 AutoCAD 2012 软件中，在【图案填充创建】功能面板中单击【选项】下拉按钮，如图 6-77 所示。在【孤岛填充方式】扩展列表中有 4 种类型，分别为【普通孤岛检测】、【外部孤岛检测】、【忽略孤岛检测】和【无孤岛检测】，其中【普通孤岛检测】为系统默认类型，如图 6-78 所示。各孤岛填充方式的含义如下。

图 6-77　【选项】下拉按钮

图 6-78　孤岛填充方式

1．普通孤岛检测

选择该选项是将填充图案从外向里填充，在遇到封闭的边界时不显示填充图案，遇到下一个区域时才显示填充，如图 6-79 所示。

2．外部孤岛检测

选择填充图案向里填充时，遇到封闭的边界将不再填充图案，如图 6-80 所示。

3．忽略孤岛检测

选择该选项填充时，图案将铺满整个边界内部，任何内部封闭边界都不能阻止，如图 6-81 所示。

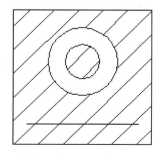

图 6-79　普通孤岛检测

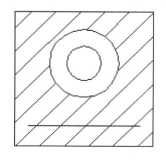

图 6-80　外部孤岛检测

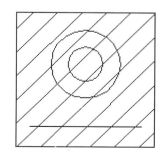

图 6-81　忽略孤岛检测

4．无孤岛检测

选择该选项则是关闭孤岛检测功能，使用传统填充功能。

6.8 课堂练习

6.8.1 绘制单片机引脚图

本例我们来绘制某型号的 16 位单片机的引脚图，如图 6-82 所示。通过介绍其绘制方法，让读者基本掌握单片机线路图的绘制过程。绘制步骤如下。

1. 执行【矩形】命令，绘制 50×165 的矩形，如图 6-83 所示。

2. 执行【圆】、【修剪】命令，以矩形的上边中心为圆心，绘制半径为 5 的圆，然后对圆和矩形进行修剪，如图 6-84 所示。

3. 执行【矩形】命令，绘制边长为 5×5 的两个正方形，如图 6-85 所示。

图 6-82 单片机引脚图

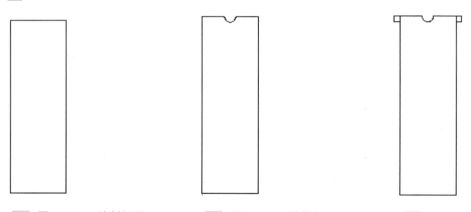

图 6-83 绘制矩形　　　**图 6-84** 修剪矩形　　　**图 6-85** 绘制矩形

4. 执行【移动】命令，将两个正方形向下移动 5，如图 6-86 所示。

5. 单击【注释】>【文字】右下角按钮，打开【文字样式】对话框，设置字体为仿宋，字高为 3.15。然后执行【多行文字】命令，添加文字信息，如图 6-87 所示。

6. 执行【阵列】命令，将矩形和文本内容进行矩形阵列，行数为 16，间距为 150，如图 6-88 所示。

7. 执行【分解】命令，将阵列的图形内容进行分解，然后双击多行文字，对文字内容逐一修改，如图 6-89 所示。

8. 执行【多段线】命令，设置线宽为 0.5，绘制多段线，如图 6-90 所示。

6.8.2 绘制电动机控制电路图

电动机控制电路图是由 L1、L2 和 L3 三个回路组成，如图 6-91 所示。图中包含了

AutoCAD 2012 中文版电气设计标准教程

接触器、断路器、热继电器、电动机等电气元件，下面将介绍其绘制方法。

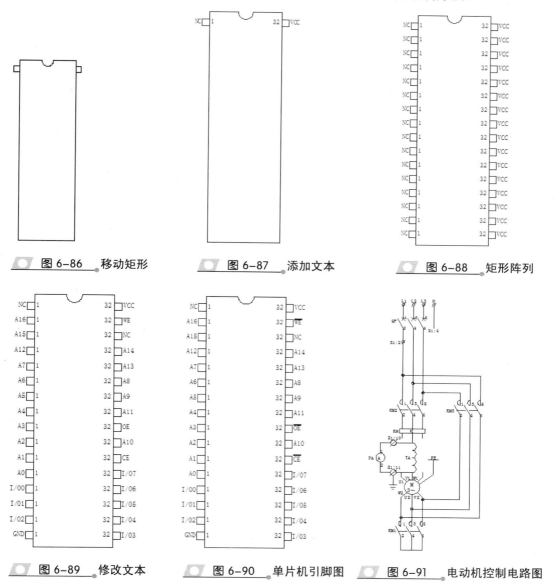

图 6-86 移动矩形　　　图 6-87 添加文本　　　图 6-88 矩形阵列

图 6-89 修改文本　　　图 6-90 单片机引脚图　　图 6-91 电动机控制电路图

1 执行【直线】和【偏移】命令，绘制长度为 120 的水平直线。然后将刚绘制的直线为起始，分别向下偏移 30、35、25、120 和 40，如图 6-92 所示。将大致按照这个结构来安排各个电气元件的位置。

2 执行【直线】命令，绘制一条长度为 40 的竖直直线。启用【极轴追踪】按钮，以竖直直线的下端点为起点，绘制一条与 X 轴方向成 120 度，长度为 9 的直线，如图 6-93 所示。

3 执行【移动】命令，将斜线向上平移 12，如图 6-94 所示。

4 执行【圆】和【移动】命令，以竖直直线的上端点为圆心，绘制半径为 2 的圆，然后向下平移 18，如图 6-95 所示。

5 执行【修剪】命令，将多余部分进行修剪和删除，如图 6-96 所示。

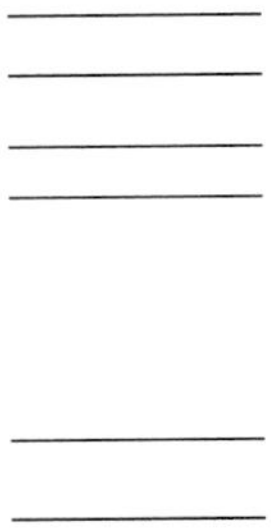

图 6-92　绘制直线 　　　　图 6-93　绘制斜线 　　　　图 6-94　移动斜线

6 选取整个接触器的图形符号，执行【创建】命令，打开【块定义】对话框，命名为"接触器"块，单击【选取点】按钮，然后单击【确定】按钮即可，如图 6-97 所示。

图 6-95　添加圆 　　　　图 6-96　修剪图形 　　　　图 6-97　创建块

7 执行【直线】和【移动】命令，绘制一条长度为 45 的竖直直线。然后启用【极轴追踪】按钮，以竖直直线的下端点为起点，绘制一条与 X 轴方向成 120 度，长度为 9 的直线，并向上平移 12，如图 6-98 所示。

8 执行【直线】命令，捕获斜线的上端点，向右绘制长度为 8 的水平直线，如图 6-99 所示。

9 执行【修剪】命令，将多余的部分修剪掉，如图 6-100 所示。

10 执行【直线】命令，以上半段直线的下端点为起点，绘制一条与水平方向成 45 度，长度为 2 的直线，如图 6-101 所示。

图 6-98　绘制斜

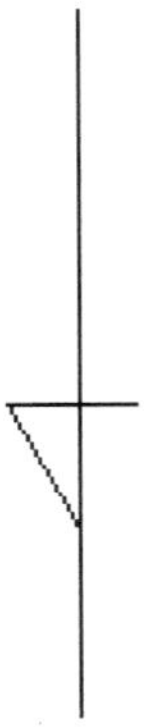

图 6-99　绘制直线 　　　　图 6-100　修剪图形 　　　　图 6-101　绘制线段

11　执行【阵列】命令，将刚绘制的小斜线进行环形阵列，项目数为 4，阵列角度为 360 度，如图 6-102 所示。命令行提示内容如下。

```
命令：_arraypolar
选择对象：找到 1 个                                        （选择斜线）
选择对象：                                                 （按 Enter 键）
类型 = 极轴  关联 = 是
指定阵列的中心点或［基点 (B) / 旋转轴 (A)］：               （按 Enter 键）
输入项目数或［项目间角度 (A) / 表达式 (E)］<3>：4          （输入 4）
指定填充角度 (+=逆时针、-=顺时针) 或［表达式 (EX)］<360>：  （按 Enter 键）
按 Enter 键接受或［关联 (AS) / 基点 (B) / 项目 (I) / 项目间角度 (A) / 填充角度 (F) / 行
(ROW) / 层 (L) / 旋转项目 (ROT) / 退出 (X)］<退出>：        （按 Enter 键）
```

12　选取整个断路器图形对象。执行【创建】命令，打开【块定义】对话框，命名为"断路器"块，单击【选取点】按钮，然后单击【确定】按钮即可，如图 6-103 所示。

图 6-102　环形阵列　　　　　　　　　图 6-103　创建块

13　执行【直线】和【偏移】命令，绘制一条长度为 15 的水平直线，以其为起始，向下依次偏移 5、18 和 20，如图 6-104 所示。

14　执行【缩放】和【移动】命令，将断路器符号缩小 0.25，并放置到合适的位置，如图 6-105 所示。

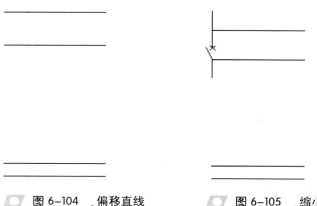

图 6-104　偏移直线　　　　　　　　　图 6-105　缩小图形

15. 执行【移动】、【分解】和【修剪】等命令，将断路器符号向右平移 3.5，将断路器分解后，修剪多余的部分，如图 6-106 所示。

16. 执行【复制】命令，将修剪过的断路器向右复制两份，距离分别是 2 和 4，如图 6-107 所示。

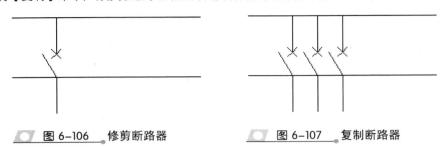

图 6-106　修剪断路器　　　　图 6-107　复制断路器

17. 执行【缩放】和【复制】命令，将接触器符号缩小 0.25，并放置到合适的位置，如图 6-108 所示。

18. 执行【圆】和【直线】命令，以 A 点为圆心绘制一个半径为 0.25 的圆，然后以 A 点为起点，绘制与 X 轴成 45 度角，长度为 0.5mm 的直线，并在接触器符号距离右端 2 处绘制竖直线段，如图 6-109 所示。

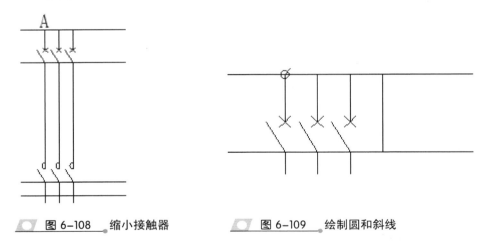

图 6-108　缩小接触器　　　　图 6-109　绘制圆和斜线

19. 执行【拉长】和【复制】命令，将小段斜线向下拉伸 0.5，然后将圆和斜线复制 4 份，分别向右平移 2、4、6 和向下平移 8，如图 6-110 所示。

20. 执行【修剪】命令，修剪圆内多余的部分，如图 6-111 所示。三相四线图绘制完毕。

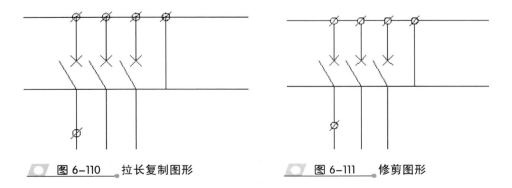

图 6-110　拉长复制图形　　　　图 6-111　修剪图形

21 执行【插入】命令，打开【插入】对话框，单击【浏览】按钮，弹出相应的对话框，在其中选择"电感"文件，单击【打开】按钮，返回【插入】对话框，插入比例为 0.5，在【旋转】选项组的角度文本框内输入"-90"，单击【确定】按钮即可，如图 6-112 所示。

22 执行【直线】命令，以电感两条线段的左端点为起点，向左绘制长为 40 的两条水平直线，再连接绘制垂直线段，如图 6-113 所示。

图 6-112　插入电感

图 6-113　绘制直线

23 执行【圆】命令，捕获刚绘制水平直线的圆心，绘制半径为 2.25 的两个圆。然后捕获竖直直线的中点，以其为圆心绘制半径为 3.5 的圆，如图 6-114 所示。

24 执行【直线】和【拉长】命令，以半径为 2.25 的圆的圆心为起点，绘制与水平方向成 45 度角，长度为 3.5 的直线。然后将两条线段向下拉长 3.5，如图 6-115 所示。

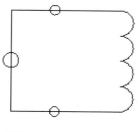

图 6-114　绘制圆

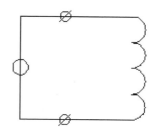

图 6-115　绘制直线

25 执行【修剪】命令，对圆内的线段进行修剪，如图 6-116 所示。

26 执行【直线】命令，绘制长度为 2.75 的水平直线 L1，捕捉 L1 左端点向下 2 为起点向右绘制长度为 1.75 的 L2，然后捕捉 L2 的左端点向下 2 为起点向右绘制长度为 0.75 的 L3，如图 6-117 所示。

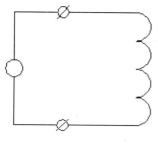

图 6-116　修剪圆

图 6-117　绘制直线

27 执行【镜像】和【直线】命令，以 L1 和 L3 的左端点为镜像基点，将 L1、L2 和 L3 进行镜像复制，取 L1 的左端点向上绘制长度为 10 的垂直线段，如图 6-118 所示。

28 执行【移动】命令，选择垂直线段的上端点为平移基点，以底部圆的圆心为第二点，将接地线插入图中，如图 6-119 所示。

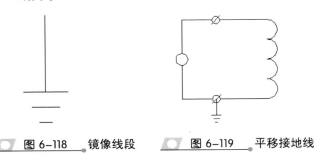

图 6-118 　镜像线段 　　　　　　 图 6-119 　平移接地线

29 执行【修剪】命令，对图形进行修剪，如图 6-120 所示。保护测量部分绘制完成。

30 执行【插入】命令，打开【插入】对话框，单击【浏览】按钮，弹出相应的对话框，选择"热电器件"文件，单击【打开】按钮，返回【插入】对话框，在【比例】选项组的 X 文本框内输入 0.25，单击【确定】按钮即可，如图 6-121 所示。

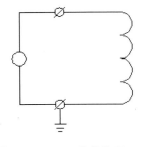 

图 6-120 　修剪线段 　　　　　　 图 6-121 　插入块

31 执行【缩放】命令，将三相四线放大 4 倍后，与热电器件进行组合，可适当调节热电器件，以适应三相四线图，如图 6-122 所示。

32 执行【移动】命令，将保护测量部分放置到合适的位置，如图 6-123 所示。

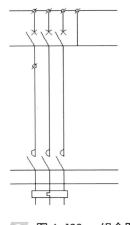 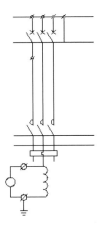

图 6-122 　组合图形 　　　　　　 图 6-123 　组合图形

AutoCAD 2012 中文版电气设计标准教程

33 执行【插入】命令，将电动机插入图形中，插入比例为 0.4，放置到合适的位置，如图 6-124 所示。

34 执行【镜像】命令，将电动机进行镜像复制，如图 6-125 所示。

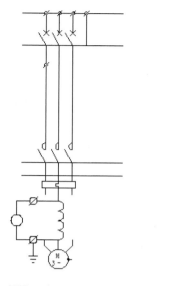

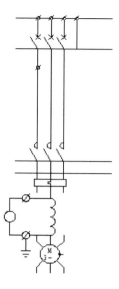

图 6-124　插入图形对象　　　　图 6-125　镜像图形

35 执行【复制】命令，选择图 6-125 中的接触器，将其复制 2 份分别向下和向右平移 100 和 17，如图 6-126 所示。

36 执行【直线】等命令，添加导线，并进行适当修改，如图 6-127 所示。

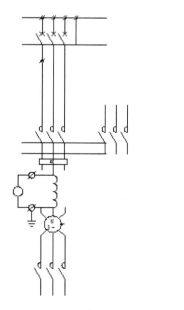

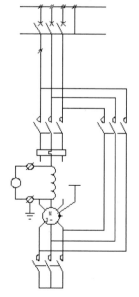

图 6-126　复制接触器　　　　图 6-127　添加导线

37 单击【注释】>【文字】右下角箭头，打开【文字样式】对话框，选择字体为宋体，高度为 3，如图 6-128 所示。

38 执行【多行文字】和【圆】等命令，为图形添加文字内容，并将图形绘制完整，如图6-129所示。

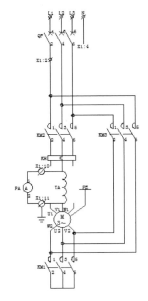

图 6-128　【文字样式】对话框

图 6-129　绘制完成

6.8.3　绘制制药车间动力控制系统图

本节将介绍绘制某制药车间动力控制系统图，效果如图6-130所示。绘制步骤如下。

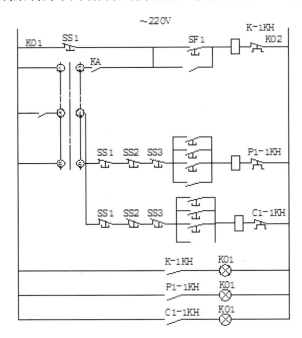

图 6-130　制药车间动力控制系统图

1 执行【直线】命令，启动【正交】模式，绘制结构框图，如图 6-131 所示。

2 执行【直线】命令，依次绘制直线 1~4，长度为 4、7、2 和 4，直线 2 与 X 轴成 163 度角，如图 6-132 所示。

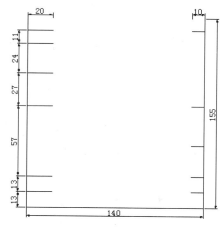

图 6-131　绘制结构框图

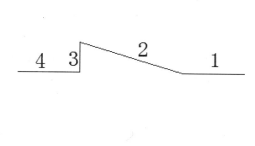

图 6-132　绘制直线

3 执行【拉长】命令，将直线 2 的左端处拉长 1，如图 6-133 所示。

4 执行【直线】命令，捕获直线 2 的中点，以其为起点向下绘制长度为 3 的竖直直线，如图 6-134 所示。

图 6-133　拉长直线

图 6-134　绘制直线

5 执行【直线】命令，以刚绘制的竖直直线的下端点为起点，向左右两边分别绘制长度为 2 的水平直线和两条长度为 1 的竖直直线，如图 6-135 所示。

6 单击【常用】>【特性】>【线型】下拉按钮，选择【其他】选项，在打开的对话框中单击【加载】按钮，选择线型 ACAD_IS002W100，将刚绘制的两条竖直直线的线型更改为如图 6-136 所示的线型。停止按钮符号绘制完成。

图 6-135　绘制直线

图 6-136　停止按钮符号

7 执行【直线】命令，绘制直线 1~4，长度依次为 3、7、2 和 3。直线 2 与 X 轴成 163 度夹角，如图 6-137 所示。

第 6 章　编辑二维电气图形

8 执行【直线】命令，以线段 2 的中点为起点向下绘制长度为 2 的直线 5，然后以直线 5 的下端点为起点，绘制直线 6~8，长度分别为 2、2 和 1，如图 6-138 所示。

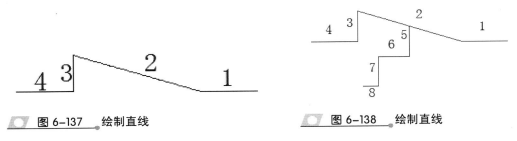

图 6-137　绘制直线

图 6-138　绘制直线

9 执行【镜像】命令，将直线 6~8 进行镜像复制，如图 6-139 所示。交流接触器绘制完成。

10 执行【复制】命令，将停止按钮复制一份，将底部的一部分直线向下平移 2，如图 6-140 所示。

图 6-139　交流接触器

图 6-140　移动直线

11 执行【镜像】命令，将斜线进行镜像复制，如图 6-141 所示。

12 执行【删除】命令，将多余线段删除掉，如图 6-142 所示。启动按钮绘制完成。

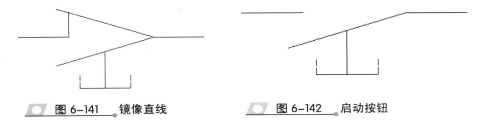

图 6-141　镜像直线

图 6-142　启动按钮

13 执行【移动】和【复制】命令，将前面绘制好的图形符号添加到图形中来。然后绘制长宽为 4 和 8 的矩形，半径为 2 的圆和单击开关，如图 6-143 所示。

14 执行【复制】命令，对图形符号进行复制操作，放置到合适的位置，如图 6-144 所示。

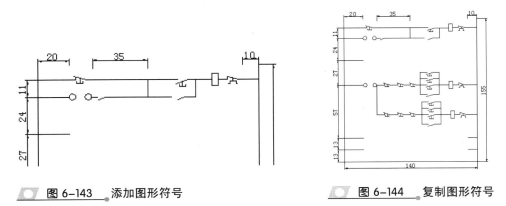

图 6-143　添加图形符号

图 6-144　复制图形符号

15 执行【插入】、【直线】和【修剪】等命令，选择插入图形"信号灯"，插入比例为 0.15，并绘制单击开关，如图 6-145 所示。

16 执行【直线】和【复制】等命令，对图形进行整理，如图 6-146 所示。

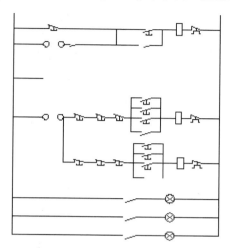

图 6-145　插入信号灯

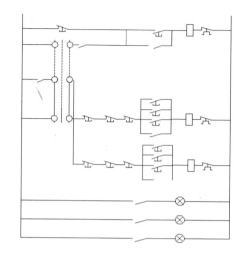

图 6-146　绘制直线

17 单击【注释】>【文字】右下角按钮，打开【文字样式】对话框，设置字体为仿宋，字高为 4，单击【应用】、【置为当前】和【关闭】按钮，如图 6-147 所示。

18 执行【多行文字】命令，在各个位置添加相应文字，制药车间动力系统图绘制完成，如图 6-148 所示。

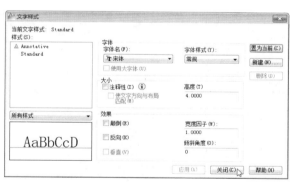

图 6-147　设置文字样式

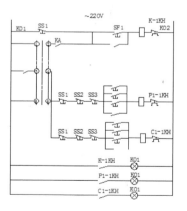

图 6-148　绘制完成

6.9　课后习题

一、填空题

1．用拾取点确定填充边界，边界应是_____。

2．【阵列】命令有_____、_____、_____。

3．在 AutoCAD 中【分解】命令的快捷键是_____。

二、选择题

1. 在 AutoCAD 中，为一条直线绘制平行线用_____命令最简单。

    A．移动   B．镜像

    C．偏移   D．旋转

2. 下列编辑命令中，对选择中的对象不能实现【改变位置】功能的是_____。

    A．移动   B．比例

    C．旋转   D．阵列

3. 执行【偏移】命令后，第一步提示要设置的是_____。

    A．比例   B．方向

    C．距离   D．角度

三、上机实训

1. 绘制低压电气图符号，如图 6-149 所示。

操作提示：先绘制主要电路干线，依次绘制各个电气符号，然后修改线型和添加文字。

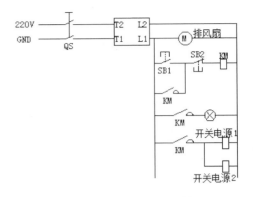

图 6-149   低压电气图符号

2. 绘制多指灵巧手控制电路，如图 6-150 所示。

操作提示：先绘制系统图，然后绘制低压电气图和主控系统图。

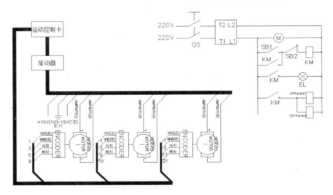

图 6-150   多指灵巧手控制电路

第 7 章

添加尺寸、引线标注

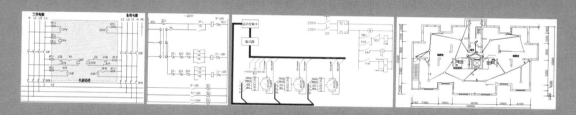

　　使用 AutoCAD 2012 进行绘图时，尺寸标注是绘图设计过程中的一个重要内容，因为绘制图形的根本目的是反映图形的形状，并不能表达清楚图形的设计意图，而图形中各个对象的真实大小和相互位置只有经过尺寸标注后才能确定。

　　本章将通过对尺寸标注概述、设置尺寸标注样式、添加基本尺寸标注、添加公差标注、编辑尺寸标注，以及添加引线标注等内容的介绍，希望用户可以熟练地对图形进行标注说明。

本章学习要点：

➢ 掌握设置与编辑尺寸样式
➢ 掌握基本尺寸标注的添加
➢ 掌握公差标注的添加
➢ 掌握添加引线标注

7.1 尺寸标注概述

在 AutoCAD 2012 中绘制的图形只能反映出该图形的形状和结构，其真实大小和相互间的位置关系必须通过尺寸标注来完成，以便准确、清楚地反映对象的大小和对象之间的关系。

7.1.1 尺寸标注的组成

尺寸标注是绘制图形时的一个重要组成部分，主要用于表达图形的尺寸大小、位置关系等，一个完整的尺寸标注由尺寸界线、尺寸线、标注文本、箭头和圆心标记等部分组成，如图 7-1 所示。

尺寸标注中各组成部分的作用及含义如下。

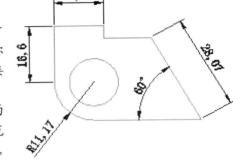

图 7-1 尺寸标注的组成元素

- ❏ **尺寸界线**　也称为投影线，用于标注尺寸的界限，由图样中的轮廓线、轴线或对称中心线引出，它的端点与所标注的对象接近但并未连接到对象上。
- ❏ **尺寸线**　通常与所标注对象平行，放在两尺寸界线之间，用于指示标注的方向和范围。尺寸线通常为直线，但在角度标注时，则为一段圆弧。
- ❏ **标注文本**　通常位于尺寸线上方或中断处，用于表示所选标注对象的具体尺寸大小。在进行尺寸标注时，系统会自动生成所标注对象的尺寸数值，用户也可对标注文本进行修改。
- ❏ **箭头**　在尺寸线两端，用于表明尺寸线的起始位置，用户可为标注箭头指定不同的尺寸大小和样式。
- ❏ **圆心标记**　标记圆或圆弧的中心点位置。

7.1.2 尺寸标注的原则

对电气制图标注时，应遵循如下规则。

- ❏ 图纸中尺寸标注清晰，尺寸线与设备轮廓线要有明显区分，标注箭头不小于 2.5mm。
- ❏ 物件的真实大小应以图样上的尺寸数字为依据，与图形大小及绘图的准确度无关。
- ❏ 图样中的尺寸数字若没有明确说明，一律以 mm 为单位。
- ❏ 图样中所标注的尺寸，为该图样所示机件的最后完工尺寸。
- ❏ 物件的每一尺寸，一般只标注一次，并应标注在反映该结构最清晰的图形上。

7.2 设置尺寸标注样式

使用尺寸标注命令对图形进行尺寸标注之前，应对尺寸标注的样式进行设置，如尺寸线样式、箭头样式、标注文字大小等，为尺寸标注设置统一的样式，便于对标注格式和用途进行修改。

7.2.1 新建尺寸样式

在中文版 AutoCAD 2012 中，通过【标注样式管理器】对话框可以创建标注样式，用户可通过以下两种方法进行创建。

❑ **使用【标注】功能面板创建**

单击【注释】>【标注】右侧小箭头按钮，打开【标注样式管理器】对话框，单击【新建】按钮，即可根据需要进行创建，如图 7-2 和图 7-3 所示。

图 7-2 选择【标注样式】按钮

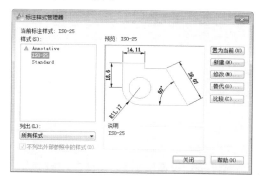

图 7-3 【标注样式管理器】对话框

❑ **通过菜单栏的【标注样式】命令创建**

单击菜单栏中的【标注】>【标注样式】命令，即可打开【标注样式管理器】对话框。

打开【标注样式管理器】对话框后单击【新建】按钮，打开【创建新标注样式】对话框，输入样式名为"电气标注"，单击【继续】按钮，如图 7-4 所示。打开【新建标注样式】对话框，在该对话框中，根据需要设置相关选项，单击【确定】按钮，返回【标注样式管理器】对话框，单击【置为当前】和【关闭】按钮，即可创建成功，如图 7-5 所示。

图 7-4 【创建新标注样式】对话框

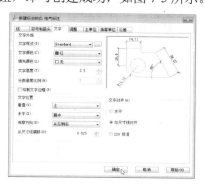

图 7-5 【新建标注样式】对话框

7.2.2 修改尺寸样式

标注样式可以在创建时进行设置，也可以在【标注样式管理器】对话框的【样式】列表框中选择已有的标注样式后单击【修改】按钮，对标注样式进行设置，主要设置内容包括线、符号和箭头、标注文字等。

1. 设置尺寸线与尺寸界线

在【修改标注样式】对话框的【线】选项卡中，可以设置尺寸线和尺寸界线的颜色、线宽、超出标记以及基线间距等属性，如图 7-6 和图 7-7 所示。

图 7-6　设置尺寸线的【颜色】选项　　　　图 7-7　设置【超出尺寸线】选项

在【线】选项卡中，【尺寸线】和【尺寸界线】选项组中【颜色】、【线宽】等内容相似。这里以介绍【尺寸线】选项组中的选项为例，其【尺寸线】和【尺寸界线】选项组中各选项的含义如下。

- ❏ **颜色**　用于设置尺寸线的颜色。
- ❏ **线型**　用于设置标注尺寸线的线型。
- ❏ **线宽**　用于设置尺寸线的宽度。
- ❏ **超出标记**　当尺寸线的箭头采用倾斜、建筑标记、小点、积分或无标记等样式时，使用该文本框可以设置尺寸线超出尺寸界线的长度。
- ❏ **基线间距**　设置基线标注的尺寸线之间的距离，即平行排列的尺寸线间距。国标规定此值应取 7～10mm。
- ❏ **隐藏**　通过选中【尺寸线 1】或【尺寸线 2】复选框，可以隐藏第 1 段或第 2 段尺寸线及其相应的箭头。
- ❏ **超出尺寸线**　用于设置尺寸界线超出尺寸线的距离，通常规定尺寸界线的超出尺寸为 2～3mm，使用 1:1 的比例绘制图形时，设置此选项为 2 或 3。
- ❏ **起点偏移量**　用于设置图形中定义标注的点到尺寸界线的偏移距离，通常规定此值不小于 2 mm。
- ❏ **固定长度的尺寸界线**　可以将标注尺寸的尺寸界线都设置成一样长，尺寸界线的

AutoCAD 2012 中文版电气设计标准教程

长度可在【长度】微调框中指定。

2. 设置符号与箭头

用户可在【符号和箭头】选项卡中设置标注的箭头样式以及标注的符号显示等相关信息，如图 7-8 和图 7-9 所示。

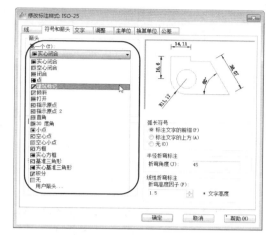

图 7-8 设置箭头样式

图 7-9 设置箭头大小

下面将对【符号和箭头】选项卡中各选项进行说明。

- ❏ **箭头** 该选项组用于控制尺寸线和引线箭头的类型及尺寸大小等。当改变第一个箭头的类型时，第二个箭头将自动改变为与第一个箭头在弦上相匹配。
- ❏ **圆心标记** 该选项组用于控制直径标注和半径的圆心及中心线的外观。用户可以通过选中或取消选中【无】、【标记】和【直线】单选按钮，设置圆或圆弧和圆心标记类型，在【大小】微调框中设置圆心标记的大小。
- ❏ **弧长符号** 该选项组用于控制弧长标注中圆弧符号和显示。
- ❏ **折断标注** 该选项组用于控制折断标注的大小。
- ❏ **半径折弯标注** 该选项组用于控制折弯（Z 字型）半径标注的显示。
- ❏ **线性折弯标注** 在该选项组的【折弯高度因子】微调框中可以设置折弯文字的高度大小。

当设置的标注箭头是箭头样式，则【线】选项卡中的【超出标记】选项不可用，若设置箭头形式为【倾斜】、【建筑标记】等样式，则该选项可用。

3. 设置标注文字

在【文字】选项卡中，用户可对标注文字的外观、位置及对齐方式进行设置，如图 7-10 和图 7-11 所示。

下面将分别对该选项卡中的各选项进行说明。

（1）【文字外观】选项组

- ❏ **文字样式** 用于选择标注的文字样式。
- ❏ **文字颜色** 设置标注文字的颜色。

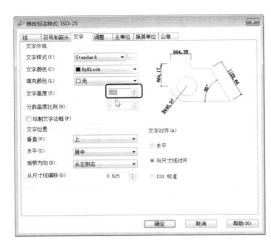

图 7-10 设置文字高度 　　　　　　　　**图 7-11** 设置文字位置

- ❑ **填充颜色**　设置标注文字背景的颜色。
- ❑ **文字高度**　用于设置标注文字的高度。
- ❑ **分数高度比例**　用于设置标注文字中的分数相对于其他标注文字的比例。AutoCAD 将该比例值与标注文字高度的乘积作为分数的高度，只有在【主单位】选项卡中选择【分数】作为【单位格式】时，此选项才可用。
- ❑ **绘制文字边框**　用于设置是否给标注文字加边框。

（2）【文字位置】选项组

- ❑ **垂直**　该下拉列表框包含【居中】、【上】、【外部】、JIS 和【下】5 个选项，主要用于控制标注文字相对尺寸线的垂直位置，选择其中某选项时，在【文字】选项卡的预览框中可以观察到尺寸文本的变化。
- ❑ **水平**　该下拉列表框包含【居中】、【第一尺寸界线】、【第二尺寸界线】、【第一尺寸界线上方】和【第二尺寸界线上方】5 个选项，用于设置标注文字相对于尺寸线和尺寸界线在水平方向的位置。
- ❑ **观察方向**　该下拉列表框包含【从左到右】和【从右到左】两个选项，用于设置标注文字显示方向。
- ❑ **从尺寸线偏移**　设置当前文字间距，即当尺寸线断开以容纳标注文字时标注文字周围的距离。

（3）【文字对齐】选项组

- ❑ **水平**　设置标注文字水平放置。
- ❑ **与尺寸线对齐**　设置标注文字方向与尺寸线方向一致。
- ❑ **ISO 标准**　设置标注文字按 ISO 标准放置。当标注文字在尺寸界线之内时，它的方向与尺寸线方向一致，而在尺寸线界线外时将水平放置。

4．设置调整

在【修改标注样式】对话框中，使用【调整】选项卡，可设置标注文字、尺寸线、尺寸箭头的位置，如图 7-12 和图 7-13 所示。

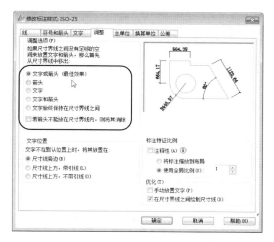

图 7-12　设置文字和箭头位置

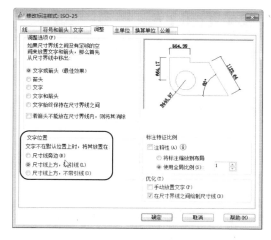

图 7-13　设置文字在尺寸线上位置

下面将对【调整】选项卡中的各选项进行说明。

(1)【调整选项】选项组

❑ **文字或箭头（最佳效果）**　表示系统会按最佳布局将文字或箭头移动到尺寸界线
外部。当尺寸界线间的距离足够放置文字和箭头时，文字和箭头都放在尺寸界线
内，否则将按照最佳效果移动文字或箭头；当尺寸界线间的距离仅能够容纳文字
时，将文字放在尺寸界线内，而箭头放在尺寸界线外；当尺寸界线间的距离仅能
够容纳箭头时，将箭头放在尺寸界线内，而文字放在尺寸界线外；当尺寸界线间
的距离既不够放文字又不够放箭头时，文字和箭头都放在尺寸界线外。

❑ **箭头**　该选项表示 AutoCAD 尽量将箭头放在尺寸界线内，否则会将文字和箭头
都放在尺寸界线外。

❑ **文字**　该选项表示当尺寸界线间距离仅能容纳文字时，系统会将文字放在尺寸界
线内，箭头放在尺寸界线外。

❑ **文字和箭头**　该选项表示当尺寸界线间距离不足以放下文字和箭头时，文字和箭
头都放在尺寸界线外。

❑ **文字始终保持在尺寸界线之间**　表示系统会始终将文字放在尺寸界限之间。

❑ **若箭头不能放在尺寸界线内，则将其消除**　表示当尺寸界线内没有足够的空间，
系统则隐藏箭头。

(2)【文字位置】选项组

❑ **尺寸线旁边**　该选项表示将标注文字放在尺寸线旁边。

❑ **尺寸线上方，带引线**　该选项表示将标注文字放在尺寸线的上方，并加上引线。

❑ **尺寸线上方，不带引线**　该选项表示将文本放在尺寸线的上方，但不加引线。

(3)【标注特征比例】选项组

❑ **使用全局比例**　该选项可为所有标注样式设置一个比例，指定大小、距离或间距，
此外还包括文字和箭头大小，但并不改变标注的测量值。

❑ **将标注缩放到布局**　该选项可根据当前模型空间视口与图纸空间之间的缩放关
系设置比例。

（4）【优化】选项组

❑ **手动放置文字**　该选项则忽略标注文字的水平设置，在标注时可将标注文字放置在用户指定的位置。

❑ **在尺寸界线之间绘制尺寸线**　该选项表示始终在测量点之间绘制尺寸线，同时AutoCAD 将箭头放在测量点之处。

5．设置主单位

在【修改标注样式】对话框中，使用【主单位】选项卡可以设置主单位的格式与精度等属性，如图 7-14 和图 7-15 所示。

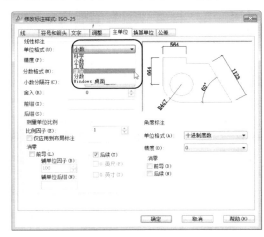

图 7-14　设置【单位格式】选项

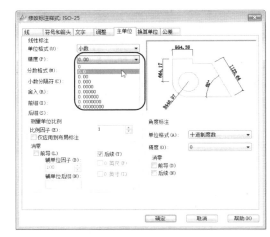

图 7-15　设置【精度】选项

下面将分别对该选项卡中的各选项进行说明。

（1）【线性标注】选项组

❑ **单位格式**　该选项用来设置除角度标注之外的各标注类型的尺寸单位，包括【科学】、【小数】、【工程】、【建筑】、【分数】以及【Windows 桌面】等选项。

❑ **精度**　该选项用于设置标注文字中的小数位数。

❑ **分数格式**　该选项用于设置分数的格式，包括【水平】、【对角】和【非堆叠】3种方式。在【单位格式】下拉列表框中选择小数时，此选项不可用。

❑ **小数分隔符**　该选项用于设置小数的分隔符，包括【逗点】、【句点】和【空格】3种方式。

❑ **舍入**　该选项用于设置除角度标注以外的尺寸测量值的舍入值，类似于数学中的四舍五入。

❑ **前缀、后缀**　该选项用于设置标注文字的前缀和后缀，用户在相应的文本框中输入文本符即可。

（2）【测量单位比例】选项组

比例因子：该选项可设置测量尺寸的缩放比例，AutoCAD 的实际标注值为测量值与该比例的积。【仅应用到布局标注】复选框可设置该比例关系是否仅适应于布局。

（3）【消零】选项组

该选项组用于设置是否显示尺寸标注中的前导和后续 0。

（4）【角度标注】选项组

❑ **单位格式** 设置标注角度时的单位。

❑ **精度** 设置标注角度的尺寸精度。

❑ **消零** 设置是否消除角度尺寸的前导和后续 0。

6. 设置换算单位

在【修改标注样式】对话框中，使用【换算单位】选项卡可以设置换算单位的格式，如图 7-16 所示。该选项卡中的各选项说明如下。

❑ **显示换算单位** 选中该复选框时，其他选项才可用。在【换算单位】选项组中设置各选项的方法与设置【主单位】选项卡中的方法相同。

❑ **位置** 该选项组可设置换算单位的位置，包括【主值后】和【主值下】两种方式。

7. 设置尺寸公差

在【修改标注样式】对话框的【公差】选项卡中，用户可设置是否标注公差、公差格式，以及输入上、下偏差值，如图 7-17 所示。在该选项卡中的各选项说明如下。

❑ **方式** 用于确定以何种方式标注公差。

❑ **上偏差、下偏差** 用于设置尺寸的上偏差和下偏差。

❑ **高度比例** 用于确定公差文字的高度比例因子。

❑ **垂直位置** 用于控制公差文字相对于尺寸文字的位置，包括【上】、【中】和【下】3 种方式。

❑ **换算单位公差** 当标注换算单位时，可以设置换算单位精度和是否消零。

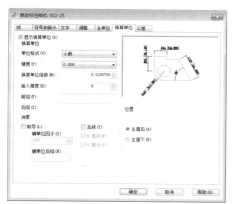

图 7-16　　【换算单位】选项卡

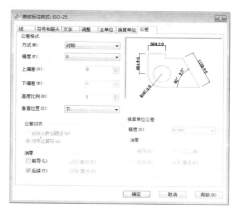

图 7-17　　【公差】选项卡

7.2.3　删除尺寸样式

在【标注样式管理器】对话框中不仅可以创建不同的标注样式，也可以对多余的标注样式进行删除，从而有利于更方便地管理标注样式。

单击【注释】>【标注】下拉按钮，打开【标注样式管理器】对话框，在【样式】列表框的【电气标注】样式上单击鼠标右键，在弹出的快捷菜单中选择【删除】命令，如图 7-18 所示。在弹出的【标注样式-删除 标注样式】对话框中单击【是】按钮，确定将标注样式进行删除，如图 7-19 所示。返回【标注样式管理器】对话框，单击【关闭】按钮即可。

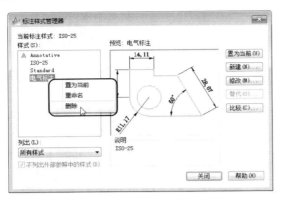

图 7-18　选择【删除】命令　　　　　图 7-19　单击【是】按钮

7.3　添加基本尺寸标注

在中文版 AutoCAD 2012 中，系统提供了多种尺寸标注类型，它们可以在图形中标注任意两点间的距离、圆或圆弧的半径和直径、圆心位置、圆弧或相交直线的角度等。下面分别向用户介绍如何为图形创建尺寸标注的操作。

7.3.1　线性标注

线性标注是最基本的标注类型，它可以在图形中创建水平、垂直或倾斜的尺寸标注。执行【注释】>【标注】>【线性】命令，根据命令行的提示，可以利用【对象捕捉】功能捕捉第一尺寸界线原点和第二点，然后移动光标将跟随光标的尺寸线放置在合适的位置，最后单击鼠标左键，即可完成一个线性尺寸的标注，如图 7-20 和图 7-21 所示。

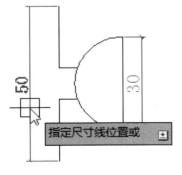

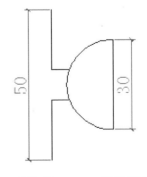

图 7-20　指定尺寸线位置　　　　　图 7-21　线性标注

命令行中各选项的含义如下。

❑　**多行文字（M）**　选择该选项将进入多行文字编辑模式，用户可以使用【文字格式】工具栏和文字输入窗口输入并设置标注文字。其中文字输入窗口中的尖括号"<>"表示系统测量值。如果为生成的测量值添加前缀或后缀，可在尖括号前后输入前缀或后缀；若想要编辑或替换生成的测量值，可先删除尖括号，再输入新的标注文字，单击【确定】按钮即可；如果标注样式中未打开换算单位，可以输入方括号"[ ]"来显示。

- ❏ 文字（**T**）　可以以单行文字的形式输入标注文字，此时将显示"输入标注文字："提示信息，要求用户输入标注文字，此时标注将不显示自动测量值，它与【多行文字】功能不能同时使用。
- ❏ 角度（**A**）　用于设置标注文字（测量值）的旋转角度。
- ❏ 水平（**H**）\垂直（**V**）　用于标注水平尺寸和垂直尺寸。选择这两个选项时，用户可以直接确定尺寸线的位置，也可以选择其他选项来指定标注的标注文字内容或者标注文字的旋转角度。
- ❏ 旋转（**R**）　用于放置旋转标注对象的尺寸线。

提　示

当尺寸标注完成之后，若标注的效果不一定适当，经常要对标注后的文字进行旋转或将现有文字用新文字替代，也可以将文字移动到新位置等，还可以将标注文字沿尺寸线移动到左、右或中心或尺寸界线之内或之外的任意位置。用户可以通过命令方式或者夹点编辑方式进行编辑。

7.3.2　对齐标注

当标注一段带有角度的直线时，可能需要设置尺寸线与对象直线平行，这时就要用到对齐尺寸标注。

选择【对齐】命令，在绘图窗口中，指定要标注的第一个点，如图 7-22 所示，然后指定第二个点，并指定好标注尺寸的位置，即可完成对齐标注，如图 7-23 所示。

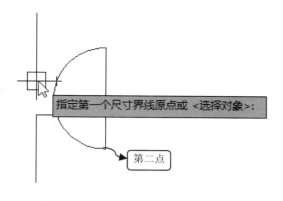

图 7-22　指定第一个尺寸界线原点

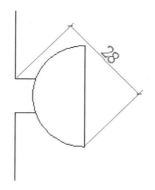

图 7-23　对齐标注

提　示

对齐标注与线性旋转标注不同之处在于：对齐标注的尺寸线的倾斜度是通过指定的两点来确定的；而旋转标注是根据指定的角度值来确定尺寸线的倾斜度。

7.3.3 角度标注

使用【角度】命令可以准确测量出两条线段之间的夹角。角度标注的默认方式是选择一个对象，有四种对象可以选择：圆弧、圆、直线和点。

1. 直线对象的标注

选择【角度】命令，在绘图窗口中，分别选中两条测量线段，用这两条直线作为角的两条边，根据命令窗口的提示，指定好尺寸标注位置，即可完成角度标注，如图 7-24 所示。其实选择尺寸标注的位置也很重要，当尺寸标注的光标放置当前测量角度之外，此时所测量的角度则是当前角度的补角，如图 7-25 所示。

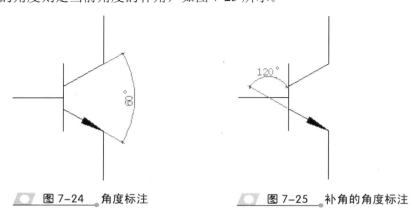

图 7-24　角度标注　　　　　图 7-25　补角的角度标注

2. 圆弧对象的标注

若要对圆弧进行标注，选择【角度】命令，选择所需标注的圆弧线段，此时系统将自动捕捉圆心，并以圆弧的两个端点作为两条尺寸界线，进行角度标注，如图 7-26 所示。

3. 圆形对象的标注

如果要对圆形进行标注，选择【角度】命令，选中圆形，此时系统自动捕捉圆心点，并要求指定角度边界线的第一测量点，其后指定第二测量点，并指定好尺寸标注位置，即可完成角度标注，如图 7-27 所示。

图 7-26　圆弧对象的标注　　　　　图 7-27　圆形对象的标注

4．通过三个点来标注

使用【角度】命令，不选择任何对象，按下 Enter 键，系统将提示指定一个点作为角的顶点，如图 7-28 所示，然后在绘图窗口中分别指定第一个端点和第二个端点，再选择一个点为角度的放置点即可进行三点标注，如图 7-29 所示。

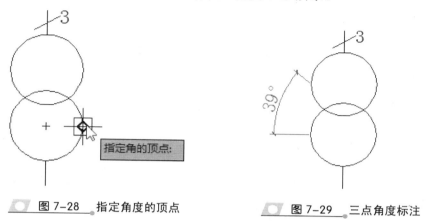

图 7-28 指定角度的顶点　　　　　图 7-29 三点角度标注

7.3.4 弧长标注

弧长标注主要用于测量圆弧或多段线弧线段的距离。使用弧长命令可以标注出弧线段的长度，为了区分弧长标注和角度标注，默认情况下，弧长标注将显示弧长标记的符号。

选择【弧长】命令，在命令行的提示下，选择弧线段或多段线圆弧段，如图 7-30 所示，系统将自动标注所选择的对象，如图 7-31 所示。

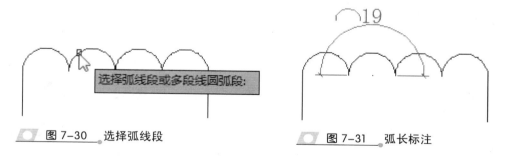

图 7-30 选择弧线段　　　　　图 7-31 弧长标注

7.3.5 半径/直径标注

1．半径标注

半径标注主要是用于标注图形中的圆弧半径，当圆弧角度小于 180 度时可采用半径标注，大于 180 度将采用直径标注。选择【半径】命令，在绘图窗口中选择所需标注的圆或圆弧，并指定好标注尺寸的位置，即可完成半径标注，如图 7-32 所示。

2．直径标注

直径标注的操作方法与圆弧半径的操作方法相同，选择【直径】命令◎，在绘图窗口中，选择要进行标注的圆，并指定尺寸标注位置，即可创建出直径标注，如图7-33所示。

图 7-32　半径标注　　　　　　　　图 7-33　直径标注

7.3.6　连续标注

连续标注可以用于创建同一方向上连续的线性标注、坐标标注或角度标注，它是以上一个标注或指定标注的第二条尺寸界线为基准连续创建。

使用连续标注命令对图形对象创建连续标注时，在选择基准标注后，只需要指定连续标注的延伸线原点，即可对相邻的图形对象进行标注。选择【连续】命令，选择连续标注，然后指定第二条尺寸界线原点即可，如图7-34和图7-35所示。

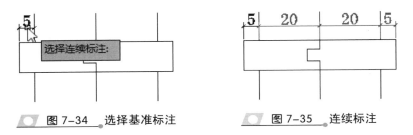

图 7-34　选择基准标注　　　　　　图 7-35　连续标注

7.3.7　快速标注

使用快速标注在图形中选择多个图形对象，系统将自动查找所选对象的端点或圆心，并根据端点或圆心的位置快速地创建标注尺寸。

选择【快速标注】命令，根据命令行的提示，选择要标注的几何图形，如图7-36所示。然后指定尺寸线位置，即可完成快速标注的创建，如图7-37所示。

图 7-36　选择要标注的图形　　　　图 7-37　快速标注

7.3.8　基线标注

基线标注又称为平行尺寸标注,用于多个尺寸标注使用同一条尺寸线作为尺寸界线的情况。基线标注创建一系列由相同的标注原点测量出来的标注,在标注时,AutoCAD 2012 将自动在最初的尺寸线或圆弧尺寸线的上方绘制尺寸线或圆弧尺寸线。

选择【基线】命令🖃,其操作方法与连续标注非常相似,都需要指定基准标注,然后再指定基线标注第二条尺寸界线的原点,即可对图形进行基线标注,如图 7-38 和图 7-39 所示。

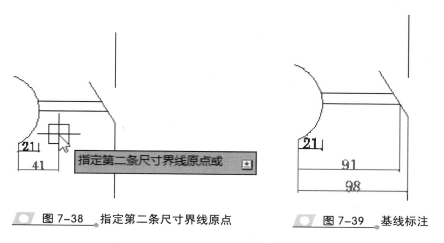

图 7-38　指定第二条尺寸界线原点　　　　图 7-39　基线标注

7.3.9　折弯半径标注

折弯半径标注命令主要用于圆弧半径过大,圆心无法在当前布局中进行显示的圆弧。选择【折弯】命令🗲,系统将提示选择要标注的图形对象,指示图示中心位置,如图 7-40 所示。然后指定尺寸线位置和折弯位置,即可完成折弯半径标注,如图 7-41 所示。

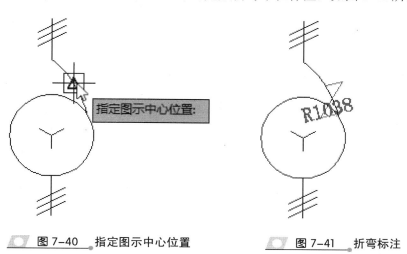

图 7-40　指定图示中心位置　　　　图 7-41　折弯标注

公差是指在实际参数值中，允许变动的大小。公差标注包括尺寸公差和形位公差两种，下面将详细地为用户介绍。

7.4.1 尺寸公差的设置

尺寸公差是表示测量的距离可以变动的数目的值。尺寸公差指定标注可以变动的数目，通过指定生产中的公差，可以控制部件所需的精度等级。特征是部件的一部分，例如点、线、轴或表面。

利用前面介绍过的【新建标注样式】对话框的【公差】选项卡，用户可以在【公差格式】选项组中确定公差的标注格式，如确定以何种方式标注公差，如图 7-42 和图 7-43 所示。通过此选项卡进行设置后再标注尺寸，就可以标注出对应的公差。

图 7-42 基本尺寸

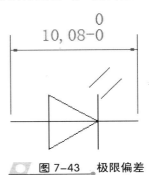

图 7-43 极限偏差

7.4.2 形位公差的设置

形位公差表示特征的形状、轮廓、方向、位置和跳动的允许偏差。可以通过特征控制框来添加形位公差，这些框中包含单个标注的所有公差信息。

在 AutoCAD 中，可通过特征控制框来显示形位公差信息，如图形的形状、轮廓、方向、位置和跳动的偏差等。下面将介绍几种常用的公差符号，如表 7-1 所示。

表 7-1 常用公差符号表

符　号	含　义	符　号	含　义
⊕	定位	○	圆或圆度
◎	同心/同轴	──	直线度
≐	对称	⌒	平面轮廓
∥	平行	⌒	线轮廓
⊥	垂直	⚲	圆跳动
∠	角	⚲⚲	全跳动
⌀	柱面性	Ⓛ	最小包容条件（LMC）

符 号	含 义	符 号	含 义
∅	直径	Ⓢ	不考虑特征尺寸（*RFS*）
Ⓜ	最大包容条件（*MMC*）	Ⓟ	投影公差
▱	平坦度		

在 AutoCAD 2012 软件中，用户可选择【注释】>【标注】>【公差】命令，打开【形位公差】对话框，在该对话框中，可进行公差设置，如图 7-44 所示。

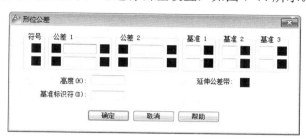

图 7-44 【形位公差】对话框

【形位公差】对话框中，所有选项说明如下。

❑ **符号** 单击该列的■框，在弹出的【特征符号】对话框中，选择合适的特征符号，如图 7-45 所示。

❑ **公差 1、公差 2** 单击该列前面的■框，将插入一个直径符号；在中间的文本框中可以输入公差值；单击该列后面的■框，将弹出【附加符号】对话框，可以为公差选择附加符号，如图 7-46 所示。

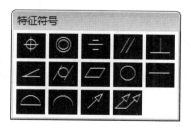

图 7-45 【特征符号】对话框

图 7-46 【附加符号】对话框

❑ **基准 1、基准 2、基准 3** 用于设置公差基准和相应的包容条件。

❑ **高度** 用于设置投影公差带的值。投影公差带控制固定垂直部分延伸区的高度变化，并以位置公差控制公差精度。

❑ **延伸公差带** 单击■框，可在投影公差带值的后面插入投影公差带符号。

❑ **基准标识符** 用于创建由参照字母组成的基准标识符号。

7.5 编辑尺寸标注

在 AutoCAD 2012 软件中，可对创建好的尺寸标注进行修改编辑。尺寸编辑包括编辑尺寸样式、修改尺寸标注文本、调整标注文字位置、分解尺寸对象等。

7.5.1 重新关联尺寸标注

关联尺寸标注是指所标注尺寸与被标注对象有关联关系。若标注的尺寸值是按自动测量值标注，则尺寸标注是按尺寸关联模式标注的。如果改变被标注对象的大小后，相应的标注尺寸也将发生改变，尺寸界线和尺寸线的位置都将改变到相应的新位置，尺寸值也改变成新测量值；反之，改变尺寸界线起始点位置，尺寸值也会发生相应的变化。

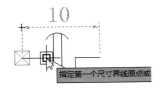

图 7-47 指定第一个原点

选择【注释】>【标注】>【重新关联】命令 ⟷，根据命令行的提示，选择要重新关联的标注，按 Enter 键，然后指定第一个尺寸界线原点，如图 7-47 所示，再指定第二个尺寸界线的原点，如图 7-48 所示，即可完成关联标注，如图 7-49 所示。

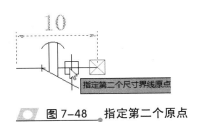

图 7-48 指定第二个原点

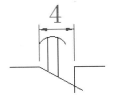

图 7-49 重新关联标注

7.5.2 修改尺寸标注

编辑标注命令可以修改标注文字在标注上的位置及倾斜角度。选择【倾斜】命令 ⊟，命令行将提示不同的选项，选择相应的选项，即可对尺寸标注进行不同的操作。

例如，选择【新建】选项，弹出文本框，如图 7-50 所示。然后输入"%%C"直径符号，其后单击功能面板【文字编辑器】选项板中的【关闭】按钮，在绘图区域中选择尺寸标注，按 Enter 键，确定要添加直径符号的尺寸标注，如图 7-51 所示。

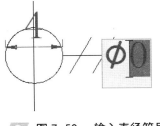

图 7-50 输入直径符号

图 7-51 修改尺寸标注

7.5.3 修改尺寸文字和角度

1. 修改文字位置

调整文字标注位置就是将已经标注的文字的位置进行调整，可以将标注文字调整到

AutoCAD 2012 中文版电气设计标准教程

左边、中间或右边，还可以重新定义一个新的位置。

在菜单栏中执行【标注】>【对齐文字】命令，在打开的下拉列表中，包含了 5 种文字位置的样式，其含义如下。

- ❑ **默认** 将文字标注移动到原来的位置。
- ❑ **角度** 改变文字标注的旋转角度。
- ❑ **左** 将文字标注移动到左边的尺寸界线处，该方式适用于线性、半径和直径标注。
- ❑ **居中** 将文字标注移动到尺寸界线的中心处。
- ❑ **右** 将文字标注移动到右边的尺寸界线处。

在打开的下拉列表中，选择一种对齐方式，在绘图窗口中选择要进行调整的尺寸对象，即可进行调整操作，如图 7-52 和图 7-53 所示。

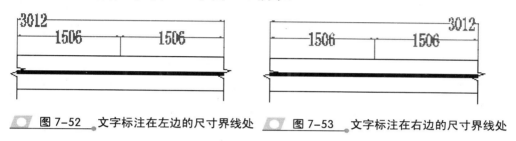

图 7-52 文字标注在左边的尺寸界线处　　　图 7-53 文字标注在右边的尺寸界线处

2. 修改文字角度

不仅可以编辑尺寸文字的位置，还可以对文字角度进行编辑。选择【文字角度】命令，根据命令行的提示，选择标注，然后为标注文字指定新位置，即指定标注文字的角度为 45，按 Enter 键确定，完成文字角度的修改，如图 7-54 和图 7-55 所示。

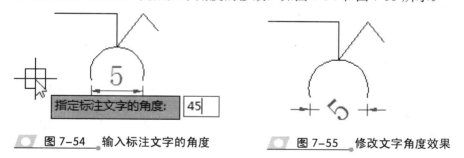

图 7-54 输入标注文字的角度　　　图 7-55 修改文字角度效果

7.6 添加引线标注

引线对象是一条线或样条曲线，其一端带有箭头或设置没有箭头，另一端带有多行文字对象或块。多重引线标注命令常用于对图形中的某些特定对象进行说明，使图形表达更清楚。

7.6.1 新建引线样式

在向 AutoCAD 图形添加多重引线时，单一的引线样式往往不能满足设计的要求，这就需要预先定义新的引线样式，即指定基线、引线、箭头和注释内容的格式，用于控制多重引线对象的外观。

单击【注释】>【引线】右下角按钮，打开【多重引线样式管理器】对话框，如图7-56所示。然后单击【新建】按钮，打开【创建新多重引线样式】对话框，在该对话框中输入样式名并选择基础样式，如图7-57所示。其后单击【继续】按钮，即可在打开的对话框中对各选项卡进行详细的设置。

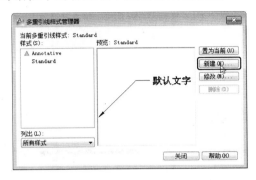

图 7-56　【多重引线样式管理器】对话框　　　图 7-57　输入新样式名

1．引线格式

在打开的【修改多重引线样式】对话框中，【引线格式】选项卡用于设置引线的类型及箭头的形状，如图7-58所示。其中【常规】选项组主要用来设置引线的类型、颜色、线型、线宽等。其中在下拉列表中可以选择直线、样条曲线或无选项；【箭头】选项组用来设置箭头的形状和大小；【引线打断】选项组用来设置引线打断大小参数。

2．引线结构

在【引线结构】选项卡中可以设置引线的段数、引线每一段的倾斜角度及引线的显示属性，如图7-59所示。其中在【约束】选项组中启用相应的复选框可指定点数目和角度值；在【基线设置】选项组中，可以指定是否自动包含基线及多重引线的固定距离；在【比例】选项组中，启用相应的复选框或选择相应的单选按钮，可以确定引线比例的显示方式。

图 7-58　【引线格式】选项卡　　　　　图 7-59　【引线结构】选项卡

3. 内容

在【内容】选项卡中，主要用来设置引线标注的文字属性。既可以在引线中标注多行文字，也可以在其中插入块，这两个类型的内容主要通过【多重引线类型】下拉列表来切换。

❑ **多行文字**

选择【多行文字】选项后，则选项卡中各选项用来设置文字的属性，这方面与【文字样式】对话框基本类似，如图 7-60 所示。然后单击【文字选项】选项组中【文字样式】列表框右侧的按钮 ___ ，可直接访问【文字样式】对话框。

❑ **块**

选择【块】选项后，即可在【源块】列表框中指定块内容，并在【附着】列表框中指定块的范围、插入点或中心点附着块类型，还可以在【颜色】列表框中指定多重引线的块内容颜色，如图 7-61 所示。

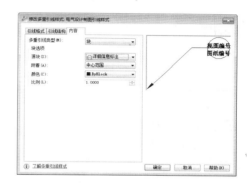

图 7-60 多重引线类型为【多行文字】选项　　图 7-61 多重引线类型为【块】选项

7.6.2 添加引线

【添加引线】命令是将引线添加至现有的多重引线对象。根据光标的位置，新引线将添加到选定多重引线的左侧或右侧。

选择【添加引线】命令 ，选择当前创建完成的引线注释，根据命令行中的提示，指定所添加引线箭头的位置，指定完成后，按 Enter 键，即可添加成功，如图 7-62 和图 7-63 所示。

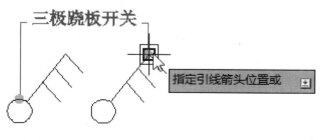

图 7-62 指定引线箭头位置

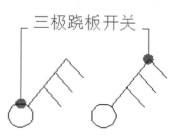

图 7-63 添加引线效果

7.6.3 对齐引线

【对齐引线】命令是将选定多重引线对象对齐并按一定间距排列，即选择多重引线后，指定所有其他多重引线要与之对齐的多重引线。

选择【对齐引线】命令 ⌷，选中所需对齐的引线，按 Enter 键，选中要对齐到的多重引线，如图 7-64 所示，并指定对齐的方向，按 Enter 键，即可完成引线对齐的操作，如图 7-65 所示。

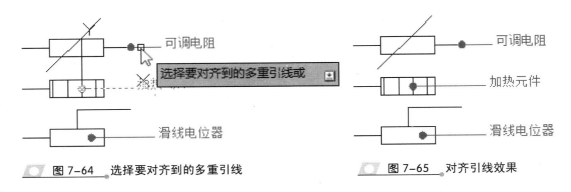

图 7-64　选择要对齐到的多重引线　　　　图 7-65　对齐引线效果

7.6.4 删除引线

【删除引线】命令是将引线从现有的多重引线对象中删除。选择【删除引线】命令 ⌷，根据命令行的提示选择多重引线，然后指定要删除的引线，按 Enter 键即可完成，如图 7-66 和图 7-67 所示。

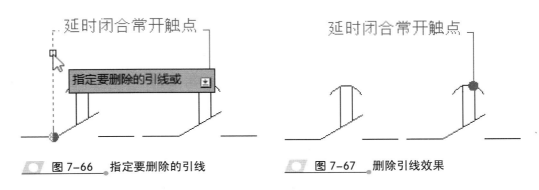

图 7-66　指定要删除的引线　　　　图 7-67　删除引线效果

7.7　课堂练习

7.7.1 为电气图添加尺寸标注

本例我们来为一张电气图添加尺寸标注，如图 7-68 所示。操作步骤如下。

AutoCAD 2012 中文版电气设计标准教程

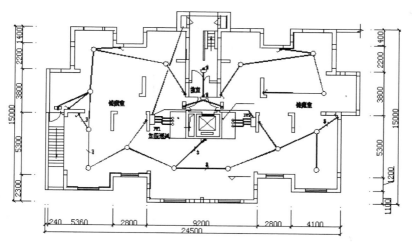

图 7-68　尺寸标注效果图

1　打开要标注的图形文件，单击【注释】>【标注】右下角箭头，打开【标注样式管理器】对话框，单击【修改】按钮，如图 7-69 所示。

2　系统自动弹出【修改标注样式】对话框，如图 7-70 所示。

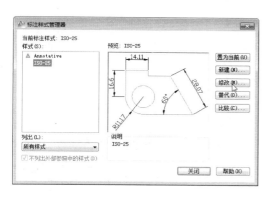

图 7-69　【标注样式管理器】对话框　　　　图 7-70　【修改标注样式】对话框

3　在【线】选项卡中，设置【基线间距】为 600，【超出尺寸线】为 150，【起点偏移量】为 300，如图 7-71 所示。

4　在【符号和箭头】选项卡中，设置【箭头】样式为【建筑标记】，【箭头大小】为 200，如图 7-72 所示。

5　在【文字】选项卡中，单击【文字样式】右边的　…　按钮，打开【文字样式】对话框，设置字体为宋体，高度为 500，单击【应用】、【置为当前】和【关闭】按钮，如图 7-73 所示。

6　返回到【修改标注样式】对话框，其他参数可保留默认值，如图 7-74 所示。

7　单击【确定】按钮，返回到【标注样式管理器】对话框，单击【置为当前】和【关闭】按钮，如图 7-75 所示。

8　执行【标注】命令，对电气图进行标注操作，如图 7-76 所示。

图 7-71 设置线

图 7-72 设置符号和箭头

图 7-73 设置文字样式

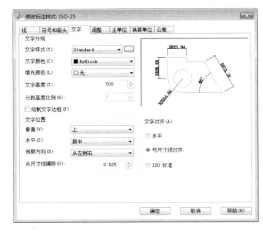

图 7-74 【文字】选项卡

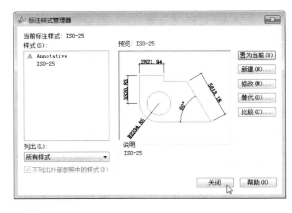

图 7-75 完成标注样式的设置

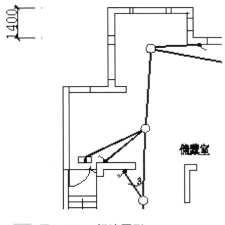

图 7-76 标注图形

9 执行【连续】命令，连续标注左侧部分的尺寸，如图 7-77 所示。

10 执行【基线】命令，为左侧部分的尺寸添加基线标注，如图 7-78 所示。

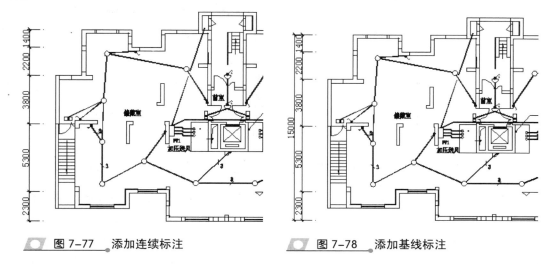

图 7-77 添加连续标注　　　　　图 7-78 添加基线标注

11 执行【标注】、【连续】、【基线】命令，按照同样的方法，为电气图添加尺寸标注，如图 7-79 所示。至此，电气图尺寸标注添加完成。

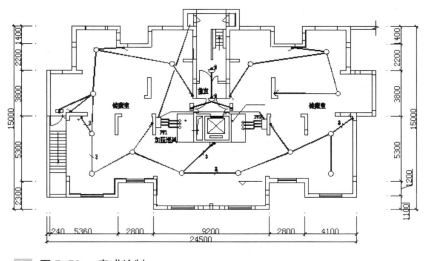

图 7-79 完成绘制

7.7.2 绘制变频柜综合控制屏线路图

绘制变频柜综合控制屏线路图时，首先将基本的线路图绘制好，然后绘制电气元件等图形符号，最后添加文本说明。具体操作步骤如下。

1 执行【多段线】命令，绘制宽度为 6、长度为 100 的水平线段，然后选取水平线段的中点，向下绘制长度为 192 的垂直线段，如图 7-80 所示。

2 执行【多段线】命令，指定一点向上绘制引导光标，输入 134，然后向右引导光标，输入 153，如图 7-81 所示。

　　图 7-80　绘制多段线　　　　　　图 7-81　绘制多段线

3 执行【阵列】命令，将上一步绘制的多段线，进行矩形阵列，如图 7-82 所示。命令行提示内容如下。

```
命令: _arrayrect
选择对象: 指定对角点: 找到 1 个                              (选择多段线)
选择对象:                                                 (按 Enter 键)
类型 = 矩形   关联 = 是
为项目数指定对角点或 [基点(B)/角度(A)/计数(C)] <计数>:      (按 Enter 键)
输入行数或 [表达式(E)] <4>:1                               (输入1)
输入列数或 [表达式(E)] <4>: 4                              (输入4)
指定对角点以间隔项目或 [间距(S)] <间距>:459                (输入 459)
按 Enter 键接受或 [关联(AS)/基点(B)/行(R)/列(C)/层(L)/退出(X)] <退出>:
                                                          (按 Enter 键)
```

4 执行【多段线】命令，捕获最右端的端点，向下绘制长度为 134 的多段线，如图 7-83 所示。

　　图 7-82　阵列多段线　　　　　　图 7-83　　绘制多段线

5 执行【多段线】和【镜像】命令，绘制三段竖直多段线，如图 7-84 所示。命令行提示内容如下。

```
命令: _pline
指定起点:                          (捕获阵列多段线中第三条垂直线的上端点)
当前线宽为 6.0000
指定下一个点或 [圆弧(A)/半宽(H)/长度(L)/放弃(U)/宽度(W)]: 278
                                        (向上引导光标，输入 278)
指定下一点或 [圆弧(A)/闭合(C)/半宽(H)/长度(L)/放弃(U)/宽度(W)]:  (按 Enter 键)
命令: PLINE                          (按空格键，继续执行多段线命令)
指定起点: from                            (输入 FROM)
基点: <偏移>: @-75,-48       (捕捉刚绘制的多段线的上端点，输入@-75，-48)
当前线宽为 6.0000
指定下一个点或 [圆弧(A)/半宽(H)/长度(L)/放弃(U)/宽度(W)]: 88
```

指定下一点或 [圆弧(A)/闭合(C)/半宽(H)/长度(L)/放弃(U)/宽度(W)]：　（按 Enter 键）

命令：_mirror

选择对象：找到 1 个　　　　　　　　　　　　　　　　（选择长度为 88 的多段线）

选择对象：指定镜像线的第一点：指定镜像线的第二点：　（分别捕获长为 278 多段线的上下端点）

要删除源对象吗？[是(Y)/否(N)] <N>：　　　　　　　　　　　　　　　　（按 Enter 键）

6 执行【移动】命令，将图 7-80 所示的图移至图 7-84 所绘制的上方，距离值为 98，如图 7-85 所示。

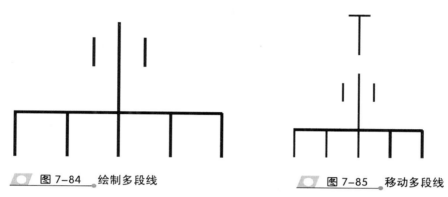

　　　　　图 7-84　绘制多段线　　　　　　　　　　图 7-85　移动多段线

7 执行【直线】命令，绘制一个长度为 120、与 X 轴成 110 度角的直线，然后选取其下端点向下绘制长度为 334 的垂直直线，作为断路器的接线头，如图 7-86 所示。命令行提示内容如下。

命令：_line 指定第一点：　　　　　　　　　　　　（在多段线的左下方取一点）

指定下一点或 [放弃(U)]：　@-120<110　　　　　　　（输入@-120<110）

指定下一点或 [放弃(U)]：　<正交 开> 334　　　　　（启动【正交】模式，输入 334）

指定下一点或 [闭合(C)/放弃(U)]：　　　　　　　　　（按 Enter 键）

8 执行【直线】命令，在上一步所绘制的垂直直线上绘制一个底边为 44，高为 50 的倒立等腰三角形，如图 7-87 所示。

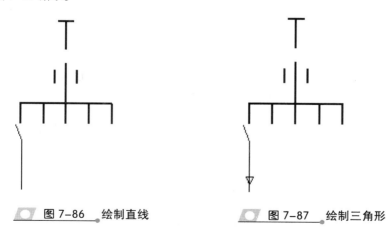

　　　　　图 7-86　绘制直线　　　　　　　　　　　图 7-87　绘制三角形

9 执行【阵列】命令，选取断路器的接头和三角形，进行矩形阵列，行数为 1，列数为 5，间距为 612，如图 7-88 所示。

10 执行【直线】命令，绘制两条直线，作为线路图中的刀口开关，如图 7-89 所示。

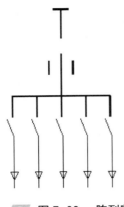

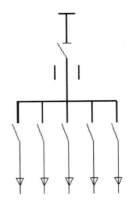

图 7-88 阵列断路器接头
图 7-88　阵列断路器接头

图 7-89　绘制刀口开关

11 执行【圆】、【复制】命令，在刀口开关下方，最左边的多段线的中点上，绘制半径为 25 的圆，然后向右平移 75、150 进行复制，如图 7-90 所示。

12 执行【插入】和【复制】命令，将"电流表"和"电压表"插入图形当中，放大比例 4，并放置到合适的位置，复制电流表，如图 7-91 所示。

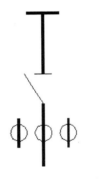

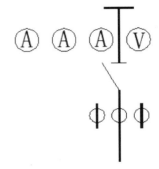

图 7-90　绘制圆

图 7-91　添加电流表和电压表

13 在菜单栏中执行【格式】>【点样式】命令，打开【点样式】对话框，选择所需的点样式，并设置点大小，单击【确定】按钮即可，如图 7-92 所示。

14 执行【多点】命令，在断路器上方的连线上绘制线路接头，如图 7-93 所示。

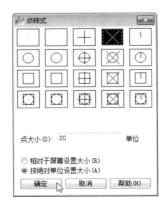

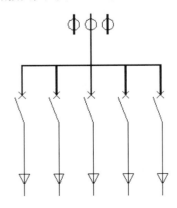

图 7-92　【点样式】对话框

图 7-93　绘制连线接头

15　单击【注释】>【文字】右下角按钮，打开【文字样式】对话框，新建【数字字样】样式，字体为 Arial，高度为 13，单击【应用】、【置为当前】和【关闭】按钮，如图 7-94 所示。

16　执行【多行文字】命令，为线路图标注文本，如图 7-95 所示。

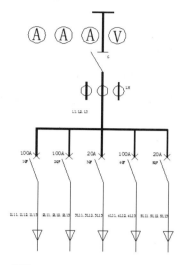

图 7-94　【文字样式】对话框

图 7-95　添加文本

17　执行【直线】命令，在三角形上方的文本下方绘制 5 条水平直线，如图 7-96 所示。

18　在菜单栏中执行【格式】>【文字样式】命令，打开【文字样式】对话框，新建【宋体】样式，字高为 20。然后执行【多行文字】和【矩形】命令，在线路图左上角创建文本，并用矩形框住，如图 7-97 所示。

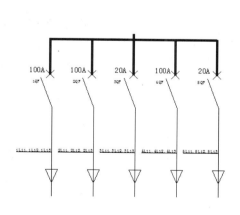

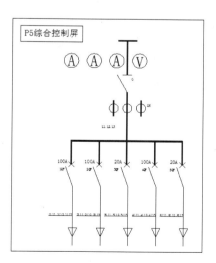

图 7-96　绘制直线

图 7-97　绘制完成

7.7.3　变电工程图

变电站是联系发电厂和用户的中间环节，起着变换和分配电能的作用。接下来将绘制某变电站的主接线图，该线路图主要由母线、主变支路、变电所之路、接地线路和供电部分组成，绘制步骤如下。

1 执行【直线】命令，绘制一个长宽分别为 350 和 3 的矩形，作为母线部分，如图 7-98 所示。

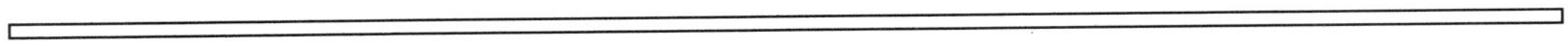

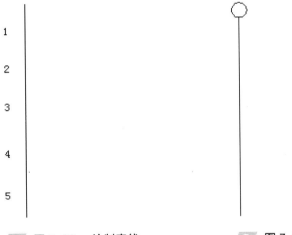

图 7-98　绘制母线

2 执行【直线】命令，依次绘制长度分别为 7、3、7、5 和 6 的竖直直线 1~5，如图 7-99 所示。

3 执行【圆】和【修剪】命令，捕获直线 1 的上端点，以其为圆心绘制半径为 1 的圆，然后将圆内的线段修剪掉，如图 7-100 所示。

图 7-99　绘制直线　　　　图 7-100　绘制圆

4 执行【直线】命令，启动【极轴追踪】模式，分别捕捉直线 2 的上下端点，以其为起点依次绘制与 X 轴成 45 度角，长度为 3.5 的直线，如图 7-101 所示。

5 执行【镜像】命令，对刚绘制的两条斜线进行镜像复制，如图 7-102 所示。

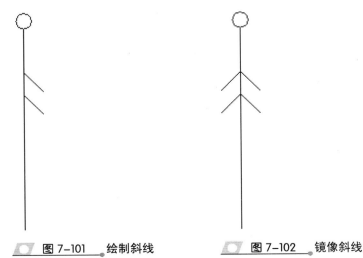

图 7-101　绘制斜线　　　　图 7-102　镜像斜线

6 执行【旋转】命令，选取直线 4，以其下端点为基点，旋转 30 度，如图 7-103 所示。

7 继续执行【镜像】命令，将图 7-103 中上半部分的斜线进行 180 度旋转复制，并删除多余线段，如图 7-104 所示。

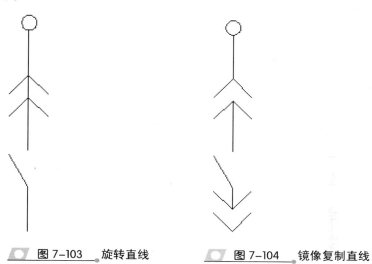

图 7-103　旋转直线　　　　　　图 7-104　镜像复制直线

8 执行【圆】和【直线】命令，绘制半径为 2 的圆，然后以圆心为起点，向上绘制长度为 3 的直线和向右绘制长度为 4.5 的水平直线，如图 7-105 所示。

9 执行【修剪】和【直线】命令，将圆内多余的直线修剪掉，然后以水平直线的右端点为起点，绘制一条与 X 轴成 60 度角，长度为 1.5 的直线，如图 7-106 所示。

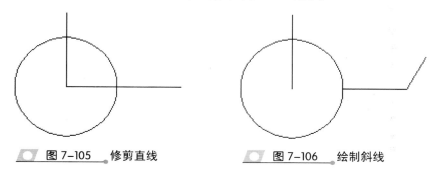

图 7-105　修剪直线　　　　　　图 7-106　绘制斜线

10 执行【拉长】命令，将竖直直线向下拉长 3，斜线向下拉长 1.5，如图 7-107 所示。

11 执行【复制】命令，将斜线向左复制 0.6 和 1.8，然后将原直线删除，如图 7-108 所示。

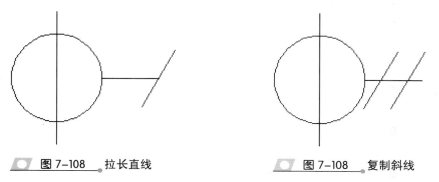

图 7-108　拉长直线　　　　　　图 7-108　复制斜线

12 执行【阵列】命令，选取图 7-108 中的图形，进行矩形阵列，如图 7-109 所示。命令行提示内容如下。

```
命令： ARRAYRECT
选择对象：指定对角点：找到 5 个                           （选择图 7-110 中的图形）
选择对象：                                              （按 Enter 键）
类型 = 矩形  关联 = 是
为项目数指定对角点或 ［基点(B)/角度(A)/计数(C)］ <计数>：b     （选择【基点】选项）
指定基点或 ［关键点(K)］ <质心>：                           （选择圆心）
为项目数指定对角点或 ［基点(B)/角度(A)/计数(C)］ <计数>：      （按 Enter 键）
输入行数或 ［表达式(E)］ <4>：2                            （输入 2）
输入列数或 ［表达式(E)］ <4>：3                            （输入 3）
指定对角点以间隔项目或 ［间距(S)］ <间距>： <正交 开> 14      （输入 14）
按 Enter 键接受或 ［关联(AS)/基点(B)/行(R)/列(C)/层(L)/退出(X)］ <退出>：
                                                        （按 Enter 键）
```

13 执行【正多边形】和【直线】命令，绘制一个内接于圆的正三角形，圆的半径为 2，然后以三角形的上顶点为起点，向下绘制长度为 8 的直线，如图 7-110 所示。

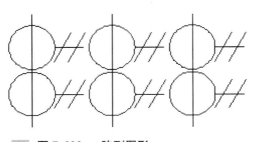

图 7-109 阵列图形

图 7-110 绘制正三角形

14 执行【拉长】和【旋转】命令，将刚绘制的竖直直线向上拉长 4，然后选取拉长后的直线和三角形，以拉长后直线的上端点为基点，进行 180 度旋转复制，如图 7-111 所示。

15 执行【圆】和【直线】命令，绘制一个半径为 6 的圆，然后以圆心为起点向下绘制长度为 3 的直线，如图 7-112 所示。

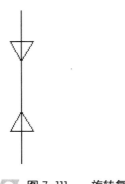

图 7-111 旋转复制图形

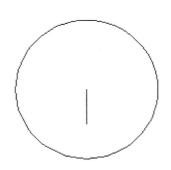

图 7-112 绘制圆和直线

16 执行【阵列】命令，选取刚绘制的小段直线，设置项目数为 3，进行 360 度的环形阵列，如图 7-113 所示。

17 执行【复制】命令，将图 7-113 中的图形向下复制距离为 9，如图 7-114 所示。

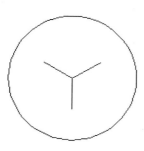

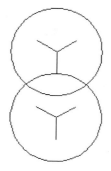

图 7-113 阵列线段　　　　　　　图 7-114 复制图形

18　执行【直线】和【修剪】命令，捕获上面圆的圆心，以其为起点向上绘制长度为 13.5 的竖直直线，然后将圆内多余的线段修剪掉，如图 7-115 所示。

19　执行【直线】和【拉长】命令，捕捉刚绘制直线的上端点为起点，绘制一条与 X 轴成 45 度角的直线，长度为 2，然后将斜线向下拉长 2，如图 7-116 所示。

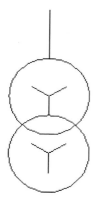

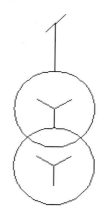

图 7-115 修剪线段　　　　　　　图 7-116 绘制直线

20　执行【复制】命令，将斜线向下复制 3 份，距离为 1.5、3 和 4.5，然后将原直线删除，如图 7-117 所示。

21　执行【复制】命令，将圆外部的直线向下平移 28.5，如图 7-118 所示。

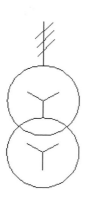

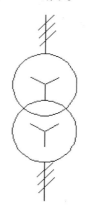

图 7-117 复制线段　　　　　　　图 7-118 复制直线

第 7 章　添加尺寸、引线标注

22 执行【移动】命令，将绘制好的图形组合，完成主变支路的绘制，如图 7-119 所示。

23 执行【复制】和【阵列】命令，将图 7-108 中的图形复制一份，然后将其矩形阵列，行数为 3，列数为 2，行偏移为 5，列偏移为 12，如图 7-120 所示。

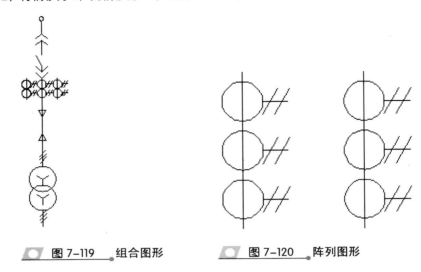

图 7-119　组合图形　　　　　图 7-120　阵列图形

24 执行【直线】命令，以左边竖直直线的上端点为基点，向右 7.5 绘制一条同样长的竖直直线，如图 7-121 所示。

25 执行【复制】命令，将图 7-111 中的图形复制一份，然后删除下半部分，如图 7-122 所示。

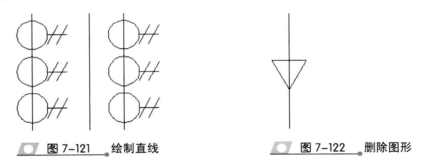

图 7-121　绘制直线　　　　　图 7-122　删除图形

26 执行【拉长】命令，将竖直直线向下拉长 18，如图 7-123 所示。

27 执行【复制】、【移动】命令，复制一份图 7-102，然后将图形进行组合，如图 7-124 所示。完成变电所支路的绘制。

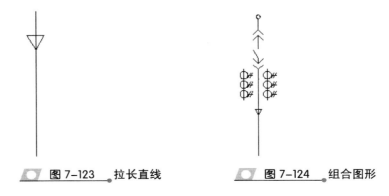

图 7-123　拉长直线　　　　　图 7-124　组合图形

28 执行【圆】、【直线】和【修剪】命令，绘制半径为 1 的圆，捕捉圆心向下绘制长度为 4 的竖直直线，然后修剪掉圆内的线段，如图 7-125 所示。

29 执行【插入】命令，将电阻插入图形中，在 X 文本框中输入 0.1，角度文本框中输入 90，放置到合适的位置，如图 7-126 所示。

图 7-125 绘制圆和直线   图 7-126 插入图形

30 执行【直线】命令，以底部直线的下端点为起点，向下绘制长度为 5 的竖直直线，向右绘制长度为 1.2 的水平直线，如图 7-127 所示。

31 执行【偏移】命令，将水平直线向下偏移 1.2 和 2.4，如图 7-128 所示。

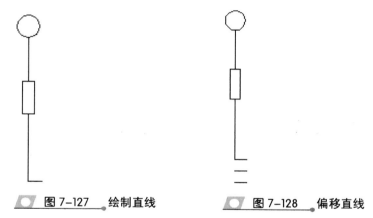

图 7-127 绘制直线   图 7-128 偏移直线

32 执行【拉长】命令，将偏移的两条直线，分别向右拉长 2.4 和 1.2，如图 7-129 所示。

33 执行【镜像】命令，将 3 条水平直线进行镜像复制，如图 7-130 所示。完成接地线路的绘制。

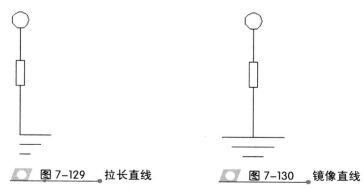

图 7-129 拉长直线   图 7-130 镜像直线

34 执行【直线】和【正多边形】命令，绘制直线和三角形的组合，如图 7-131 所示。

35　执行【插入】命令,将电容插入图形当中,设置插入比例为 0.25,与刚绘制的图形组合,如图 7-132 所示。

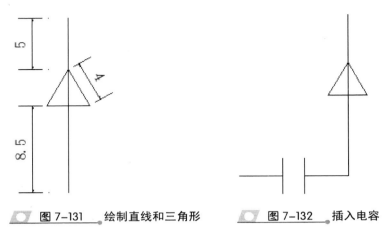

图 7-131　绘制直线和三角形　　　　图 7-132　插入电容

36　执行【插入】命令,将信号灯插入图形当中,插入比例为 0.1,如图 7-133 所示。

37　执行【直线】命令,绘制接地线,3 条水平直线从上往下长度依次为 3.8、2.5 和 1.2,间距为 0.6,如图 7-134 所示。

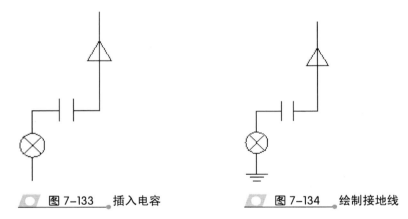

图 7-133　插入电容　　　　　　　图 7-134　绘制接地线

38　执行【直线】命令,分别绘制长度为 6 的水平直线和长度为 2 的竖直直线,如图 7-135 所示。

39　执行【插入】命令,将电阻插入图形当中,在 X 轴文本框中输入 0.25,如图 7-136 所示。

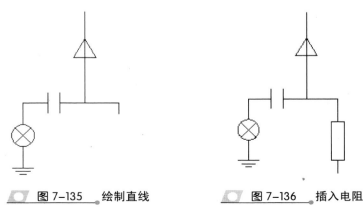

图 7-135　绘制直线　　　　　　　图 7-136　插入电阻

AutoCAD 2012 中文版电气设计标准教程

40 执行【复制】命令，将刚绘制的接地线复制到刚插入的电阻下面，如图 7-137 所示。

41 执行【复制】命令，将图 7-124 中的图形复制一份，与刚绘制好的图形进行组合，如图 7-138 所示。完成供电线路的绘制。

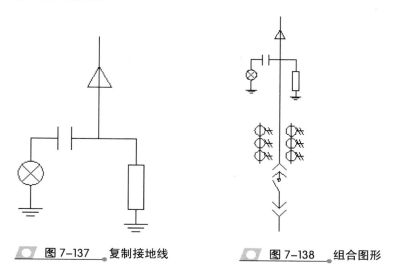

图 7-137　复制接地线　　　　　　　图 7-138　组合图形

42 执行【圆】和【复制】命令，绘制一个半径为 1 的圆，然后复制多份在母线的水平中线的位置，如图 7-139 所示。

图 7-139　绘制并复制圆

43 执行【复制】和【多行文字】命令，将各个支路复制到母线的合适位置，即完成图形的组合。然后设置文字样式的字体为仿宋，字高为 6，进行文本的添加，如图 7-140 所示。

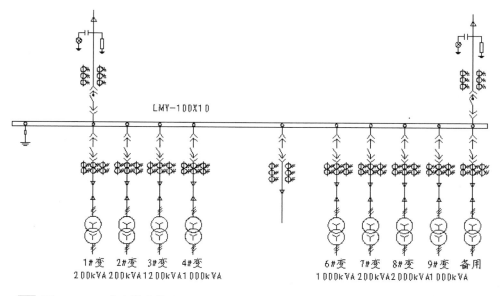

图 7-140　变电站主线图

一、填空题

1. 在【修改标注样式】对话框中，【线】选项卡的【尺寸线】选项组中【基线间距】是控制_____。

2. 可以附着在引线上注释的内容是_____。

3. 角度标注可以标注_____。

二、选择题

1. 一个完整的尺寸有_____组成。
   A. 尺寸线、文本、箭头
   B. 尺寸线、尺寸界线、文本、标记
   C. 基线、尺寸界线、文本、箭头
   D. 尺寸线、尺寸界线、文本、箭头

2. 想要标注倾斜直线的实际长度，应该选用_____。

A. 线性标注　　　B. 对齐标注
C. 快速标注　　　D. 基线标注

3. 在【修改标注样式】对话框中，【文字】选项卡的【分数高度比例】一栏中，只有在设置_____选项后才有效。
   A. 绘制文字边框　B. 使用全局比例
   C. 选用公差标注　D. 显示换算单位

三、上机实训

1. 为车间动力平面布置图添加尺寸标注，如图 7-141 所示。

操作提示：设置尺寸标注样式，然后为平面图添加尺寸标注。

2. 为电气布局图添加尺寸标注，如图 7-142 所示。

操作提示：设置好标注样式后，使用线性标注与连续标注等命令，添加尺寸标注。

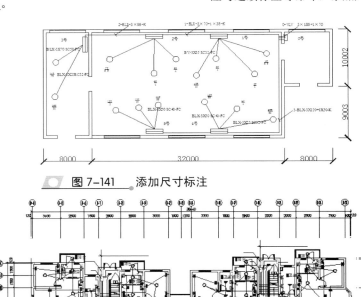

图 7-141 添加尺寸标注

图 7-142 低压电气图符号

第 8 章

添加文字与表格

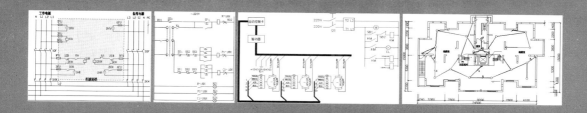

使用 AutoCAD 2012 中的文字和表格功能，可以对图形进行文字及表格说明，从而表达出用图形不好表示的内容。对图形进行文字及表格说明之前，应创建并设置好文字样式和表格样式，其中主要包括单行文字、多行文字、表格等内容。

本章主要介绍设置文字样式、添加单行文本和多行文本、使用字段、添加表格等操作。

本章学习要点：

➢ 掌握文字样式的设置
➢ 掌握单行文本和多行文本的添加
➢ 掌握字段的插入与更新
➢ 掌握表格的添加操作

8.1 设置文字样式

在进行文字标注之前，应先对文字样式进行设置，可以方便、快捷地对图形对象进行标注，标注出统一、标准、美观的文字注释。另外，还可对文字样式进行修改和管理。

8.1.1 设置文字样式

通常在创建文字注释和尺寸标注时，所使用的文字样式为：当前的文字样式。用户可以根据具体要求重新设置文字样式和创建新的样式。文字样式包括文字的"字体"、"字体样式"、"大小"、"高度"、"效果"等。在 AutoCAD 2012 软件中，可通过以下 3 种方法进行创建。

❏ 单击【注释】>【文字】右侧的箭头按钮。
❏ 执行菜单栏中的【格式】>【文字样式】命令。
❏ 在命令行中输入"ST"命令。

执行文字样式命令，打开【文字样式】对话框，如图 8-1 所示。单击【新建】按钮，打开【新建文字样式】对话框，在【样式名】文本框中输入名称，单击【确定】按钮，如图 8-2 所示。返回【文字样式】对话框，在【样式】列表框中则会显示刚新建的样式名，并可以设置相关属性。

图 8-1 【文字样式】对话框　　　　图 8-2 输入新建文字样式名

文字样式包括文字的"字体"、"字体样式"、"大小"、"高度"、"效果"等，各选项的含义如下。

❏ **当前文字样式**　在该选项后列出了当前正在使用的文字样式。
❏ **样式**　该列表框中显示当前图形文件中所有的文字样式，并默认选择当前文字样式。
❏ **样式列表过滤器**　在该下拉列表框中，可以选择显示所有样式还是正在使用的所有文字样式。
❏ **预览**　该窗口的显示随着字体的改变和效果的修改而动态更改样式文字。
❏ **字体名**　列出 Fonts 文件夹中所有注册的 TrueType 字体和所有编译的形（SHX）字体的字体族名。
❏ **字体样式**　在该下拉列表框中可以选择字体的样式，一般选择【常规】选项。

- **使用大字体** 当在【字体名】下拉列表框中选择后缀名为.SHX 的字体时，该复选框可用，当选中该复选框后，【字体样式】选项将变为【大字体】选项，可在该选项中选择大字体样式。
- **高度** 在该文本框中输入字体的高度。
- **颠倒** 选中该复选框可将文字进行上下颠倒显示，该选项只影响单行文字。
- **反向** 选中该复选框可将文字进行首尾反向显示，该选项只影响单行文字。
- **垂直** 选中该复选框可将文字沿竖直反向显示，该选项只影响单行文字。
- **宽度因子** 设置字符间距。输入小于 1 的值将紧缩文字，输入大于 1 的值将加宽文字。
- **倾斜角度** 该选项用于指定文字的倾斜角度。其中，角度值为正时，向右倾斜；角度值为负时，向左倾斜。
- **置为当前** 选中【样式】列表框中的文字选项后，单击该按钮，即可将选择的文字样式设置为当前文字样式。
- **新建** 单击该按钮，可以打开【新建文字样式】对话框，输入样式名即可创建。
- **删除** 选中【样式】列表框中的文字选项后，单击该按钮，即可将选择的文字样式进行删除。

8.1.2 修改样式

对于已创建的文字样式，如果不符合要求或不满意，还可以直接进行修改。在 AutoCAD 2012 中，修改文字样式的方法与创建新文字样式的方法相同，都是在【文字样式】对话框中进行设置。打开【文字样式】对话框，在【样式】列表框中选择要修改的文字样式，其后按照要求更改其他选项的设置，修改完成后单击【应用】按钮，使其生效，最后单击【关闭】按钮，关闭对话框。

8.1.3 管理样式

创建文字样式后，用户可以按照需要更改文字样式的名称，以及删除多余的文字样式等，其操作也是在【文字样式】对话框中进行。

打开【文字样式】对话框，在【样式】列表框中右击所需设置的文字样式，在弹出的快捷菜单中，选择【重命名】命令，如图 8-3 所示。在编辑方框中，输入所需更换的文字名称，然后单击【置为当前】按钮，将其置为当前样式，如图 8-4 所示。

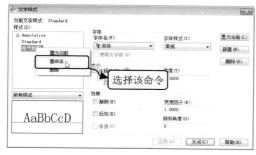

图 8-3 选择【重命名】命令

图 8-4 置为当前

选中所要删除的样式，单击该对话框右侧的【删除】按钮进行删除。在操作过程中，系统是无法删除已经被使用了的文字样式、默认的 Standard 样式以及当前文字样式。

8.2 添加单行文本

单行文字就是将每一行作为一个文字对象，一次性地在图纸中的任意位置添加所需的文本内容，并且可对每个文字对象进行单独修改。该输入方式适于标注一些不需要多种字体样式的简短内容。

8.2.1 创建单行文本

执行【注释】>【文字】>【单行文字】命令，命令行将提供多个选项进行选择。下面将介绍其设置方法。

1．起点

默认情况下，所指定的起点位置即是文字行基线的起点位置。在指定起点位置后，可按照命令行提示输入文字高度和旋转角度，也可用默认高度和角度，按 Enter 键确认操作即可输入文字，如图 8-5 所示。

2．对正

通过该选项选择文字的自定义对正方式。在指定起点之前输入"J"，然后根据命令行的提示信息在各选项中任选其一来指定文字的对正方式。其中各选项的含义如下。

- ❏ **对齐**　指定输入文本基线的起点和终点，使输入的文本在起点和终点之间重新按比例设置文本的字高并均匀放置在两点之间。
- ❏ **布满**　指定输入文本的起点和终点，文本高度保持不变，使输入的文本在起点和终点之间均匀排列。
- ❏ **居中**　指定一个坐标点，确定一个文本的高度和文本的旋转角度，把输入的文本中心放在指定的坐标点。
- ❏ **中间**　指定一个坐标点，确定一个文本的高度和文本的旋转角度，把输入的文本中心和高度中心放在指定坐标点。
- ❏ **右对齐**　将文本右对齐，起始点在文本的右侧。
- ❏ **左上**　指定标注文本左上角点。
- ❏ **中上**　指定标注文本顶端中心点。
- ❏ **右上**　指定标注文本右上角点。
- ❏ **左中**　指定标注文本左端中心点。
- ❏ **正中**　指定标注文本中央的中心点。
- ❏ **右中**　指定标注文本右端中心点，如图 8-6 所示。
- ❏ **左下**　指定标注文本左下角点，确定与水平方向的夹角为文本的旋转角，则过该点的直线就是标注文本中最低字符的基线。
- ❏ **中下**　指定标注文本底端的中心点。
- ❏ **右下**　指定标注文本右下角点。

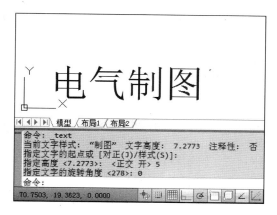

图 8-5　创建单行文本

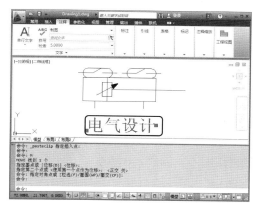

图 8-6　【右中】选项绘制

3. 样式

通过定义文字样式，可将当前图形中已定义的某种文字样式设置为当前文字样式。在命令行中输入字母"S"，然后输入文字样式的名称，则输入的单行文字将按照该样式显示。

提　示

当再次执行该命令时，如果在"指定文字的起点"提示下按 Enter 键，则将跳过输入高度和旋转角度的提示，可直接在上一命令的最后一行文字对应对齐点位置输入文字。

8.2.2　编辑单行文本

编辑单行文本包括文字的内容、对正方式以及缩放比例。执行菜单栏中的【修改】>【对象】>【文字】命令，即可进行相应的设置。

在【文字】扩展列表中有【编辑】、【比例】和【对正】三种修改命令，其含义如下。

- ❑ **编辑**　选择该命令，在绘图区中单击要编辑的单行文字，当进入文字编辑状态，即可重新输入文本内容。
- ❑ **比例**　选择该命令，在绘图区中单击要编辑的单行文字，根据命令行中的提示，选择缩放的基点以及指定高度、匹配对象或缩放比例等。如选择基点为中上，指定新模型高度为 140，按 Enter 键即可，如图 8-7 和图 8-8 所示。

图 8-7　高度为 **200** 的单行文字

图 8-8　高度为 **140** 的单行文字

❑ **对正** 选择该命令，在绘图区中单击要编辑的单行文字，其后在命令行中选择文字的对正模式。

8.2.3 输入特殊字符

输入单行文字时，用户还可以在文字中输入特殊字符，如直径符号"Φ"，百分号"％"，正负公差符号"±"，文字的上划线、下划线等，但是这些特殊符号一般不能由键盘直接输入，因此，AutoCAD 提供了相应的控制符，以实现这些标注要求。常见字符代码如下。

❑ **%%O** 打开或关闭文字上划线。
❑ **%%U** 打开或关闭文字下划线。
❑ **%%D** 标注度（°）符号。
❑ **%%P** 标注正负公差（±）符号。
❑ **%%C** 直径（∅）符号。
❑ **%%%** 百分号（%）符号。
❑ **\U+2220** 角度（∠）。
❑ **\U+2260** 不相等（≠）。
❑ **\U+2248** 几乎等于（≈）。
❑ **\U+0394** 差值（△）。

8.3 添加多行文本

多行文本包含一个或多个文字段落，可作为单一的对象处理。在输入文字标注之前需要先指定文字边框的对角点，文字边框用于定义多行文字对象中段落的宽度。

设置完文字样式后就可以进行多行文字标注，执行【注释】>【文字】>【多行文字】命令，然后在绘图窗口中，框选出多行文字的区域范围，如图 8-9 所示。此时即可进入文字编辑文本框，输入相关文字，如图 8-10 所示。然后单击绘图窗口空白处，即可完成多行文字操作。

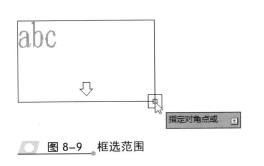

图 8-9 框选范围　　　　图 8-10 输入文字

8.3.1 设置多行文本样式和格式

在 AutoCAD 2012 中，在多行文字编辑器中可以设置文本样式，双击已创建的多行文字，进入多行文字编辑器面板，在【样式】选项板中，可以选择文字样式和高度的设置。在【格式】选项板中设置文字字体、颜色和背景遮罩，以及是否加粗、倾斜或加下划线等设置，如图 8-11 所示。

8.3.2 设置多行文本段落

如果在添加文字之前，或在输入文字过程中发现文字段落不符合设计要求，可在【段落】选项板中单击相应按钮调整段落的放置方式。

1．设置对正方式

单击【对正】下拉按钮，将显示各对正列表项，可选择相应列表项修改对正方式，也可单击下方的 6 个常用对齐按钮修改对正方式。

2．添加项目符号和编号

当输入的多行文字包含多个并列内容时，可单击【项目符号和编号】下拉按钮，并在打开的列表中选择项目符号和编号方式，可以为新输入或选定的文本创建带有字母、数字编号或项目符号标记形式的列表。选中要添加项目符号的文本，然后选择【以字母标记】>【小写】选项并调整多行文字放置方式的效果，如图 8-12 所示。

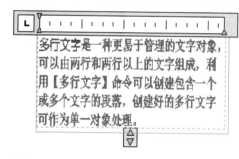

图 8-11　设置文本格式

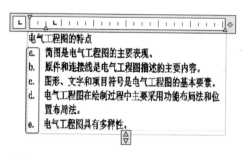

图 8-12　添加字母符号

3．修改段落

单击【段落】选项板右下角的按钮，可在打开的【段落】对话框中设置缩进和制表位位置，如图 8-13 所示。

在该对话框中，【制表位】选项组中可以设置制表位的位置，单击【添加】按钮可以设置新制表位，单击【删除】按钮可以清除列表框中的所有位置；在【左缩进】选项组的【第一行】文本框和【悬挂】文本框中，可以设置首行和段落的左缩进位置；在【右缩进】选项组的【右】文本框中可以设置段落右缩进的位置。

4．利用标尺设置段落

标尺显示当前段落的位置，其中滑块显示左缩进。拖动标尺上的首行缩进滑块，可设置段落的首行缩进；拖动段落缩进滑块，可设置段落其他的缩进，如图 8-14 所示。

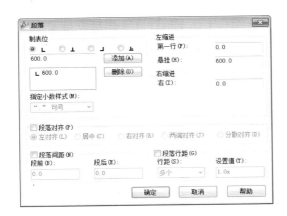

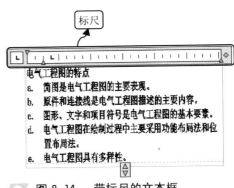

图 8-13　【段落】对话框　　　　　　　　图 8-14　带标尺的文本框

提　示

在多行文字输入窗口的空白处右击，将打开多行文字的选项菜单，可以对多行文字进行更多的设置。

8.3.3　调用外部文本

在 AutoCAD 2012 中，可以在文字输入框中直接输入多行文字，也可以直接调用外部文本。

选择【多行文字】命令，在绘图区中创建多行文字输入框，在文字输入框内单击鼠标右键，在弹出的快捷菜单中选择【输入文字】命令，如图 8-15 所示。打开【选择文件】对话框，选择所需插入的文本文件，单击【打开】按钮，即可完成外部文本的插入，如图 8-16 所示。

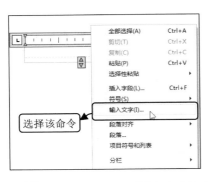

图 8-15　选择【输入文字】命令　　　图 8-16　【选择文件】对话框

8.3.4　查找与替换文本

使用查找命令可以查找单行文字和多行文字中的指定字符，并可对其进行替换操作。在菜单栏中选择【编辑】>【查找】命令，打开【查找和替换】对话框，如图 8-17

所示。

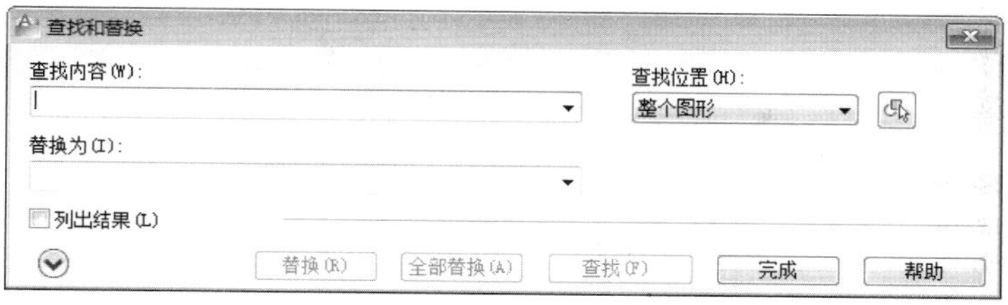

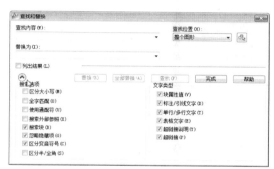

图 8-17 【查找和替换】对话框

在【查找和替换】对话框中，各主要选项的含义如下。

- **查找内容** 用于确定要查找的内容，可以输入要查找的字符，也可以直接选择已存的字符。
- **替换为** 用于确定要替换的新字符。单击【更多选项】按钮⊙，显示更多的搜索选项和文字类型，如图 8-18 所示，可以确定查找和替换的字符类型。
- **查找位置** 用于确定要查找的范围，用户可以在【选定的对象】、【整个图形】以及【当前空间/布局】3个选项中进行选择，也可通过单击【选择对象】按钮，在绘图区中直接选择。

图 8-18 打开【更多选项】按钮

- **查找** 用于在设置的查找范围内查找下一个匹配的字符。
- **替换** 用于将当前查找的字符替换为指定的字符。
- **全部替换** 用于对查找范围内所有匹配的字符进行替换。

8.4 使用字段

字段是包含说明的文字，这些说明用于显示可能会在图形制作和使用过程中需要修改的数据。

8.4.1 插入字段

字段可以插入到任意种类的文字（公差除外）中，其中包括表单元、属性和属性定义中的文字。要在文字中插入字段，可在文字中双击鼠标左键，进入多行文字编辑器窗口，将光标放在要显示字段文字的位置，然后单击鼠标右键，在弹出的快捷菜单中选择【插入字段】命令，打开【字段】对话框，如图 8-19 所示，从中选择合适的字段即可。

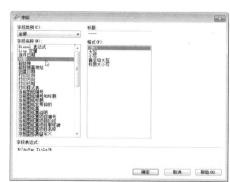

图 8-19 【字段】对话框

【字段类别】下拉列表框中的选项用来控制所显示文字的外观，例如，日期字段的格式中包含一些用来显示星期几和时间的选项，而命名对象字段的格式中包含大小写选项。

字段文字所使用的文字样式与其插入到的文字对象所使用的样式相同。默认情况下，在 AutoCAD 中的字段将使用浅灰色进行显示。

8.4.2 更新字段

字段更新时，将显示最新的值。可以单独更新字段，也可以在一个或多个选定文字对象中更新所有字段。在 AutoCAD 2012 中，更新字段有以下 3 种操作方法。

- ❏ 进入多行文字编辑器窗口，在文字输入框中单击鼠标右键，在弹出的快捷菜单中选择【更新字段】命令。
- ❏ 在命令行中输入 UPDSTEFIELD，并选择包含要更新字段的对象，然后按 Enter 键，选定对象中的所有字段都将被更新。
- ❏ 在命令行中输入 FIELDEVAL，然后输入任意一个位码，该位码是下面介绍的常用标注控制符中任意值的和。例如，要在打开、保存或打印文件时更新字段，可输入 7。

  - ➢ **0 值** 不更新。
  - ➢ **1 值** 打开时更新。
  - ➢ **2 值** 保存时更新。
  - ➢ **4 值** 打印时更新。
  - ➢ **8 值** 使用 ETRANSMIT 时更新。
  - ➢ **16 值** 重生成时更新。

8.5 添加表格

表格的使用能够帮助用户更清晰地表达一些统计数据。在实际的绘图过程中，由于图形类型的不同，使用的表格以及该表格表现的数据信息也不同。

8.5.1 设置表格样式

在创建文字前应先创建文字样式，同样的，在创建表格前，应先创建表格样式，并通过管理表格样式，使表格样式更符合行业的需求。表格样式控制一个表格的外观，用于保证标准的字体、颜色、文本、高度和行距。用户可以使用默认表格样式 Standard，也可以创建自己的表格样式。

单击【注释】>【表格】右下角按钮，打开【表格样式】对话框，然后单击【新建】按钮，并在打开的【创建新的表格样式】对话框中输入新的表格样式名，然后在【基础样式】下拉列表中选择默认的表格样式、标准的或者任何已经创建的样式，新样式将在该样式的基础上进行修改，如图 8-20 所示。接着单击【继续】按钮，打开【新建表格样式】对话框，如图 8-21 所示。

图 8-20　输入新样式名

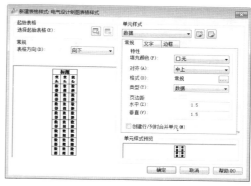

图 8-21　【新建表格样式】对话框

在【新建表格样式】对话框中可设置表格样式，在【单元样式】下拉列表框中包含
【数据】、【标题】和【表头】3 个选项，分别用于设置表格的数据、标题和表头所对应的
样式。

1．【常规】选项卡

在【常规】选项卡中，可以设置表格的填充颜色、对齐方向、格式、类型及页边距
等特性。在该选项卡中各主要选项的含义如下。

- ❑ **填充颜色**　用于设置表格的背景填充颜色。
- ❑ **对齐**　用于设置表格单元中的文字对齐方式。
- ❑ **格式**　单击其右侧的 按钮，打开【表格单元格式】对话框，用于设置表格单元格的数据格式。
- ❑ **类型**　用于设置是数据类型还是标签类型。
- ❑ **页边距**　用于设置表格单元中的内容距边线的水平和垂直距离。

2．【文字】选项卡

在【文字】选项卡中，可以设置表格单元中的文字样式、高度、颜色和角度等特性，
如图 8-22 所示。在该选项卡中各主要选项的含义如下。

- ❑ **文字样式**　选择可以使用的文字样式，单击其右侧的 按钮，可以直接在打开的【文字样式】对话框中创建新的文字样式。
- ❑ **文字高度**　用于设置表单元中的文字高度。
- ❑ **文字颜色**　用于设置表单元中的文字颜色。
- ❑ **文字角度**　用于设置表单元中的文字倾斜角度。

3．【边框】选项卡

在【边框】选项卡中，可以对表格边框进行设置，其中共包含 8 个按钮，当表格具
有边框时，还可以设置边框的线宽、线型和颜色。此外，选中【双线】复选框，还可以
再设置双线之间的间距，如图 8-23 所示。

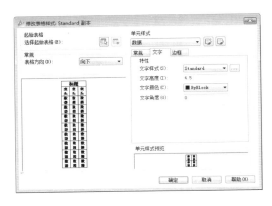

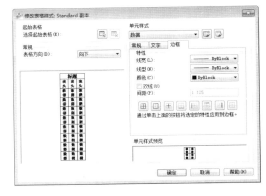

图 8-22　【文字】选项卡　　　　　图 8-23　【边框】选项卡

8.5.2　创建与编辑表格

1．创建表格

在 AutoCAD 2012 中，可以运用【插入表格】命令来创建表格，并且可以对表格中的单元格进行编辑。用户可通过以下两种方法进行创建。

❑ **使用【表格】功能面板进行创建**

执行【注释】>【表格】>【表格】命令，在打开的【插入表格】对话框中，根据需要进行创建。

❑ **通过菜单栏中的【表格】命令创建**

选择菜单栏中的【绘图】>【表格】命令，打开【插入表格】对话框，并进行创建。

执行以上任意一种方法，打开【插入表格】对话框，在【列和行设置】选项组中设置参数，如图 8-24 所示。单击【确定】按钮，根据命令行提示，指定表格插入点，在表格中添加文本信息，即可完成表格的创建，如图 8-25 所示。

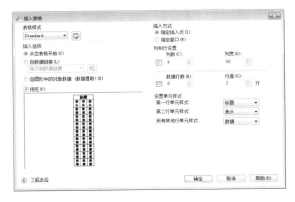

图 8-24　【插入表格】对话框

图 8-25　完成表格的创建

电气图例			
序号	名称	图例	
1	具有护板的(电源)插座		
2	三联单控扳把开关		
3	AC-控制箱字母代码		
4	C-吸顶式扬声器		
5	数据传输线路		
6	电缆桥架线路		

使用绘制表格命令创建表格时，在【插入表格】对话框中各选项的功能如下。

❑ **表格样式**　该下拉列表框用于选择表格样式。单击该下拉列表框右边的【启动表格样式对话框】按钮，将打开【表格样式】对话框，用户可以创建和修改表格样式。

❑ **从空表格开始** 选中该单选按钮，在创建表格时，将创建一个空白表格，然后用户可以手动输入表格数据。

❑ **自数据链接** 选中该单选按钮，将选择以外部电子表格中的数据来创建表格。

❑ **自图形中的对象数据（数据提取）** 选中该单选按钮，将根据当前图形文件中的文字数据来创建表格。

❑ **预览** 在选中【预览】复选框后，【预览】窗口可以显示当前表格样式的样例。

❑ **指定插入点** 选中该单选按钮，在绘图区中只需要指定表格的插入点，即可创建表格。

❑ **指定窗口** 选中该单选按钮，在插入表格时，将利用表格起点和端点的方法指定表格的大小和位置。

❑ **列数** 该微调框用于设置表格的列数。

❑ **列宽** 该微调框用于设置插入表格每一列的宽度值，当表格的插入方式为【指定窗口】时，【列数】和【列宽】只有一个选项可用。

❑ **数据行数** 该微调框用于设置插入表格时总共的数据行。

❑ **行高** 该微调框用于设置插入表格每一行的宽度值，当表格的插入方式为【指定窗口】时，【数据行数】和【行高】只有一个选项可用。

❑ **第一行单元样式** 该下拉列表框用于设置表格中第一行的单元样式。默认情况下，使用标题单元样式，也可以根据需要进行更改。

❑ **第二行单元样式** 该下拉列表框用于设置表格中所有其他行的单元样式。默认情况下，使用数据单元样式。

2．编辑表格

当创建完表格后，一般都会对表格的内容或表格的格式进行修改。可通过【表格单元】选项卡和表格夹点编辑方式进行编辑。

❑ **【表格单元】选项卡**

单击任意单元格，功能面板中将出现【表格单元】选项卡，单击相应的按钮，即可对表格进行相应的操作，如图 8-26 所示。

◯ **图 8-26** 【表格单元】选项卡

❑ **夹点编辑方式**

在对所插入的表格进行编辑时，不仅可以对整体的表格进行编辑，还可以对表格中的各单元进行相应的编辑修改，在表格上单击任意网格线即可选中该表格，同时表格上将出现用于编辑的夹点，然后通过拖动夹点即可对该表格进行编辑操作，如图 8-27 所示。

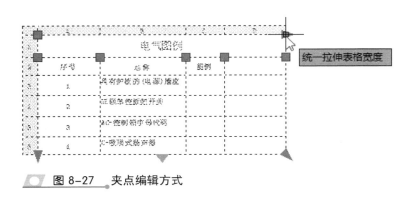

图 8-27 夹点编辑方式

8.5.3 调用外部表格

在 AutoCAD 2012 中,可以从 Microsoft Excel 中直接复制表格,并将其作为 AutoCAD 表格对象粘贴到图形中,也可以从外部直接导入表格对象。

打开【插入表格】对话框,选中【自数据链接】单选按钮,单击下拉列表框右侧的按钮,打开【选择数据链接】对话框,然后选择【创建新的 Excel 数据链接】选项,打开【输入数据链接名称】对话框,输入名称,如图 8-28 所示。然后单击【确定】按钮,打开【新建 Excel 数据链接】对话框,单击【浏览文件】按钮,如图 8-29 所示。在打开的【另存为】对话框中,选择所需调入的文件,选择好后,单击【打开】按钮。最后在【新建 Excel 数据链接】对话框中,依次单击【确定】按钮,并在绘图区指定表格位置,即可完成。

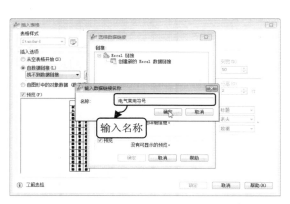

图 8-28 输入名称

图 8-29 单击【浏览文件】按钮

8.6 课堂练习

8.6.1 绘制调频器电路

下面通过绘制调频器电路来介绍简单电子设计中典型调频器电路的绘制方法。其中主要介绍了直线、矩形、箭头、圆弧、修剪等命令。绘制步骤如下。

1 启动 AutoCAD 2012 软件，将文件命名存为"调频器电路.dwg"。执行【常用】>【注释】>【表格】命令，打开【插入表格】对话框，如图 8-30 所示。

2 在【插入表格】对话框中，设置行数与列数，并设置其宽度和高度等选项，如图 8-31 所示。

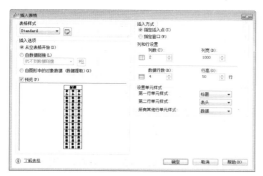

図 8-30　【插入表格】对话框

図 8-31　设置参数

3 设置好后，单击【确定】按钮，在绘图窗口中指定插入点，然后输入数据，如图 8-32 所示。

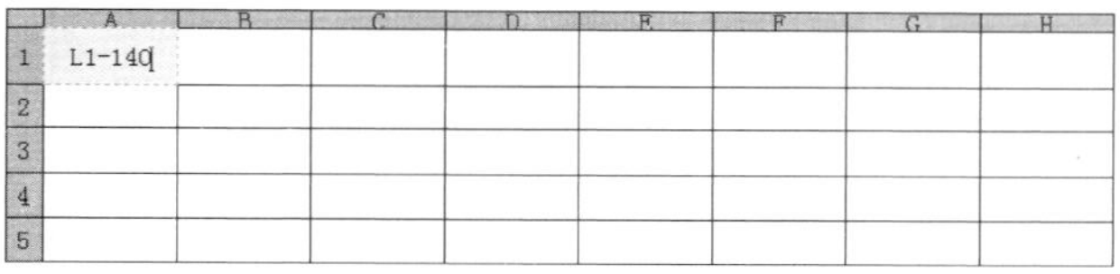

図 8-32　输入数据

4 将数值输入完毕后的最终效果如表 8-1 所示。

表 8-1　线名及长度

LI-140	L8-40	L4-40	L4-40	L5-24	L6-40	L7-80	L8-40
L9-40	L10-240	L11-135	L18-115	L18-115	L14-90	L15-90	L16-40
L17-53	L18-49	L19-65	L20-45	L21-40	L28-28	L28-37	L24-54
L25-47	L26-17	L27-25	L28-28	L29-70	L30-70	L31-30	L38-30
L38-20	L34-29	L35-40	L36-40	L37-40	L38-25		

5 根据表 8-1 提供的线段长度绘制电路线路框架，如图 8-33 所示。

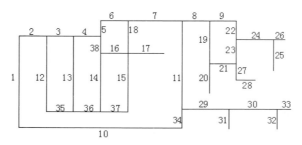

図 8-33　绘制线路框架

6 执行【矩形】命令，在线段 1 上绘制长宽分别为 5 和 15 的矩形，如图 8-34 所示。

7 执行【复制】命令，将刚绘制的矩形进行复制，并放置到合适的位置，如图 8-35 所示。

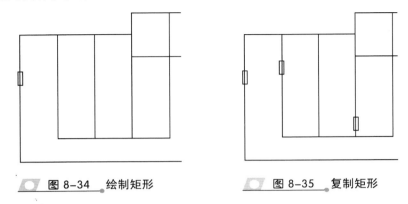

图 8-34　绘制矩形　　　　　　图 8-35　复制矩形

8 执行【直线】命令，在线段 13 上绘制两条长度均为 7.5 的水平直线，如图 8-36 所示。

9 执行【复制】·命令，将刚绘制的水平直线进行复制，并放置到合适的位置，如图 8-37 所示。

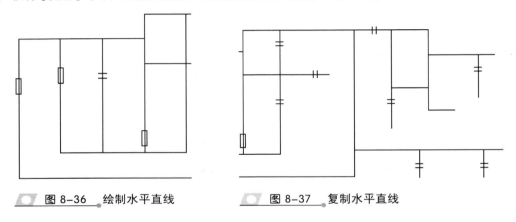

图 8-36　绘制水平直线　　　　　图 8-37　复制水平直线

10 执行【矩形】命令，绘制一个长宽分别为 16 和 3 的矩形，如图 8-38 所示。

11 执行【圆】、【复制】命令，以矩形的左上角为基点向右捕捉距离为 2 的圆心点，绘制半径为 2 的圆。然后向右依次复制，如图 8-39 所示。

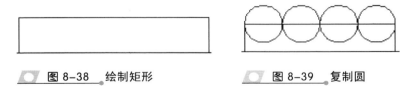

图 8-38　绘制矩形　　　　　　图 8-39　复制圆

12 执行【修剪】和【分解】命令，以矩形为剪切边，对圆进行修剪，然后将矩形分解并删除上边。电感绘制完毕，如图 8-40 所示。

13 执行【复制】、【旋转】命令，对电感进行复制，并旋转 90 度放置到合适位置，如图 8-41 所示。

14 执行【常用】>【块】>【插入】命令，将第 1 章中绘制的半导体器件的二极管和三极管插入到图形当中，打开【插入】对话框，单击【浏览】按钮，打开【选择图形文件】对话框并选择图形文件，单击【打开】按钮，如图 8-42 所示。

15 返回到【插入】对话框，单击【确定】按钮，即可将图形插入到绘图窗口中，如图 8-43 所示。

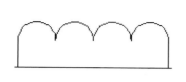

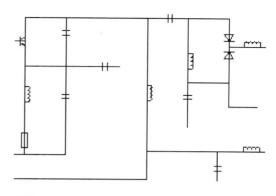

图 8-40　修剪圆　　　　　　　　　图 8-41　复制电感

图 8-42　【选择图形文件】对话框　　图 8-43　【插入】对话框

16　执行【插入】命令，将三极管也插入图形当中，然后将两个图形进行比例缩小，比例值为 0.25，
　　将三极管移至合适的地方，如图 8-44 所示。

17　执行【旋转】和【镜像】命令，将二极管进行 90 度旋转，并对其进行镜像复制，如图 8-45 所示。

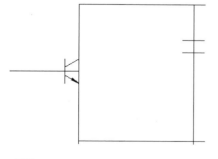

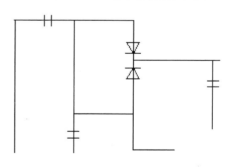

图 8-44　插入三极管　　　　　　　图 8-45　插入二极管

18　执行【圆】命令，启动【对象捕捉】和【对象捕捉追踪】模式，以线段端点为基点水平向右 1.8
　　捕捉圆心，为电路引线端添加半径为 1.8 的圆端标识，如图 8-46 所示。

19　执行【直线】命令，为电路添加地符号，即水平线段，长度为 8，如图 8-47 所示。

20　执行【修剪】命令，将电路中多余的线段修剪掉，如图 8-48 所示。

21　单击【注释】>【文字】右下角按钮，打开【文字样式】对话框，对字体、高度进行设置，然后
　　单击【应用】、【置为当前】和【关闭】按钮即可，如图 8-49 所示。

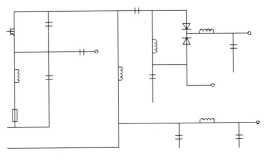

图 8-46 添加圆端标识

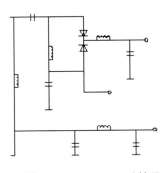

图 8-47 添加地符号

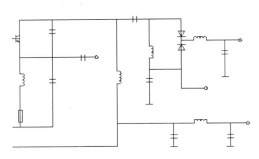

图 8-48 修剪效果

图 8-49 【文字样式】对话框

22 执行【多行文字】命令，在合适的地方添加文字，如图 8-50 所示。至此调频电路图绘制完毕，保存即可。

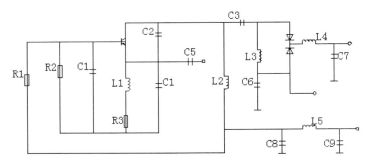

图 8-50 调频器电路图

8.6.2 绘制厂房消防报警系统图

下面将要绘制的是厂房消防报警系统图。先绘制消防控制室图，然后绘制其中一层的消防控制结构图，绘制完一层后进行复制，修改得到其他三层的消防控制结构图，最后将这几部分连接起来即可。具体步骤如下。

1 执行【矩形】和【多行文字】命令，绘制 5 个矩形，主要表示它们之间的位置关系，然后在矩形内添加文本，字体为宋体，字高为 3，如图 8-51 所示。

2 执行【矩形】和【直线】命令，绘制一个边长为 5 的正方形，然后在正方形内绘制折线，直线的
尺寸为 1.5、3、1.5，如图 8-52 所示。

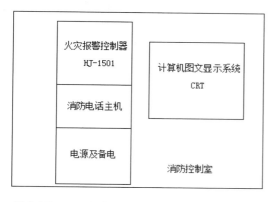

图 8-51　消防控制室结构示意图

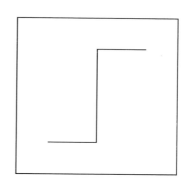

图 8-52　绘制正方形和直线

3 执行【旋转】命令，将折线部分以正方形的中心为轴，逆时针旋转 45 度，如图 8-53 所示。感烟
探测器图绘制完成。

4 执行【矩形】和【圆】命令，绘制一个边长为 5 的正方形，在正方形内绘制半径为 1.5 的大圆和
半径为 0.5 的小圆，大圆的圆心到上、左两边的距离为 1 和 2.5，小圆的圆心到下、左两边的距
离为 1 和 1.5，如图 8-54 所示。

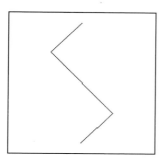

图 8-53　感烟探测器图

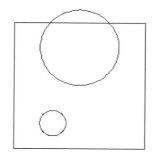

图 8-54　绘制正方形和圆

5 执行【直线】和【修剪】命令，在大圆的下端点向下绘制一条竖直直线，然后使用【修剪】命令，
修剪多余的部分，如图 8-55 所示。带电话插口手报图绘制完成。

6 执行【矩形】和【多行文字】命令，绘制边长为 2 的正方形，然后在其内部添加文本，C 为控制
模块，M 为输入模块，如图 8-56 所示。

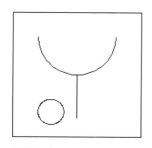

图 8-55　带电话插口手报图

图 8-56　控制模块和输入模块图

7 执行【直线】、【偏移】和【修剪】命令，绘制一条长度为 9 的水平直线，将水平线向上偏移 5，然后以底部直线的左端点为起点，绘制与 X 轴成 70 角的直线，并将其镜像复制，如图 8-57 所示。

8 执行【矩形】和【直线】命令，在梯形内部绘制边长为 2 的正方形，在正方形旁绘制不规则四边形，如图 8-58 所示。声光警报器绘制完成。

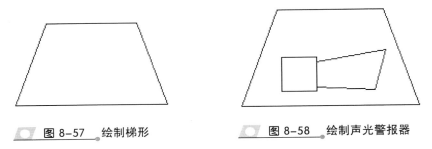

图 8-57　绘制梯形　　　　　　　图 8-58　绘制声光警报器

9 执行【矩形】和【直线】命令，绘制边长分别为 16 和 8 的矩形，然后绘制中垂线，如图 8-59 所示。

10 执行【矩形】和【多行文字】命令，绘制边长为 5 的正方形，在正方形内添加 Dg 文本，字体的高度为 2.5，如图 8-60 所示。

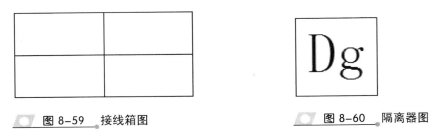

图 8-59　接线箱图　　　　　　　图 8-60　隔离器图

11 执行【多段线】和【移动】等命令，绘制宽度为 0.5 的多段线，将绘制好的部件连接起来，如图 8-61 所示。

12 执行【直线】和【多行文字】命令，添加字体标注，如图 8-62 所示。

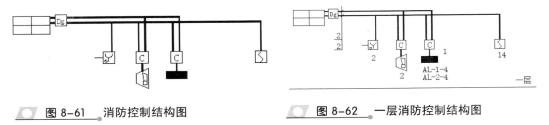

图 8-61　消防控制结构图　　　　图 8-62　一层消防控制结构图

13 执行【复制】命令，复制出其他三部分，双击文字修改标识，如图 8-63 所示。

14 执行【直线】和【移动】等命令，用直线将各个部分组合完整，如图 8-64 所示。

8.6.3　绘制楼房照明系统图

　　下面绘制楼房照明系统图。首先绘制一个配电箱系统图，然后通过复制，修改已生成的其他配电箱系统图，在绘制配电箱系统图时，首先使用多段线命令绘制出照明配电箱的出线口，然后等分线段，其次绘制一个回路，然后进行回路复制。具体操作步骤如下。

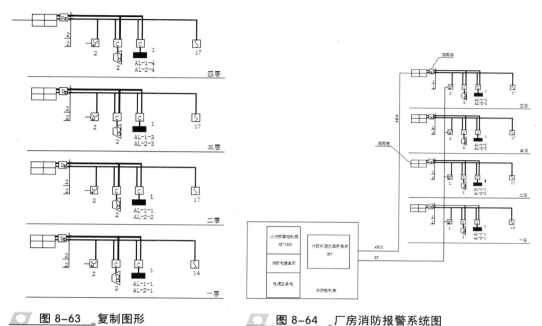

图 8-63 复制图形　　　　　　　　　**图 8-64** 厂房消防报警系统图

1 执行【矩形】命令，绘制一个长宽分别为 800 和 550 的矩形，选取矩形，将线型设置为 ACAD_ISO03W100，如图 8-65 所示。

2 执行【分解】和【定数等分】命令，将矩形进行分解，接着选取矩形的一条边进行等分。然后右击状态栏中的【对象捕捉】按钮，在弹出的快捷菜单中选择【设置】命令，打开【草图设置】对话框，选中【节点】复选框，如图 8-66 所示。定数等分的命令行提示内容如下。

```
命令: _divide
选择要定数等分的对象:                                      (选择矩形的上边)
输入线段数目或 [块(B)]: 3                                       (输入 3)
```

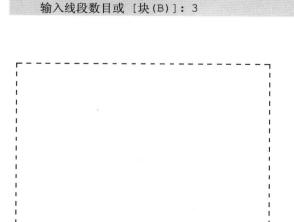

图 8-65 绘制矩形　　　　　　　　　**图 8-66** 【草图设置】对话框

3 执行【直线】命令，在矩形上边捕捉节点，如图 8-67 所示。至此定位辅助线绘制完毕。

4 执行【多段线】命令，绘制一条竖直多段线，启动【极轴追踪】模式，设置增量角为 45 度，如图 8-68 所示。命令行提示内容如下。

```
命令：_pline
指定起点：40                      （在矩形的左上角引出的-45 度追踪线上的 40 处确定起点）
当前线宽为 0.0000
指定下一个点或 [圆弧(A)/半宽(H)/长度(L)/放弃(U)/宽度(W)]：w      （选择【宽度】选项）
指定起点宽度 <0.0000>：0.7                                        （输入 0.7）
指定端点宽度 <0.7000>：                                        （按 Enter 键）
指定下一个点或 [圆弧(A)/半宽(H)/长度(L)/放弃(U)/宽度(W)]：<正交 开>
                                                （在左下角的 45 度追踪线上确定）
指定下一点或 [圆弧(A)/闭合(C)/半宽(H)/长度(L)/放弃(U)/宽度(W)]：（按 Enter 键）
```

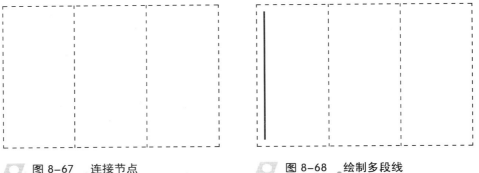

图 8-67　连接节点　　　　　　　　　　图 8-68　绘制多段线

5 执行【多段线】命令，绘制另外两条多段线，如图 8-69 所示。至此配电箱出线口绘制完成。

6 执行【直线】命令，以多段线的上端点为起点向右绘制长度为 50 的水平直线，然后以其右端点为基点在追踪线 25 处为起点，向右绘制长度为 100 的水平直线，如图 8-70 所示。

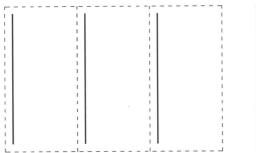
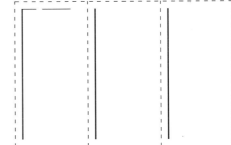

图 8-69　绘制多段线　　　　　　　　　　图 8-70　绘制直线

7 执行【直线】命令，设置【极轴追踪】的增量角为 15 度，以长度为 100 的直线的左端点为起点，在 195 度追踪线上向左移动鼠标，使之与竖向追踪线出现交点为终点，如图 8-71 所示。

8 执行【矩形】和【多段线】命令，绘制一个边长为 5 的正方形，然后用多段线连接其对角线，线宽为 0.5，如图 8-72 所示。

9 执行【删除】和【移动】命令，删除刚绘制的外围矩形，以对角线的中点为基点将其移至合适的位置，如图 8-73 所示。

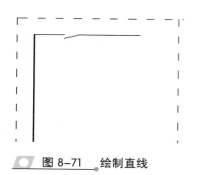

图 8-71 绘制直线

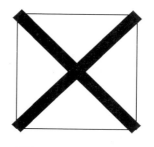

图 8-72 绘制多段线

10 执行【多行文字】命令,根据命令行提示将字高设置为 5,进行添加文本,如图 8-74 所示。

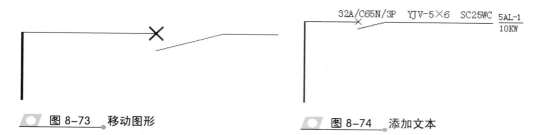

图 8-73 移动图形

图 8-74 添加文本

11 执行【定数等分】和【复制】命令,将最左侧的多段线定数等分,线段数目为 14,然后复制已经绘制好的回路与文字,如图 8-75 所示。

12 双击所要修改的文字,在编辑框中输入要修改的内容,单击空白处即可,如图 8-76 所示。

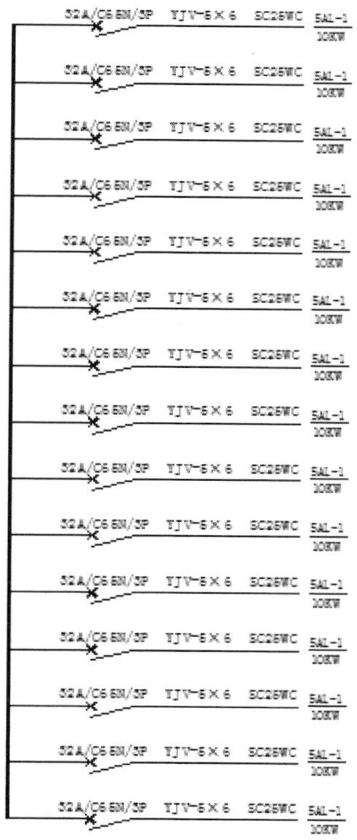

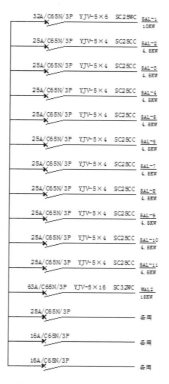

图 8-75 复制回路

图 8-76 修改文本

13　执行【复制】和【修剪】命令，将绘制好的第一个配电箱的各个回路复制到其他配电箱中，然后删除第 2 个区域的上下 4 条回路，并对竖直多段线进行修剪，如图 8-77 所示。

14　修改第 2 区域的上两端回路的文字标注，并删除其余回路的的文字，选取第 2 条回路文本向下复制 7 份，如图 8-78 所示。

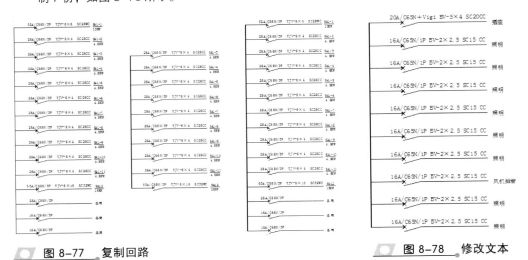

图 8-77　复制回路　　　　　　　　　　　　　　　　　图 8-78　修改文本

15　执行【椭圆】命令，绘制漏电断路器，如图 8-79 所示。命令行提示内容如下。

```
命令：_ellipse
指定椭圆的轴端点或 [圆弧(A)/中心点(C)]：_c
指定椭圆的中心点：                                    （在断路器右侧选一点）
指定轴的端点：3                                        （光标向上输入 3）
指定另一条半轴长度或 [旋转(R)]：2                      （光标向左输入 2）
```

16　接下来修改第 3 区的配电箱，执行【修剪】和【复制】命令，将多余的回路进行修剪和删除，并复制漏电断路器至合适的位置，并修改文本，如图 8-80 所示。

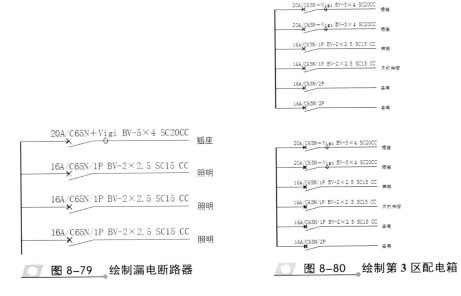

图 8-79　绘制漏电断路器　　　　　　　　　　　　　　图 8-80　绘制第 3 区配电箱

17 执行【复制】命令，复制图8-73中的图形一份，进行修改，并放置到各个竖直多段线的中点处，如图8-81所示。

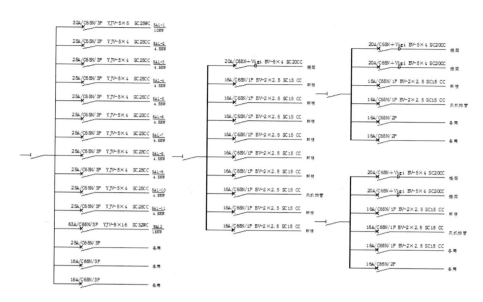

图 8-81 配置隔离开关

18 执行【多行文字】命令，在隔离开关上标注文本，并分别标注各个配电箱的名字，如图 8-82 所示。

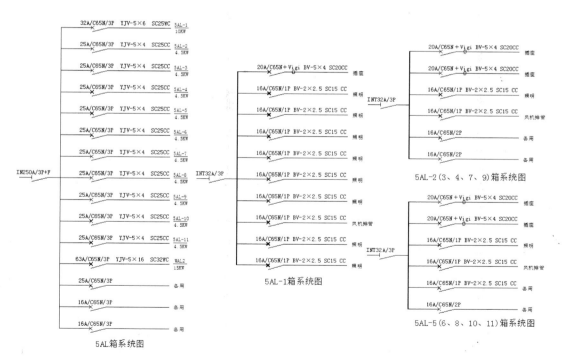

图 8-82　标注配电箱名称

一、填空题

1．用 TEXT 命令输入文字时，若在命令提示区输入"%%P0.2"，则在屏幕绘图区显示为_____。

2．【文字样式】对话框中可以控制文字效果的选项是_____、_____和_____。

3．用户可以调整表格的_____和_____的大小。

二、选择题

1．多行文字分解后，将会是_____。

A．单行文字　　B．多行文字

C．多个文字　　D．系统提示不可分解

2．以下哪些方法不可能打开多行文字命令_____。

    A．执行菜单栏的【绘图】工具栏中的【多行文字】命令

    B．执行【注释】选项卡下的【文字】选项板中的【多行文字】命令

    C．执行【标注】工具栏中的【多行文字】命令

    D．在命令行中输入 MTEXT 命令

3．定义文字样式时，符合国标 GB 要求的大字体是_____。

    A．gbcbig.shx　　B．chineset.shx

    C．txt.shx　　　 D．bigfont.shx

三、上机实训

1．绘制 A3 幅面的标题栏，如图 8-83 所示。

操作提示：先设置表格样式，然后插入空表格，并调整列宽，最后输入文字和数据。

2．绘制抽水机线路图，如图 8-84 所示。

操作提示：先绘制供电电路图，然后绘制自动抽水控制电路图，最后将供电电路图和自动抽水控制电路图组合到一起，添加文字注释。

图 8-83　A3 幅面的标题栏

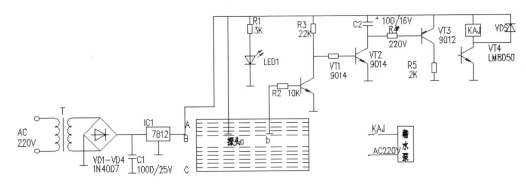

图 8-84　抽水机线路图

第 9 章

使用图块及外部参照

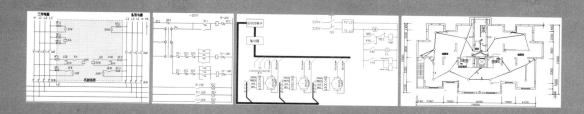

在绘制图形的过程中，常常需要绘制相同的图形。绘制这些相同图形时，如果是在一个文件中使用，可以使用复制等编辑命令；如果在不同的文件中使用，则可以先将其定义为图块，再通过插入图块的方法快速完成相同以及相似图形的绘制。

本章主要介绍插入图块、编辑图块属性、使用外部参照、使用设计中心、设置动态块等内容。

本章学习要点：

➢ 掌握图块的插入

➢ 掌握编辑图块属性

➢ 掌握外部参照的使用

➢ 掌握设计中心的使用

➢ 了解动态图块的设置

图块是一个或多个图形对象组成的对象集合，它是一个整体，多用于绘制重复或复杂的图形。将几个对象组合成图块后，则可根据绘图的需要将这组对象插入到绘图区中，并可对图块进行不同比例和角度的旋转等操作。

9.1.1 创建图块

1. 创建内部图块

使用【块定义】工具创建的图块将保存在定义该块的图形中，因此只能在当前文件中使用该图块，其他文件无法调用。也就是说，将一个或多个对象定义为新的单个对象，定义的新的单个对象即为块，块保存在图形文件中，故又称内部块。

执行【绘图】>【块】>【创建】命令，将打开【块定义】对话框，如图 9-1、图9-2 所示。

在【块定义】对话框中各主要选项的含义如下。

图 9-1 单击【创建】按钮

图 9-2 【块定义】对话框

❑ **名称** 该下拉列表框用于指定块的名称，用户可以在其中输入图块的名称，最多可以包含 255 个字符，包括字母、数字、空格等。当图形中包含多个图块时，还可以在下拉列表框中选择已有的图块。

❑ **基点** 该选项组用于指定图块的插入基点。系统默认图块的插入基点值为（0，0，0），用户可直接在 X、Y 和 Z 文本框中输入相对应的坐标数值，也可以单击【拾取点】按钮，切换到绘图区中指定基点。

❑ **对象** 该选项组用于指定新块中要包含的对象，以及创建块之后如何处理这些对象，是否保留还是删除选定的对象，或者是将它们转换成块实例。

❑ **设置** 该选项组用于指定图块的设置。

❑ **方式** 该选项组中可以设置插入后的图块是否允许被分解、是否统一比例缩放等。

❑ **在块编辑器中打开** 选中该复选框，当创建图块后，在块编辑器窗口中进行"参数"、"参数集"等选项的设置。

❑ **说明** 该列表框用于指定图块的文字说明，在该列表框中，可以输入当前图块说明部分的内容。

创建块则是将已有的图形定义成块的过程。用户可以创建自己的块，也可以使用设计中心和工具选项板提供的块。

2. 创建外部图块

存储图块是将块、对象或者某些图形文件保存到独立的图形文件中，又称为外部块。外部块与内部图块的区别是创建的图块作为独立文件保存，可以插入到任何图形文件中去，并可以对图块进行打开和编辑。

在命令行中输入"WBLOCK"或"W"命令，并按 Enter 键，将打开【写块】对话框，如图 9-3 所示。

【写块】对话框提供了 3 种指定源文件的方式。选择【块】单选按钮，表示选择新图形文件由块创建，此时在右侧的下拉列表框中指定块，并在【目标】选项组中指定一个图形名称及其具体位置即可；若选择【整个图形】单选按钮，则表示系统将使用当前的全部图形创建一个新的图形文件；如果选择【对象】单选按钮，选择一个或多个对象以输出到新的图形中。

9.1.2 插入图块

创建图块之后，便可以根据情况调入图块，以快速完成图形的绘制，通过插入命令可以插入内部及外部图块。在中文版 AutoCAD 2012 中，插入图块有以下 3 种方法。

- ❏ 在命令行中输入"INSERT"命令并按 Enter 键。
- ❏ 在菜单栏中执行【插入】>【块】命令。
- ❏ 单击【常用】>【块】>【插入】按钮。

通过以上方法，均可打开【插入】对话框，如图 9-4 所示。在其中可以插入内部图块和外部图块，在该对话框中的各功能选项如下。

- ❏ **名称** 在该下拉列表框中可选择或直接输入要插入图块的名称。
- ❏ **插入点** 选中【在屏幕上指定】复选框，由绘图光标在当前图形中指定图块插入位置；取消选中该复选框，可分别在 X、Y、Z 文本框中指定图块插入点的具体坐标。

图 9-3 【写块】对话框

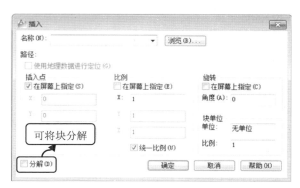

图 9-4 【插入】对话框

□ **比例** 选中【在屏幕上指定】复选框，插入图块时，将在命令提示行中出现提示信息后用于指定各个方向上的缩放比例；取消选中该复选框，则在该选项组的 3 个文本框中输入图块 X、Y、Z 方向上的缩放比例；选中【统一比例】复选框，则将图块进行等比例缩放。

□ **旋转** 选中【在屏幕上指定】复选框，可以在插入图块时，根据命令提示行的提示设置旋转角度；取消选中该复选框，则【角度】文本框可用，用于设置图块插入到绘图区时的旋转角度。

□ **分解** 该复选框用于指定插入图块时，是否将其分解为原有的组合实体，而不再作为一个整体。

9.1.3 修改图块

若插入的图块不符合用户需求时，可将该图块进行修改。通常在插入图块后，需将该图块进行分解操作。因为在图形中使用的图块是作为单个对象处理，如果要进行修改，只能对整个块进行修改，所以必须使用【分解】命令，将图块分解后再进行编辑和修改。

在 AutoCAD 2012 中，若想将 CAD 图块进行分解，可通过以下两种方法操作。

□ **在【插入】对话框中进行操作**

用户可在【插入】对话框中选中【分解】复选框，然后单击【确定】按钮，此时所插入的块仍保持原来的形式，但可对其中某个对象进行修改。

□ **使用【分解】命令**

执行【修改】>【分解】命令，或在命令行中输入"X"快捷命令，按 Enter 键，即可将块分解为多个对象，并进行修改编辑。

9.2 编辑图块属性

图块的属性是图块的一个组成部分，它是块的非图形的附加信息，包含于块的文字对象中。图块的属性可以增加图块的功能，文字信息又可以说明图块的类型、数目等。

9.2.1 创建与附着属性

在绘图过程中，为图块指定了属性，并将属性与图块重新定义为一个新的图块后，则该块特征将成为属性块。创建块的属性需要定义属性模式、标记、提示、属性值、插入点和文字设置等。

1. 属性定义

在定义一个图块时，属性必须预先定义而后再被选定。可创建几个不同的属性，在定义之后将它们加入到一个图块中。

创建图块后，执行【插入】>【块定义】>【定义属性】命令，将打开【属性定义】

对话框，如图 9-5 所示。按照如下所述的方法定义属性参数，设置完成后指定插入位置，
并将其标记插入到当前视图当中。使用相同的
方法可设置多个块属性。

图 9-5 【属性定义】对话框

❑ **模式**

该选项组用于定义块属性模式，其中【不
可见】复选框用于确定插入块后是否显示其属
性值；【固定】复选框用于设置属性是否为固
定值；【验证】复选框用于验证所输入的属性
是否正确；【预设】复选框用于确定是否将属
性值直接预置成默认值；【多行】复选框是使
用多段文字来标注块的属性值。

❑ **属性**

要使块属性成为图形中的一部分，就需要
在该选项组中定义 3 项内容。属性标记实际上
是属性定义的标识符，并显示在属性的插入位
置处；块属性提示是在插入带有可变的或预置的属性值的块参照时系统显示的提示信息。

❑ **插入点**

在该选项组中指定图块属性的显示位置。选中【在屏幕上指定】复选框，可以用鼠
标在图形上指定属性值的位置。取消选中该复选框，可以直接输入决定属性值在图块上
的位置坐标值。

❑ **在上一个属性定义下对齐**

选中该复选框表示该属性将继承前一次定义的属性的部分参数，如插入点、对齐方
式、字体、字高及旋转角度。该复选框仅在当前图形文件中已有属性设置时有效。

❑ **文字设置**

该选项组主要用来定义属性文字的对正方式、文字样式和高度，以及是否旋转文字
等参数。其中在【文字样式】下拉列表中选择属性所要采用的文字样式。在【文字高度】
文本框中指定属性的高度，也可单击文本框右侧的按钮，在绘图区以失去两点的方式
来指定属性高度。

此外，在【旋转】文本框中指定属性的旋转角度，也可单击文本框右侧的按钮，
以拾取两点的方式来指定属性旋转角度。

2．创建属性块

在新建块属性后，接着利用【创建块】工
具框选标记及对应线性对象创建为块，就是将
块和块属性定义为一个图块，即可完成带属性
块的创建。

定义属性块后，将打开【编辑属性定义】
对话框，此时直接在对应的文本框中输入数值，
单击【确定】按钮，即可获得由新定义的文本
信息替代原来文本的属性块，如图 9-6 所示。

图 9-6 【编辑属性定义】对话框

9.2.2　编辑块的属性

当图块中包含属性定义时，属性将作为一种特殊的文本对象也一同被插入。此时即可使用块属性管理器工具编辑之前定义的块属性，然后使用增强属性管理器工具将属性标记赋予新值，使之符合相似图形对象的设置要求。

1．块属性管理器

当编辑图形文件中多个图块的属性定义时，可以使用块属性管理器重新设置属性定义的构成、文字特性和图形特性等属性。

执行【插入】>【块定义】>【管理属性】命令，将打开【块属性管理器】对话框，如图 9-7 所示。在该对话框中可进行以下操作。

❏ **图 9-7**　【块属性管理器】对话框

❏ **编辑块属性**

在对话框中单击【编辑】按钮，则打开【编辑属性】对话框编辑块的各个显示标记的属性、文字选项和对象特性，如图 9-8 所示。

❏ **设置块属性**

如果单击【设置】按钮，则打开【块属性设置】对话框，并通过【在列表中显示】选项组中的复选框来设置【块属性管理器】对话框中的属性显示内容，如图 9-9 所示。

❏ **图 9-8**　【编辑属性】对话框

2．增强属性编辑器

增强属性编辑器主要用于编辑块中定义的标记和值属性，与块属性管理器的设置方法基本相同。

执行【常用】>【块】>【编辑单个属性】命令，然后选择属性块，或者直接双击属性块，都将会打开【增强属性编辑器】对话框。此时可指定属性块标记，在【值】文本框中为属性块标记赋予值，如图 9-10 所示。

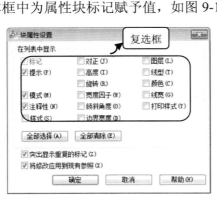

❏ **图 9-9**　【块属性设置】对话框

❏ **图 9-10**　【增强属性编辑器】对话框

编辑块属性除了包括上述的属性定义外，还包括文字的格式、文字的图层、线宽以及颜色等属性。在【增强属性编辑器】对话框中可分别利用【文字选项】和【特性】选项卡设置图块不同的文字格式和特性。

9.3 使用外部参照

外部参照是指在绘制图形的过程中，将其他图形以块的形式插入，并且可以作为当前图形的一部分。外部参照和块不同，外部参照提供了一种更为灵活的图形引用方法。使用外部参照可以将多个图形链接到当前图形中，并且作为外部参照的图形会随着原图形的修改而更新。

9.3.1 附着外部参照

在 AutoCAD 中，外部参照是指在一幅图形中对外部图块或其他图形文件的引用。外部参照有两种基本途径，其一是在当前图形中引入不必修改的标准元素的一个高效率途径；其二是提供用户在多个图形中应用相同图形数据的一个手段。

要使用外部参照辅助绘图，前提是将外部的图形附着至当前操作环境，这些图形对象允许是 DWG、DWF、DGN、PDF 和图像文件。

1. 附着常规外部参照文件

使用外部参照的目的是帮助用户使用其他图形来补充当前图形，主要用在需要附着一个新的外部参照文件，或将一个已附着的外部参照文件的副本附着在文件中。执行附着外部参照操作，可将以下 5 种格式附着至当前文件。

（1）附着 DWG 文件

执行【插入】>【参照】>【附着】命令，打开【选择参照文件】对话框，选择参照文件，其后在【附着外部参照】对话框中，将图形文件以外部参照的形式插入到当前的图形中，如图 9-11 所示。该对话框与【插入块】对话框相似，只是在该对话框中增加了【参照类型】和【路径类型】两个选项组。

【参照类型】选项组可选择外部参照类型，即指定是否显示嵌套的内容。其中选择【附着型】单选按钮，若参照图形中仍包含外部参照，则在执行该操作后，都将附着在当前图形中，即显示嵌套参照中的嵌套内容；选择【覆盖型】单选按钮，将不显示嵌套参照中的嵌套内容。

【路径类型】选项组将指定图形作为外部参照附着到当前主图形时，可以使用该选项组的下拉列表框中指定的 3 种路径类型附着该图形。如果选择【完整路径】选项，外部参照的精确位置将保存到该图形中；如果选择【相对路径】选项，附着外部参照将保存相当于当前图形的位置，该选项的灵活性最大；如果选择【无路径】选项，可直接查找外部参照，该选项适合外部参照和当前图形位于同一个文件夹的情况。

完成上述操作后，可直接在绘图区指定该参照文件的相对位置。然后按照命令行提示信息分别指定该参照相对于 X、Y 轴的比例系数，即可将该参照文件添加至该对象中。

（2）附着图像文件

使用【附着图像】工具能够将图形文件附着到当前文件中，并且可对当前图形进行辅助说明或讲解。

单击【附着】按钮，并在打开的对话框中选择文件类型为【所有图像文件】，指定图像路径后将打开【附着图像】对话框，此时可指定路径类型，如图 9-12 所示。

图 9-11　【附着外部参照】对话框

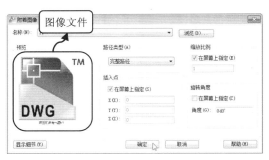

图 9-12　【附着图像】对话框

指定该文件在当前图形的插入点和插入比例，即可将该文件附着在当前文件中，如图 9-13 所示。

（3）附着 DWF 文件

DWF 格式文件是一种从 DWG 文件创建的高度压缩的文件格式，DWF 文件易于在 Web 上发布和查看。DWF 文件是基于矢量格式创建的压缩文件，它支持实时平移和缩放以及对图层显示和命名视图显示的控制。

单击【附着】按钮，然后按照附着 DWG 和图像的方法指定该格式的附着文件，并指定该文件在当前图形的插入点和插入比例即可。

（4）附着 DGN 文件

DGN 格式文件是 Micro Station 绘图软件生成的文件，DGN 文件格式对精度、层数以及文件和单元的大小是不限制的，其中的数据是经过快速优化、校验并压缩到 DGN 文件中，这样更有利于节省网络宽带和存储空间。附着 DGN 文件的方法与附着 DWG 文件的方法基本相同，用户可参照附着 DWG 文件的方法进行创建。

（5）附着 PDF 文件

在 AutoCAD 2012 中可使用 PDF 文件中的设计数据，单击【附着】按钮，并在打开的对话框中选择【PDF 文件】文件类型，然后指定该文件在当前图形中的插入点和插入比例即可，如图 9-14 所示。

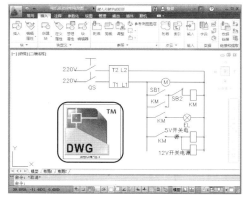

图 9-13　附着图像文件

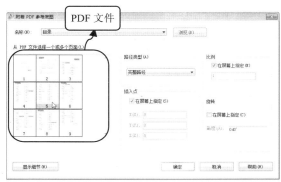

图 9-14　【附着 PDF 参考底图】对话框

使用 PDF 文件作为底图，与其他格式文件的底图相同，如果 PDF 文件中的几何图形是矢量的，甚至可以利用对象捕捉来捕捉 PDF 文件中几何体的关键点。

2．使用【外部参照】选项板附着底图

使用【外部参照】选项面板可查看各个参照的详细信息，并且可附着各种类型的外部参照文件，便于用户快速、有效地编辑管理和编辑外部参照对象。单击【插入】>【参照】命令右侧下拉按钮，可以打开【外部参照】选项面板，如图 9-15 和图 9-16 所示。

图 9-15　显示信息

图 9-16　右键快捷菜单选项

9.3.2　管理外部参照

在【插入】功能选项卡的【参照】选项板中提供了附着和修改外部参照文件的工具。可用于剪裁选定的参照，调整褪色度、对比度和亮度，控制图层的可见性，显示参照边框捕捉参照底图的几何体，以及调整参照淡化。

9.3.3　剪裁外部参照

在【参照】选项板中提供了多种裁剪工具，其中包括剪裁外部参照、图像、参考底图等。通过这些剪裁操作，可以控制所需信息的显示。执行剪裁操作并非真正修改这些参照，而是将其隐藏显示，同时可根据设计需要，定义前向剪裁平面或后向剪裁平面。

执行【插入】>【参照】>【剪裁】命令，根据命令行的提示，默认选择【新建边界】选项，首先创建剪裁边界；命令行将继续显示提示信息，选择【矩形】选项，可根据设计需要选择裁剪方式和指定区域，如图 9-17 和图 9-18 所示。

9.3.4　调整外部参照

利用 AutoCAD 2012 提供的【调整】功能可针对外部参照进行对比度、亮度和淡入度的调整，从而改变外部参照的显示方式。

在【参照】选项板中单击【调整】按钮，系统将提示"选择图像或参考底图"，此时选取参照后，根据命令行的提示信息，选择【对比度】选项，如图 9-19 和图 9-20 所示。

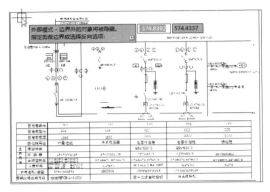

图 9-17　指定剪裁边界

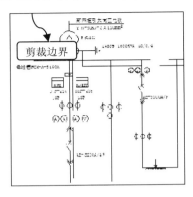

图 9-18　剪裁效果

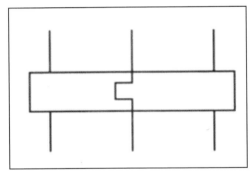

图 9-19　对比度 50

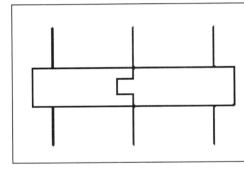

图 9-20　对比度 100

提 示

在 AutoCAD 2012 中，针对各种不同的外部参照都将对应独立的选项卡，即在该选项卡中可设置该外部参照的裁剪、调整和在线编辑操作，避免反复切换工具进行调整和修改。

9.4　使用设计中心

AutoCAD 设计中心提供了一个直观高效的工具，它同 Windows 资源管理器相似。利用设计中心，不仅可以浏览、查找、预览和管理 AutoCAD 图形、图块、外部参照及光栅图形等不同的资源文件，还可以通过简单的拖放操作，将位于本地计算机、局域网或 Internet 上的图块、图层、外部参照等内容插入当前图形文件中。

9.4.1　启动设计中心功能

在菜单栏中执行【工具】>【选项板】>【设计中心】命令，或在功能区中执行【视图】>【选项板】>【设计中心】█命令，均可打开【设计中心】特性选项板，如图 9-21 所示。

在默认状态下，设计中心共有两部分组成，左侧为文件夹列表，用于显示或查找指定项目的根目录；右侧为内容区域，当在文件夹列表中选择一个文件夹、图形或其他项目后，右侧内容区域将显示文件夹、图形或项目所包含的所有内容；若在内容区域中选择一个项目，并可在下方的预览区中显示该项目的预览效果。

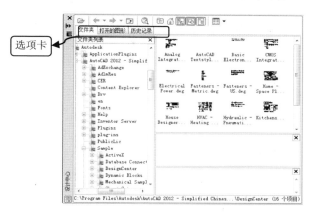

设计中心共有 3 个选项卡组成，分别为【文件夹】、【打开的图形】和【历史记录】。

- **文件夹** 该选项卡可方便地浏览本地磁盘或局域网中所有的文件夹、图形和项目内容。
- **打开的图形** 该选项卡显示了所有打开的图形，以便查看或复制图形内容。

图 9-21 【设计中心】特性选项板

- **历史记录** 该选项卡主要用于显示最近编辑过的图形名称及目录。

9.4.2 图形内容的搜索

利用 AutoCAD 的设计中心，除了在文件夹列表中查找图形，还可以利用【搜索】命令搜索计算机中保存的其他图形或图形内容，例如块、图层和文字样式等。在查找过程中，可以通过指定图形的修改日期、图形包含的内容以及图形大小来缩小搜索的范围。

在【设计中心】特性选项板中，单击【搜索】按钮█，打开【搜索】对话框，在【搜索】下拉列表框中选择【图形】选项，在【于】下拉列表框中选择查找的位置，即可查找图形文件，如图 9-22 所示。

在【搜索名称】文本框中，输入要查找的名称，其后分别切换到【修改日期】和【高级】选项卡来设置文件名、修改日期和高级查找条件。设置好后，单击【立即搜索】按钮开始搜索，搜索结果将显示在对话框下部的列表框中，完成搜索，如图 9-23 所示。

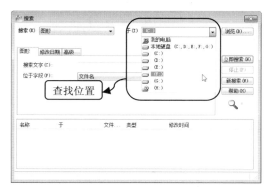

图 9-22 选择搜索类型

图 9-23 设置搜索条件

9.4.3 插入图形内容

利用设计中心不仅可以打开已有的图形，还可以将图形作为外部图块插入到当前图形中。在 AutoCAD 2012 软件中，插入外部图块的方法有以下两种。

1．使用快捷菜单进行操作

打开【设计中心】特性选项板，在【文件夹列表】中，查找文件的保存目录，并在内容区域选择需要插入为块的图形；单击鼠标右键，在打开的快捷菜单中选择【插入块】命令，如图 9-24 所示，打开【插入】对话框，从中进行相应的设置，最后单击【确定】按钮即可，如图 9-25 所示。

图 9-24　选择【插入块】命令

2．使用拖曳方法进行操作

打开【设计中心】特性选项板，在【文件夹列表】中，选择需要插入的外部图块文件夹；其后，在右侧的内容区域中，选中要插入的图块，按住鼠标左键，将其拖曳至绘图区中，释放鼠标左键即可完成。

图 9-25　【插入】对话框

9.5　设置动态块

动态块是指使用块编辑器添加参数（长度、角度）和动作（移动、拉伸等），向新的或现有的块定义中添加动态行为。动态块具有灵活性和智能性。用户在操作时可以轻松地更改图形中的动态块参照。可以通过自定义夹点或自定义特性来操作动态块参照中的几何图形。这使得用户可以根据需要在位调整块，而不用搜索另一个块以插入或重定义现有的块。

9.5.1 创建动态块

为了得到高质量的动态块，提高块的编辑效率，避免重复修改，一般可以通过以下方法完成动态块的创建。

1．规划动态块内容

在创建动态块之前，有必要对动态块进行规划，规划动态块要实现的功能、外观，在图形中的使用方式，以及要实现预期功能需要使用哪些参数和动作。

2．绘制几何图形

可以在绘图区域或编辑器中绘制动态块的几何图形。也可以使用图形中的现有几何图形或现有的块定义。

3．了解元素如何共同作用

在向块定义中添加参数和动作之前，应了解它们相互之间以及它们与块中的几何图形的相关性。在向块定义添加动作时，需要将动作与参数以及几何图形的选择集相关联。

4．添加参数

按照命令行上的提示向动态块定义中添加适当的参数。使用块编辑写选项板的【参数集】选项卡可以同时添加参数和关联动作。

5．添加动作

向动态块定义中添加适当的动作。按照命令行上的提示进行操作，确保将动作正确的参数和几何图形相关联。

6．定义动态块参照的操作方式

指定在图形中操作动态块参照的方式。可以通过自定义夹点和自定义特性来操作动态块参照。

7．测试动态块

保存动态块定义并退出块编辑器。然后将动态块参照插入一个图形中，并测试该块的功能。

9.5.2 使用参数

向动态块定义添加参数可定义块的自定义特性，指定几何图形在块中的位置、距离和角度。执行【插入】>【块定义】>【块编辑器】命令，打开【编辑块定义】对话框，在该对话框中选择一个要定义的块后，单击【确定】按钮，即打开【块编辑器】选项卡，如图9-26所示。

图9-26 【块编辑器】选项卡

打开【块编写选项板】特性选项板，其中的【参数】选项卡包括10种参数类型，如

图 9-27 所示。具体的参数类型及说明如下。

- **点** 在图形中定义一个 X 和 Y 位置。在块编辑器中，外观类似于坐标标注。
- **线性** 线性参数显示两个目标点之间的距离，约束夹点沿预置角度进行移动。
- **极轴** 极轴参数显示两个目标点之间的距离和角度，可以使用夹点和"特性"选项板来共同更改距离值和角度值。
- **XY** XY 参数显示距参数基准点的 X 距离和 Y 距离。
- **旋转** 用于定义角度，在块编辑器中，旋转参数显示为一个圆。
- **对齐** 用于定义 X 位置、Y 位置和角度。对齐参数总是应用于整个块，并且无须与任何动作相关联。
- **翻转** 用于翻转对象，在块编辑器中，翻转参数显示为投影线，可以围绕这条投影线翻转对象。
- **可见性** 允许用户创建可见性状态并控制对象在块中的可见性，可见性参数总是应用于整个块，并且无须与任何动作相关联，在图形中单击夹点可以显示块参照中所有可见性状态的列表。
- **查寻** 用于定义自定义特性，用户可以指定或设置该特性，以便从定义的列表或表格中计算出某个值。
- **基点** 在动态块参照中相对于该块中的几何图形定义一个基准点。

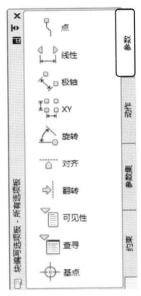

图 9-27 【参数】选项卡

在向块中添加参数后，夹点将被添加到参数的相关位置，可以使用关键点操作动态块。向块中添加不同的参数将显示不同的夹点，动作和夹点之间的关系如表 9-1 所示。

表 9-1 动作与夹点之间的关系

参数类型	夹点类型	支持的动作
点	⊡	移动、拉伸
线性	▷	移动、缩放、拉伸、阵列
极轴	⊞	移动、缩放、拉伸、阵列、极轴拉伸
XY	⊞	移动、缩放、拉伸、阵列
旋转	◯	旋转
对齐	◁	无
翻转	⬆	翻转
可见性	▽	无
查询	▽	查询
基点	⊕	无

9.5.3 使用动作

动作主要用于定义在图形中操作动态块参照的自定义特性时，该块参照的几何图形将如何移动或修改，动态块通常至少包含一个动作。在【块编写选项板】特性选项板的【动作】选项卡中列举了可以向块中添加的动作类型，如图 9-28 所示。下面将分别对其动作类型进行说明。

- ❑ **移动**　移动动作与点参数、线性参数、极轴参数或 XY 参数关联时，将该动作添加到动态块定义中。

- ❑ **缩放**　缩放动作与线性参数、极轴参数或 XY 参数关联时，将该动作添加到动态块定义中。

- ❑ **拉伸**　将拉伸动作与点参数、线性参数、极轴参数或 XY 参数关联时，可以将该动作添加到动态块定义中。拉伸动作将使对象在指定的位置移动和拉伸指定的距离。

- ❑ **极轴拉伸**　极轴拉伸动作与极轴参数关联时将该动作添加到动态块定义中。当通过夹点或"特性"选项板更改关联的极轴参数上的关键点时，极轴拉伸动作将使对象旋转、移动和拉伸指定的角度和距离。

图 9-28　【动作】选项卡

- ❑ **旋转**　旋转动作与旋转参数关联时将该动作添加到动态块定义中。旋转动作类似于 ROTATE 命令。

- ❑ **翻转**　翻转动作与翻转参数关联时将该动作添加到动态块定义中。使用翻转动作可以围绕指定的轴（称为投影线）翻转动态块参照。

- ❑ **阵列**　阵列动作与线性参数、极轴参数或 XY 参数关联时将该动作添加到动态块定义中。通过夹点或"特性"选项板编辑关联的参数时，阵列动作将复制关联的对象并按矩形的方式进行阵列。

- ❑ **查询**　将查寻动作添加到动态块定义中并将其与查寻参数相关联，它将创建一个查寻表，可以使用查寻表指定动态块的自定义特性和值。

9.5.4　使用参数集

参数集是参数和动作的组合，在【块编写选项板】特性选项板中的【参数集】选项卡中可以向动态块定义添加成对的参数和动作，其操作方法与添加参数和动作的方法相同。参数集中包含的动作将自动添加到块定义中，并与添加的参数相关联。

首次添加参数集时，每个动作旁边都会显示一个黄色的警告图标，这表示用户需要将选择集与各个动作相关联。可以双击该黄色警示图标，然后按照命令提示将动作与选择集相关联，如图 9-29 和图 9-30 所示。下面将分别对其参数集类型进行说明。

- ❑ **点移动**　向动态块定义中添加一个点参数和相关联的移动动作。
- ❑ **线性移动**　向动态块定义中添加一个线性参数和相关联的移动动作。
- ❑ **线性拉伸**　向动态块定义中添加一个线性参数和相关联的拉伸动作。
- ❑ **线性阵列**　向动态块定义中添加一个线性参数和相关联的阵列动作。

- ❑ **线性移动配对** 向动态块定义中添加一个线性参数，系统会自动添加两个移动动作，一个与基准点相关联，另一个与线性参数的端点相关联。

- ❑ **线性拉伸配对** 向动态块定义添加带有两个夹点的线性参数和与每个夹点相关联的拉伸动作。

- ❑ **极轴移动** 向动态块定义中添加一个极轴参数和相关联的移动动作。

- ❑ **极轴拉伸** 向动态块定义中添加一个极轴参数和相关联的拉伸动作。

- ❑ **环形阵列** 向动态块定义中添加一个极轴参数和相关联的阵列动作。

- ❑ **极轴移动配对** 向动态块定义中添加一个极轴参数，系统会自动添加两个移动动作：一个与基准点相关联，另一个与极轴参数的端点相关联。

图 9-29 【参数集】选项卡的上半部分

- ❑ **极轴拉伸配对** 向动态块定义中添加一个极轴参数，系统会自动添加两个拉伸动作：一个与基准点相关联，另一个与极轴参数的端点相关联。

- ❑ **XY 移动** 向动态块定义中添加 XY 参数和相关联的移动动作。

- ❑ **XY 移动配对** 向动态块定义添加带有两个夹点的 XY 参数和与每个夹点相关联的移动动作。

- ❑ **XY 移动方格集** 向动态块定义添加带有 4 个夹点的 XY 参数和与每个夹点相关联的拉伸动作。

- ❑ **XY 阵列方格集** 向动态块定义中添加 XY 参数，系统会自动添加与该 XY 参数相关联的阵列动作。

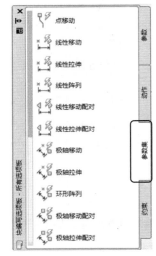

图 9-30 【参数集】选项卡的下半部分

- ❑ **旋转集** 选择旋转参数标签并指定一个夹点和相关联的旋转动作。
- ❑ **翻转集** 选择翻转参数标签并指定一个夹点和相关联的翻转动作。
- ❑ **可见性集** 添加带有一个夹点的可见性参数，无须将任何动作与可见性参数相关联。
- ❑ **查寻集** 向动态块定义中添加带有一个夹点的查寻参数和查寻动作。

9.5.5 使用约束

在【块编写选项板】特性选项板的【约束】选项卡中提供了几何约束和约束参数。

几何约束主要用于约束对象的形状以及位置的限制，如图 9-31 所示。下面将分别对其约束类型进行说明。

- ❑ **重合** 将一个点移动到另一个点，两个点的位置是一样的。
- ❑ **垂直** 强制将两条线段之间的夹角保持在 90 度。
- ❑ **平行** 强制将两条线段保持平行状态，两条线段无交点或延伸的交点。
- ❑ **相切** 强制将两条曲线保持相切或与其延长线保持相切。
- ❑ **水平** 强制使一条直线或一对点与当前 UCS 的 X 轴保持平行。
- ❑ **竖直** 强制使一条直线或一对点与当前 UCS 的 Y 轴保持平行。
- ❑ **共线** 强制使两条直线位于同一条无限长的直线上。
- ❑ **同心** 约束选定中心的圆弧或圆，使其保持同一中心点。
- ❑ **平滑** 强制使一条样条曲线与其他样条曲线、直线、圆弧或多段线保持几何连续性。
- ❑ **对称** 强制使对象上两条曲线或两个点与选定直线保持对称。
- ❑ **相等** 强制使两条直线或多段线具有相同长度，或强制使圆弧具有相同半径值。
- ❑ **固定** 强制使一个点或曲线固定到相对于坐标系的指定位置和方向上。
- ❑ **约束参数**是将动态块中的参数进行约束。用户可以在动态块中使用标注约束和参数约束，但是只有约束参数才可以编辑动态块的特性。约束后的参数包含参数信息，可以显示或编辑参数值，如图 9-32 所示。下面将分别对约束参数类型进行介绍。
- ❑ **对齐** 用于控制一个对象上的两点、一个点与一个对象或两条直线段之间的距离。
- ❑ **水平** 用于控制一个对象上的两点或两个对象之间的 X 方向距离。
- ❑ **竖直** 用于控制一个对象上的两点或两个对象之间的 Y 方向距离。
- ❑ **角度** 主要用于控制两条直线或多段线之间的圆弧夹角的角度值。
- ❑ **半径** 主要用于控制圆、圆弧的半径值。
- ❑ **直径** 主要用于控制圆、圆弧的直径值。

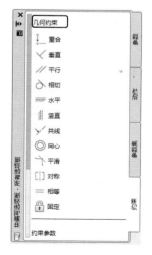

图 9-31 几何约束

图 9-32 约束参数

9.6.1 绘制电压表测量线路图

电压表指固定在电力、电信、电子设备面板上使用的仪表，用来测量交、直流电路中的电压。电压表有三个接线柱，一个负接线柱，两个正接线柱。下面将介绍其绘制步骤。

1 执行【矩形】命令，绘制一个宽度为 3 的矩形，如图 9-33 所示。命令行提示内容如下。

```
命令： RECTANG
指定第一个角点或 [倒角(C)/标高(E)/圆角(F)/厚度(T)/宽度(W)]：w（选择【宽度】选项）
指定矩形的线宽 <0.0000>:3                                              （指定线宽）
指定第一个角点或 [倒角(C)/标高(E)/圆角(F)/厚度(T)/宽度(W)]：              （指定一点）
指定另一个角点或 [面积(A)/尺寸(D)/旋转(R)]：@65,32                    （输入@65,32）
```

2 执行【直线】和【创建】命令，启动【对象捕捉】模式，捕捉矩形左边的中点向左 21 为起点，然后向右绘制长度为 109 的水平直线，如图 9-34 所示。将其创建成块，块名称为电阻。

图 9-33　绘制矩形　　　　　图 9-34　绘制直线

3 单击【注释】>【文字】右下角按钮，打开相应的对话框，新建【数字字母】和【宋体】样式，所对应的字体分别为 Arial 和"宋体"，将"数字字母"样式置为当前，如图 9-35 所示。

4 执行【圆】命令，绘制一个半径为 21 的圆，如图 9-36 所示。

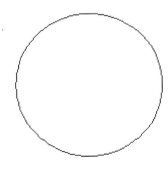

图 9-35　设置文字样式　　　　　图 9-36　绘制圆

5 执行【插入】>【块定义】>【定义属性】命令，打开【属性定义】对话框，进行属性参数设置，单击【确定】按钮，如图 9-37 所示。

6 返回绘图区，根据命令行的提示，捕捉半径为 21 的圆的圆心作为起点，添加属性，如图 9-38 所示。

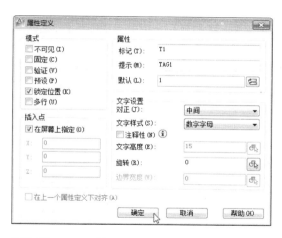

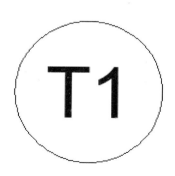

图 9-37 设置属性

图 9-38 定义属性

7 执行【复制】命令，将圆和定义的属性组成的开关符号向右移动 65 进行复制，然后双击复制后的"T1"，弹出【编辑属性定义】对话框，修改对话框中的参数，单击【确定】按钮即可，如图 9-39 所示。

8 选取"T1"和"T2"的符号，执行【创建】命令，打开【块定义】对话框，命名为"TAG"，单击【拾取点】按钮，选择左侧圆的左象限点为基点，单击【确定】按钮，如图 9-40 所示。

图 9-39 编辑属性

图 9-40 创建块

9 执行【直线】命令，参照尺寸标注，绘制电压表的线路图，如图 9-41 所示。

10 执行【移动】和【复制】命令，将电阻图块移至合适的位置，并进行复制，如图 9-42 所示。

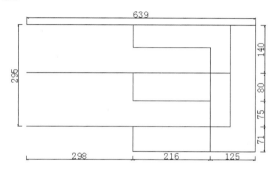

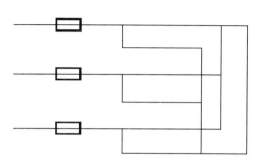

图 9-41 绘制线路图

图 9-42 添加电阻

11 将绘制好的转换开关符号添加至线路图中，双击块，弹出【增强属性编辑器】对话框，修改属性图块的值，如图 9-43 所示。

12 执行【复制】命令，将转换开关符号向下复制多个，并依次进行图块的修改，如图 9-44 所示。

図 9-43 【增强属性编辑器】对话框

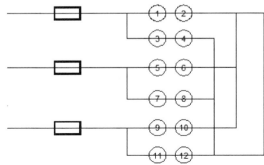

図 9-44 添加转换开关符号

13 执行【圆环】命令，圆环内外径的值分别为 0 和 20，然后在线路图中捕捉交点，绘制圆点接头，如图 9-45 所示。

14 执行【插入】命令，打开【插入】对话框，将第 1 章绘制好的电压表插入到图形当中，将 X 轴的比例设置为 3.5，选中【分解】复选框，如图 9-46 所示。

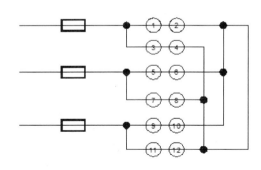

図 9-45 绘制圆环

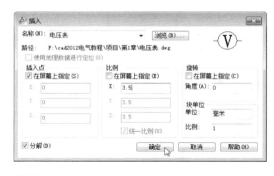

図 9-46 【插入】对话框

15 执行【修剪】、【删除】命令，将多余的线段删除掉，如图 9-47 所示。

16 执行【多行文字】命令，在电压表测量线路图中进行文字说明，如图 9-48 所示。

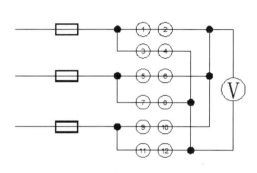

図 9-47 修剪直线

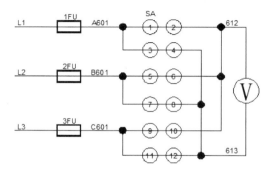

図 9-48 添加文本

17　打开【多线样式】对话框，将【宋体】样式置为当前。执行【多行文字】命令，在线路图的右侧创建"电压测量"垂直文本。执行【矩形】命令，绘制一个矩形，将"电压测量"文本框住。至此，电压表测量线路图绘制完毕，如图 9-49 所示。

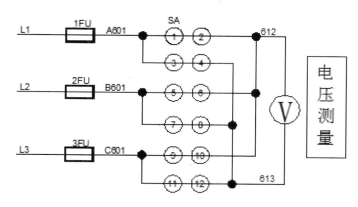

　　图 9-49　电压表测量线路图

9.6.2　绘制电流表测量线路图

　　电流表又称安培表，指固定安装在电力、电信、电子设备面板上使用的仪表，用来测量交、直流电路中的电流。在电路图中，电流表的符号为"A"。

1　执行【直线】和【圆】命令，绘制圆和直线，如图 9-50 所示。命令行提示内容如下。

```
命令：_circle 指定圆的圆心或 [三点(3P)/两点(2P)/切点、切点、半径(T)]：（指定圆心）
指定圆的半径或 [直径(D)]:15                            （输入 15，按 Enter 键）
命令：_line 指定第一点：                              （捕获圆的左象限点）
指定下一点或 [放弃(U)]： <正交 开> 36              （向左移动光标，输入 36）
指定下一点或 [放弃(U)]：                                 （按 Enter 键）
命令： LINE 指定第一点：                              （捕获圆的左象限点）
指定下一点或 [放弃(U)]：36                        （向左移动光标，输入 36）
指定下一点或 [放弃(U)]：                                 （按 Enter 键）
```

2　执行【直线】、【拉长】命令，以圆心为起点，绘制一条与 X 轴成 45° 角，长度为 29 的直线，然后将直线的下端点拉长 29，如图 9-51 所示。至此，电流端口符号绘制完毕。

　　图 9-50　绘制圆和直线　　　　　　　　图 9-51　绘制斜线

3　选取整个电流端口符号，执行【创建】命令，打开【块定义】对话框，命名为"电流端口符号"，单击【拾取点】按钮，以左端点作为基点，单击【确定】按钮即可，如图 9-52 所示。

4 执行【圆】和【直线】命令，绘制直径为 31 的圆，然后绘制三段直线，如图 9-53 所示。命令行提示内容如下。

```
命令：_circle 指定圆的圆心或 [三点(3P)/两点(2P)/切点、切点、半径(T)]：（指定一点）
指定圆的半径或 [直径(D)] <15.0000>: d                      （选择【直径】选项）
指定圆的直径 <30.0000>: 31                                      （输入 31）
命令：_line 指定第一点：                                 （捕获圆的右象限点）
指定下一点或 [放弃(U)]: 41                       （向左移动光标，输入 41）
指定下一点或 [放弃(U)]:                                   （按 Enter 键）
命令：LINE 指定第一点：                                 （捕获圆的左象限点）
指定下一点或 [放弃(U)]: 10                       （向下移动光标，输入 10）
指定下一点或 [放弃(U)]:                                   （按 Enter 键）
命令：LINE 指定第一点：                         （捕获上一段直线的下端点）
指定下一点或 [放弃(U)]: 20                       （向左移动光标，输入 10）
指定下一点或 [放弃(U)]:                                   （按 Enter 键）
```

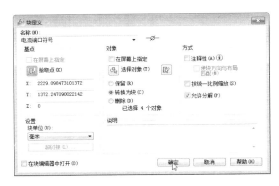

图 9-52　创建块

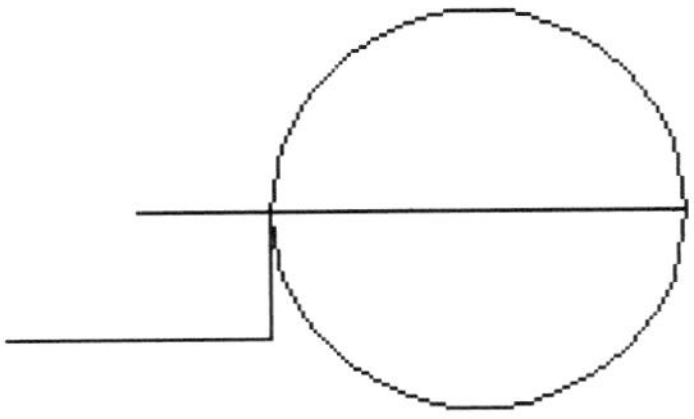

图 9-53　绘制圆和直线

5 执行【修剪】和【镜像】命令，将圆的下半部分修剪掉，然后将图像进行水平镜像，如图 9-54 所示。至此，电流互感器绘制完毕。

6 选取整个电流互感器，执行【创建】命令，打开【块定义】对话框，输入名称"电流互感器"，单击【拾取点】按钮，以图形的左端点为基点，单击【确定】按钮即可，如图 9-55 所示。

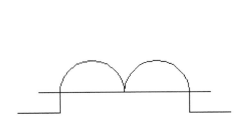

图 9-54　绘制电流互感器

图 9-55　创建块

7 执行【直线】命令，启动【极轴追踪】模式，设置增量角为 60，绘制一个边长为 52 的倒立等边三角形，如图 9-56 所示。

8 执行【偏移】命令，以三角形的水平边为起始边，向下偏移 10 和 20，如图 9-57 所示。

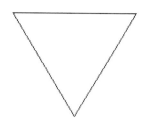

图 9-56 绘制倒立的等边三角形

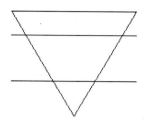

图 9-57 偏移直线

9 执行【多段线】命令，在水平直线上绘制三段宽度分别为 3、2 和 1 的多段线，如图 9-58 所示。

10 执行【直线】和【创建】命令，捕捉最上方水平边的中点，并向上绘制长度为 28 的垂直直线。然后将三角形的三条边和偏移后的线段删除掉，如图 9-59 所示。然后将"接地符号"创建成块。

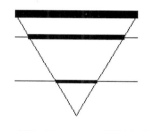

图 9-58 绘制多段线

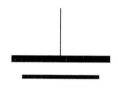

图 9-59 绘制接地符号

11 单击【注释】>【文字】右下角按钮，打开【文字样式】对话框，新建"数字字母"和"宋体"样式，所对应的字体分别为"Arial"和"宋体"，将"数字字母"样式置为当前，如图 9-60 所示。

12 执行【圆】命令，绘制半径为 40 的圆。然后执行【插入】>【块定义】>【定义属性】命令，弹出【属性定义】对话框，设置参数，单击【确定】按钮，如图 9-61 所示。

图 9-60 设置文字样式

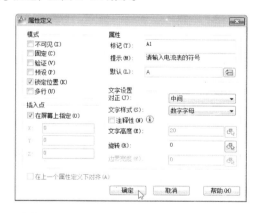

图 9-61 【属性定义】对话框

13 返回到绘图区域，捕获半径为 40 的圆的圆心为起点，定义属性，如图 9-62 所示。至此，电流表符号的绘制完成。

14 执行【直线】命令，绘制电流表测量线路图，如图 9-63 所示。

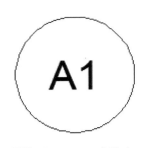

图 9-62　电流表

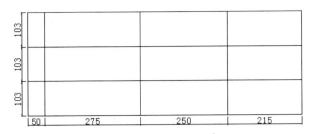

图 9-63　绘制电流表测量线路图

15　执行【移动】和【复制】命令，将电流端口符号、电流互感器、接地符号和电流表符号分布在电流表测量线路图中，如图 9-64 所示。

16　执行【圆环】命令，内外径分别为 0 和 20，然后在线路图中捕捉交点，绘制圆点接头，如图 9-65 所示。

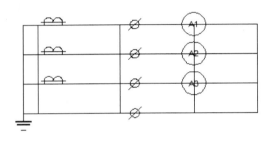

图 9-64　添加电气符号

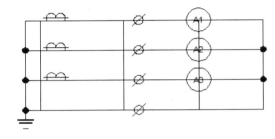

图 9-65　绘制圆环

17　执行【修剪】命令，对线路进行适当的修剪和删除，如图 9-66 所示。

18　执行【多行文字】命令，对线路图添加文本信息，如图 9-67 所示。

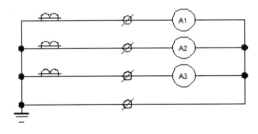

图 9-66　修剪线路

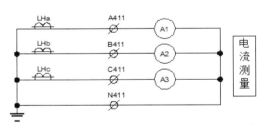

图 9-67　绘制完成

9.6.3　绘制变频控制电路图

　　本节所要绘制的某变频控制电路是由 3 个回路组成。下面将详细介绍此电路图的绘制方法。

1　执行【直线】命令，绘制一条长度为 28 的水平直线，然后以直线的左端点为起点，向上绘制长度为 4 的垂直直线，如图 9-68 所示。

2　执行【移动】和【直线】命令，将垂直线段向右移动 12，然后捕获水平直线的右端点，以其为起点向左绘制一条与 X 轴方向成 160° 角、长度为 11.5 的直线，如图 9-69 所示。

图 9-68 绘制直线   图 9-69 绘制斜线

③ 执行【移动】命令，将斜线向左水平移动 6，如图 9-70 所示。

④ 执行【修剪】命令，将多余的部分修剪掉，如图 9-71 所示。至此，动断触头开关图形符号绘制完毕。

图 9-70 移动斜线   图 9-71 动断触头开关

⑤ 执行【矩形】、【圆】命令，绘制边长为 60 的正方形，然后以正方形的左上角点为圆心，绘制一个半径为 1 的圆，如图 9-72 所示。

⑥ 执行【阵列】命令，将圆进行矩形阵列，如图 9-73 所示。命令行提示内容如下。

```
命令: _arrayrect
选择对象: 指定对角点: 找到 1 个                                    (选取圆)
选择对象:                                                      (按 Enter 键)
类型 = 矩形  关联 = 是
为项目数指定对角点或 [基点(B)/角度(A)/计数(C)] <计数>:            (按 Enter 键)
输入行数或 [表达式(E)] <4>: 1                                   (输入 1)
输入列数或 [表达式(E)] <4>: 7                                   (输入 1)
指定对角点以间隔项目或 [间距(S)] <间距>: 39                       (输入 39)
按 Enter 键接受或 [关联(AS)/基点(B)/行(R)/列(C)/层(L)/退出(X)] <退出>:
                                                              (按 Enter 键)
```

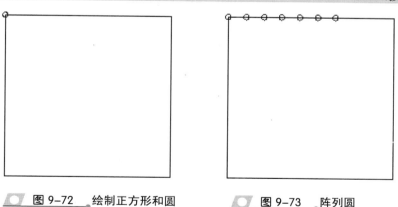

图 9-72 绘制正方形和圆   图 9-73 阵列圆

⑦ 执行【圆】命令，捕获矩形右边的中点，以其为圆心绘制半径为 1 的圆，如图 9-74 所示。

⑧ 执行【复制】命令，将刚绘制的圆向上平移 7，和向下平移 7 和 14，如图 9-75 所示。

⑨ 执行【圆】命令，以矩形右下角点为圆心，分别绘制半径为 1 和 1.6 的圆，如图 9-76 所示。

⑩ 执行【复制】命令，将这两个圆向左依次平移复制 4.5、14.5、24.5、36.5、46.5 和 56.5，然后删除源对象，如图 9-77 所示。

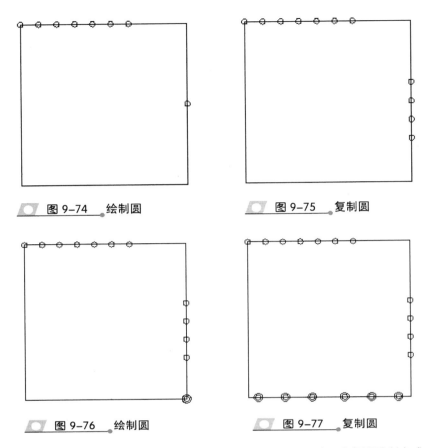

图 9-74　绘制圆

图 9-75　复制圆

图 9-76　绘制圆

图 9-77　复制圆

11　执行【修剪】命令，对圆内的边进行修剪，如图 9-78 所示。至此，变频器绘制完成。

12　执行【直线】和【旋转】命令，绘制 3 条长度均为 10 的首尾相连的水平直线，然后以中间线段的右端点为基点，将该条线段旋转 30° ，完成按钮开关的绘制，如图 9-79 所示。

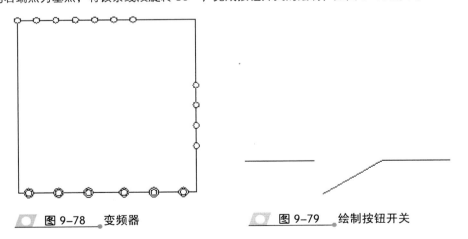

图 9-78　变频器

图 9-79　绘制按钮开关

13　执行【直线】和【偏移】命令，绘制一条长度为 20 的竖直直线，然后将直线向左依次复制偏移 10，如图 9-80 所示。

14　执行【插入】命令，打开【插入】对话框，单击【浏览】按钮，在打开的对话框中选择【多极开关】电气符号，打开后单击【确定】按钮即可，与刚绘制的线段相连接，如图 9-81 所示。至此，模块1绘制完成。

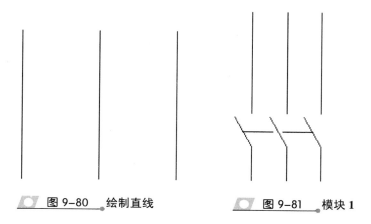

图 9-80 绘制直线　　　　　图 9-81 模块 1

15 执行【移动】命令，将绘制好的按钮开关和动断触头开关进行连接，然后将按钮开关向下复制移动 12，如图 9-82 所示。

16 执行【直线】和【移动】命令，在组合好的按钮开关和动断触头开关的合适位置处绘制连接导线，如图 9-83 所示。

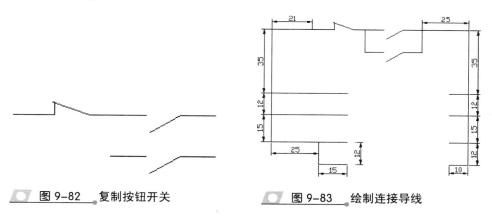

图 9-82 复制按钮开关　　　　　图 9-83 绘制连接导线

17 执行【复制】命令，继续在连接导线内添加图形符号，如图 9-84 所示。

18 执行【矩形】、【圆】和【多行文字】等命令，绘制长宽分别为 4 和 6 的矩形，然后绘制半径为 4 的圆，在圆内添加文本"M"，字体为宋体，字高为 2.5，放置到导线上合适的位置处，如图 9-85 所示。

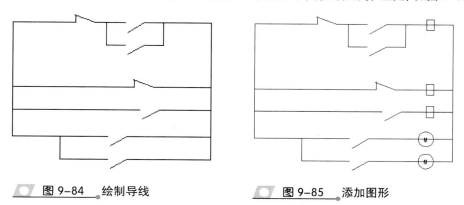

图 9-84 绘制导线　　　　　图 9-85 添加图形

19 执行【矩形】、【圆】和【修剪】命令，添加导线和圆，然后修剪多余的部分，如图 9-86 所示。

20 执行【插入】、【旋转】和【直线】命令，将电阻插入图形中，插入比例为 0.2。然后将电阻进行旋转复制，最后绘制长度为 35 和 10 的水平直线，如图 9-87 所示。

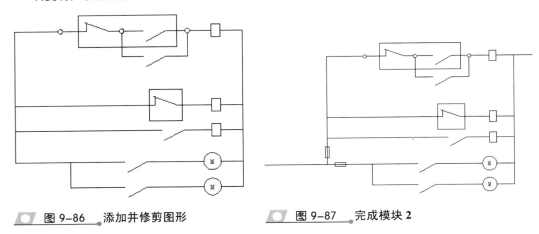

图 9-86　添加并修剪图形　　　　图 9-87　完成模块 2

21 执行【直线】和【修剪】命令，以变频器中对应圆的圆心为起点依次绘制各条直线，然后修剪掉圆内的多余部分，如图 9-88 所示。

22 执行【插入】命令，将电动机、电感、按钮开关和接触器等图形符号插入图形中，根据情况调整块的比例，如图 9-89 所示。

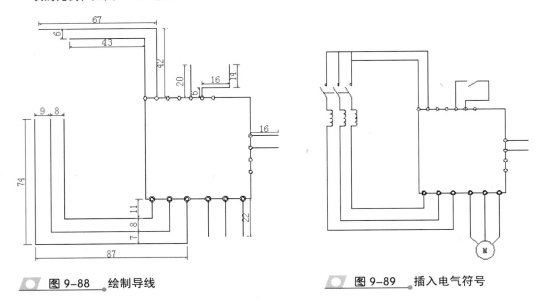

图 9-88　绘制导线　　　　图 9-89　插入电气符号

23 执行【直线】命令，绘制导线，长度如图 9-90 所示。

24 执行【插入】命令，将电感和电流表插入图形中，并设置插入比例，如图 9-91 所示。

25 执行【直线】命令，在刚绘制的图形右下端绘制一条长度为 5 的竖直直线，以及 3 条长度分别为 4、2、1 的水平直线作为接地线，如图 9-92 所示。

26 执行【移动】命令，将图 9-92 移至图 9-89 中，完成模块 3 的绘制，如图 9-93 所示。

AutoCAD 2012 中文版电气设计标准教程

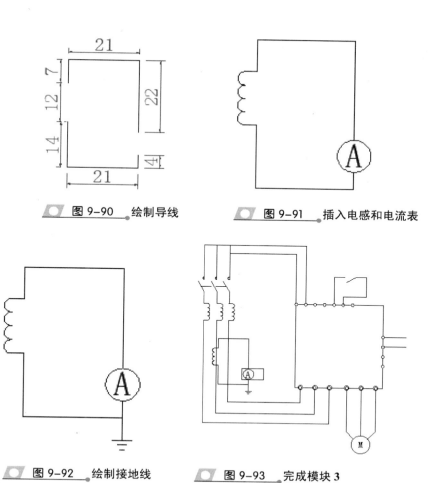

图 9-90　绘制导线

图 9-91　插入电感和电流表

图 9-92　绘制接地线　　　图 9-93　完成模块 3

27　执行【移动】命令，将创建好的模块组合起来，如图 9-94 所示。

28　执行【多行文字】命令，在各个位置添加相应的文字，如图 9-95 所示。

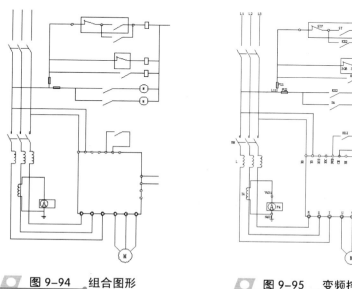

图 9-94　组合图形　　　　　图 9-95　变频控制电路

9.7 课后习题

一、填空题

1. 图块分为_____和_____。
2. 修改属性定义用_____对话框完成。
3. 边界关联的作用是_____。

二、选择题

1. 应用写块命令"Wblock"定义块时，块定义保存的位置是_____。
   A. 当前图形文件中
   B. 块定义文件中
   C. 外部参照文件中
   D. 样板文件中
2. 下述哪个是正确的制作属性块操作过程？_____
   A. 画好图形—使用 ATTEDEF 命令定义属性—使用 WBLODK 制作全局块
   B. 画好图形—使用 ATTEDIF 命令定义属性—使用 WBLODK 制作全局块
   C. 画好图形—使用 ATTEDIF 命令定义属性—使用 BLODK 制作块
   D. 以上都不对
3. 有关属性的定义正确的是_____。
   A. 块必须定义属性
   B. 一个块中最多只能定义一个属性
   C. 多个块可以共用一个属性
   D. 一个块可以定义多个属性

三、上机实训

1. 绘制三相电机启动控制电路图，如图 9-96 所示。

操作提示：绘制各个电气元件，并保存为块，然后插入各个块并连接。最后标注文字。

2. 绘制 C360 型车床电气原理图，如图 9-97 所示。

操作提示：首先按照线路的分布情况绘制主连接线，其次分别绘制各元器件，将各元器件按照顺序依次用导线连接成图纸的 3 个主要部分，并平移到对应的位置，最后添加文字注释。

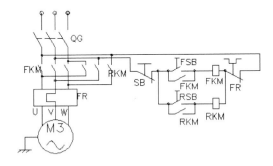

图 9-96 三相电机启动控制电路图

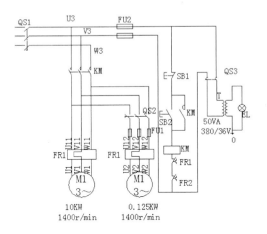

图 9-97 C360 型车床电气原理图

第 10 章

输出与发布图纸

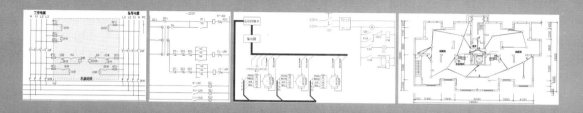

　　图形的输出与发布是整个设计过程的最后一步，即将设计的成果显示在图纸上。打印出来的图纸可以清晰地反映出所绘制的内容，若对图纸不满意也可进行修改，便于调阅查看。图形输出一般采用打印机或绘图仪等设备，图纸在打印之前需要进行相关设置，如打印机设置、页面设置以及相关的参数设置等。

　　本章主要介绍图纸的输出与打印、布局空间打印图纸、创建与编辑打印视口，以及发布图纸等内容。

本章学习要点：

➢ 掌握图纸的输出与打印
➢ 掌握改变图形的位置和大小布局空间打印图纸
➢ 掌握创建与编辑打印视口
➢ 了解图纸的发布

通过 AutoCAD 提供的输入和输出功能，不仅可以将在其他应用软件中处理好的数据导入到 AutoCAD 中，还可以将在 AutoCAD 中绘制好的图形输出成其他格式的图形。

10.1.1 插入 OLE 对象

在 AutoCAD 2012 中，执行【插入】>【数据】>【OLE 对象】命令，在打开的【插入对象】对话框中，根据需要插入链接或嵌入对象，如图 10-1 和图 10-2 所示。

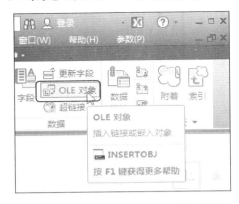

图 10-1 选择【OLE 对象】命令

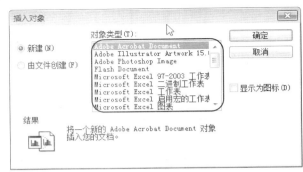

图 10-2 【插入对象】对话框

默认情况下，未打印的 OLE 对象显示有边框。OLE 对象都是不透明的，打印的结果也是不透明的；它们覆盖了其背景中的对象。OLE 对象支持绘图次序。

除了上述方法外，用户还可以使用以下 3 种方法进行图纸文件的输入操作。

❏ 从现有文件中复制或剪切信息，并将其粘贴到图形中。

❏ 输入一个在其他应用程序中创建的现有文件。

❏ 在图形中打开另一个应用程序，并创建要使用的信息。

10.1.2 输出图纸

如果在另一个应用程序中需要使用图形文件中的信息，可通过输出将其转换为特定格式；还可以使用剪贴板。在中文版 AutoCAD 2012 中，用户可以通过以下两种方法调用该命令。

❏ 在命令行中输入 "EXPORT" 命令并按 Enter 键。

❏ 在菜单栏中选择【文件】>【输出】命令。

通过以上任意一种方法，打开【输出数据】对话框，在【文件类型】下拉列表框中选择【位图（*.bmp）】选项，输入文件名，然后单击【保存】按钮，即可将文件输出，如图 10-3 所示。打开输出的位图，预览输出的图纸效果，如图 10-4 所示。

图 10-3 【输出数据】对话框

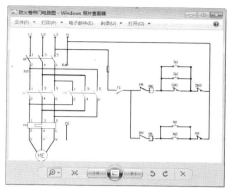

图 10-4 图纸效果

在 AutoCAD 中，可以将图形输出为下列格式的图形文件。

❑ **.bmp** 输出为位图文件，几乎可供所有的图像处理软件使用。

❑ **.wmf** 输出为 Windows 图元文件格式。

❑ **.dwf** 输出为 Autodesk Web 图形格式，便于在网上发布。

❑ **.dxx** 输出为 DXX 属性的抽取方式。

❑ **.dgn** 输出为 MicroStation V8 DGN 格式的文件。

❑ **.dwg** 输出为可供其他 AutoCAD 版本使用的图块文件。

❑ **.stl** 输出为实体对象立体画文件。

❑ **.sat** 输出为 ACIS 文件。

❑ **.sps** 输出为封装的 PostScript 文件。

10.2 打印图纸

当图形绘制完成后，往往需要打印输出到图纸上。在打印图形前，需要对一系列打印参数进行设置，主要包括设置打印设备、图纸纸型和打印比例等。

10.2.1 设置打印参数

在菜单栏中执行【文件】>【打印】命令，打开【打印-模型】对话框，对打印参数的设置基本上都是在该对话框中进行的，如图 10-5 所示。

1. 选择打印设备

要将图形从打印机打印到图纸上，首先应安装打印机，然后在【打印-模型】对话框的【打印机/绘图仪】选项组的【名称】下拉列表框中即可进行打印设备的选择。

图 10-5 【打印-模型】对话框

2．选择图纸

图纸纸型是指用于打印图纸的纸张大小，在【打印-模型】对话框的【图纸尺寸】下拉列表框中即可选择纸型，如图 10-6 所示。不同的打印设备支持的图纸纸型也不相同，所以选择的打印设备不同，在下拉列表框中选择的选项也不相同，但是，一般都支持 A4 和 B5 等标准纸型。

图 10-6　选择图纸尺寸

3．设置打印区域

打印图形时，必须设置图形的打印区域，才能更准确地打印需要的图形，在【打印区域】选项组的【打印范围】下拉列表框中可以选择打印区域的类型，如图 10-7 所示。其中各选项功能如下。

- ❑ **窗口**　选择该选项后，将返回绘图区指定要打印的窗口，在绘图区中绘制一个矩形框，选择打印区域后返回【打印-模型】对话框，同时右侧出现【窗口】按钮 窗口(O)< ，单击该按钮可以返回绘图区重新选择打印区域。
- ❑ **范围**　选择该选项后，在打印图形时，将打印出当前空间内的所有图形对象。
- ❑ **图形界限**　选择该选项，打印时只打印绘制的图形界限内的所有对象。
- ❑ **显示**　打印模型空间当前视口中的视图或布局空间中当前图纸空间视图的对象。

图 10-7　设置打印范围

4．设置打印偏移

在【打印偏移】选项组中可以对打印时图形位于图纸的位置进行设置，包含相对于 X 轴和 Y 轴方向的位置，也可将图形进行居中打印，如图 10-8 所示。该选项组中各选项功能如下。

- ❑ **X**　指定打印原点在 X 轴方向的偏移量。
- ❑ **Y**　指定打印原点在 Y 轴方向的偏移量。
- ❑ **居中打印**　选中该复选框，将图形打印到图纸的正中间，系统将计算出 X 和 Y 偏移值。

5．设置打印比例

在【打印-模型】对话框的【打印比例】选项组中，可以设置图形输出时的打印比例，如图 10-9 所示。打印比例主要用于控制图形单位与打印单位之间的相对尺寸。【打印比例】选项组中各选项功能如下。

❑ **布满图纸** 选中该复选框，将缩放打印图形以布满所选图纸尺寸，并在【比例】下拉列表框、【毫米】和【单位】文本框中显示自定义的缩放比例因子。

❑ **比例** 用于定义打印的比例。

❑ **毫米** 指定与单位数等价的英寸数、毫米数或像素数。当前所选图纸尺寸决定单位是英寸、毫米还是像素。

❑ **单位** 指定与英寸数、毫米数或像素数等价的单位数。

❑ **缩放线宽** 与打印比例成正比缩放线宽。这时可指定打印对象的线宽并按该尺寸打印而不考虑打印比例。

6．指定打印样式表

打印样式用于修改图形的外观。选择某个打印样式后，图形中的每个对象或图层都具有该打印样式的属性，修改打印样式可以改变对象输出的颜色、线型或线宽等特性。

在【打印-模型】对话框的【打印样式表】选项组下拉列表框中选择要使用的打印样式，即可指定打印样式表，然后单击【打印样式表】中的【编辑】按钮，将打开【打印样式表编辑器】对话框，从中可以查看或修改当前指定的打印样式表，如图 10-10 所示。

7．设置着色视口选项

如果要将着色后的三维模型打印到纸张上，需在【打印-模型】对话框的【着色视口选项】选项组中进行设置，如图 10-11 所示。【着色打印】下拉列表框中常用选项的功能如下。

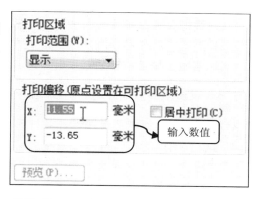

图 10-8 设置打印偏移

图 10-9 设置打印比例

图 10-10 【打印样式表编辑器】对话框

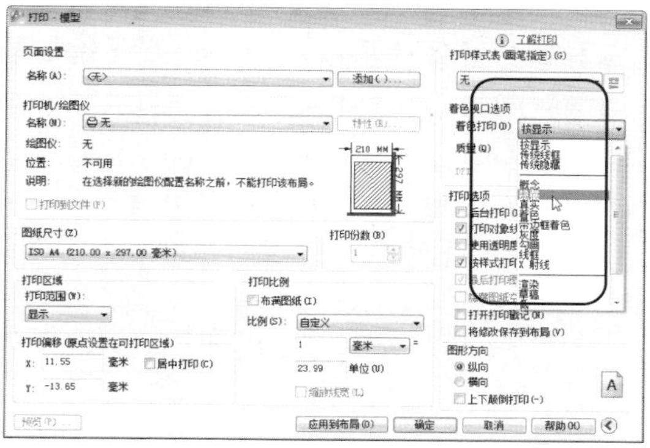

图 10-11 设置着色视口选项

- ❑ **按显示**　按对象在屏幕上显示的效果进行打印。
- ❑ **线框**　用线框方式打印对象，不考虑它在屏幕上的显示方式。
- ❑ **消隐**　打印对象时消除隐藏线，不考虑它在屏幕上的显示方式。
- ❑ **渲染**　按渲染后的效果打印对象，不考虑它在屏幕上的显示方式。

8．设置图形打印方向

打印方向是指图形在图纸上的打印方向，如横向和纵向等，在【图形方向】选项组中即可设置图形的打印方向，如图 10-12 所示。该选项组中各选项功能如下。

- ❑ **纵向**　选中该单选按钮，将图纸的短边作为图形页面的顶部进行打印。
- ❑ **横向**　选中该单选按钮，将图纸的长边作为图形页面的顶部进行打印。
- ❑ **上下颠倒打印**　选中该单选按钮，将图形在图纸上倒置进行打印，相当于将图形旋转 180 度后再进行打印。

图 10-12　设置图形打印方向

9．打印预览

将图形发送到打印机或绘图仪之前，最好先进行打印预览。打印预览显示的图形与打印输出时的图形效果相同。单击【预览】按钮，即可预览打印效果，如图 10-13 所示。

图 10-13　打印预览

10.2.2　打印图纸方式

使用【打印】对话框可以进行打印设置，并通过打印机和绘图仪输出图形。在 AutoCAD 2012 中，用户可以通过以下 4 种方法调用【打印】命令。

- ❑ 在命令行中输入"PLOT"命令并按 Enter 键。
- ❑ 在菜单栏中选择【文件】>【打印】命令。
- ❑ 在功能区选项板中，切换至【输出】选项卡，在【打印】面板中单击【打印】按钮。
- ❑ 按 Ctrl + P 组合键。

使用以上任意一种方法，打开【打印—模型】对话框，在该对话框中设置相应的参数，然后单击【确定】按钮，即可进行打印。

10.3　布局空间打印图纸

布局空间用于设置在模型空间中绘制的图形的不同视图，主要是为了在输出图形时进行布置。通过布局空间可以同时输出该图形的不同视口，满足各种不同出图的要求，还可以添加标题栏等。每个布局可以包含不同的打印比例和图纸尺寸。

10.3.1 利用向导创建布局

AutoCAD 可创建多个布局来显示不同的视图，每一个布局都可以包含不同的绘图样式。布局视图中的图形就是绘制成果。通过布局功能，用户可以从多个角度表现同一图形。在 AutoCAD 2012 软件中，提供了多种创建布局的方法。下面首先介绍如何利用向导来创建。

执行菜单栏中的【工具】>【向导】>【创建布局】命令，打开【创建布局-开始】对话框，如图 10-14 所示。该向导会一步步引导用户进行创建布局的操作，过程中会分别对布局的名称、打印机、图纸尺寸和单位、图纸方向、是否添加标题栏、视口的类型，以及视口的大小和位置等进行设置。

10.3.2 切换布局空间

布局空间是指用户用来设置图形打印的操作空间，它与图纸输出密切相关。在布局空间中也可以绘制二维图形以及创建三维模型。图纸空间主要用于创建最终的打印布局，而并非用于绘图和设计工作。

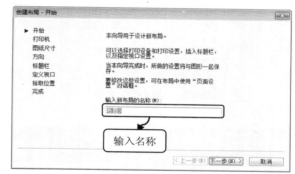

图 10-14　【创建布局-开始】对话框

要切换布局空间，可单击状态栏中的【快速查看布局】按钮，在打开的预览窗口中选择要进入的布局名称，即可进入布局空间，如图 10-15 所示。

在布局空间中，要使一个视口成为当前视口并对视口中的图形进行编辑，可以左键双击该视口，激活该视口就可以对该视口进行修改编辑。如果需要将整个布局空间成为当前状态，只需用鼠标左键双击浮动视口边界外图纸上的任意地方即可，此时即可对整个视口进行缩放或平移等编辑操作。

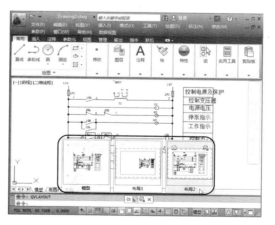

图 10-15　切换布局空间

提 示

在输出图形时，模型空间只能输出当前一个视口的图形，而在图纸空间中可以将所显示的多个视口内的图形一并输出。在图纸空间绘制的图形，转换到模型空间后将不能显示。

10.3.3 利用样板创建布局

使用样板创建布局对于建筑领域有着特殊的意义。AutoCAD 提供了多种国际标准布局模板，这些标准包括 ANSI、DIN、GB、ISO 等，其中遵循国家标准（GB）的布局有 13 种，支持的图幅分别为 A0、A1、A2、A3、A4 等。

在 AutoCAD 2012 中，可通过以下方法进行操作。

执行菜单栏中的【插入】>【布局】>【来自样板的布局】命令，在打开的【从文件选择样板】对话框中，选择合适的样板文件，单击【打开】按钮。其后，在打开的【插入布局】对话框中单击【确定】按钮，即可完成插入，如图 10-16 和图 10-17 所示。

图 10-16 选择样板文件

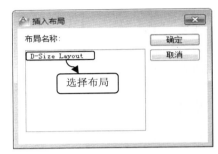

图 10-17 【插入布局】对话框

10.4 创建与编辑打印视口

与模型空间一样，用户可以在布局空间创建多个视口，以便显示模型的不同视图。在布局空间中创建视口时，可以确定视口的大小，并且可以将其定位于布局空间的任意位置，因此，布局空间的视口通常被称为浮动视口。

10.4.1 创建打印视口

创建布局视口的操作方法与在模型空间创建视口的方法相似。用户只需切换至【布局】空间，执行菜单栏中的【视图】>【视口】命令，如图 10-18 所示。在级联菜单表中，选择所需的视口，并根据命令行中的提示进行创建即可，如图 10-19 所示。

图 10-18 选择视口个数

图 10-19 创建视口

10.4.2 设置视口

在中文版 AutoCAD 2012 中，可以使用多种方法控制布局视口中对象的可见性。这些方法有助于突出显示或隐藏不同图形元素以及缩短屏幕重生成的时间。

1．冻结布局视口中的指定布局

使用布局视口的一个主要优点是：可以在每个布局视口中有选择地冻结图层；还可以为新视口和新图层指定默认可见性设置。因此，可以查看每个布局视口中的不同对象。

可以冻结或解冻当前和以后布局视口中的图层而不影响其他视口。冻结的图层是不可见的，它们不能被重生成或打印。图中的图层显示了在一个视口中冻结的图形。

解冻图层可以恢复可见性。在当前视口中冻结或解冻图层的最简单方法是使用【图层特性管理器】选项板。

在布局特性管理器的右侧，使用标记为【视口冻结】的列冻结当前布局视口中的一个或多个图层。要显示【视口冻结】列，必须位于【布局】选项卡中。要指定当前布局视口，请双击边界内的任意位置。

2．在布局视口中淡显对象

淡显是指在打印对象时用较少的墨水。在打印图纸和屏幕上，淡显的对象显得比较暗淡。淡显有助于区分图形中的对象，而不必修改对象的颜色特性。

要指定对象的淡显值，必须先指定对象的打印样式，然后在打印样式中定义淡显值。

淡显值可以为 0～100 的数字。默认设置为 100，表示不是使用淡显，而是按正常的墨水浓度显示。淡显值设置为 0 时，表示对象不使用墨水，在视口中不可见。

3．打开或关闭布局视口

重生成每个布局视口的内容时，显示较多数量的活动布局视口会影响系统性能。可以通过关闭一些布局视口或限制活动视口数量来节省时间。

10.4.3 改变视口样式

在菜单栏中执行【视图】>【视口】>【多边形视口】命令，可以创建多边形浮动视口，如图 10-20 和图 10-21 所示。利用多边形浮动视口，可以对图形的密集区进行局部放大。

此外，用户还可以将在图纸空间绘制的多段线、圆、面域、样条曲线和椭圆设置为视口边界。

在布局空间中，执行【圆】命令，在绘图区中绘制一个半径为 50 的圆。然后在菜单栏中执行【视图】>【视口】>【对象】命令，根据命令行提示，选择半径为 50 的圆作为要剪切视口的对象，如图 10-22 所示。以选择对象创建视口。最后在圆形的视口内双击鼠标左键，激活视口，调整图形的视图缩放大小，显示局部图形的细节，如图 10-23

所示。

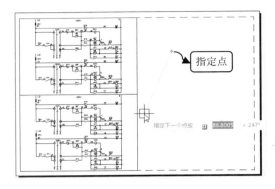

图 10-20　执行【多边形视口】命令

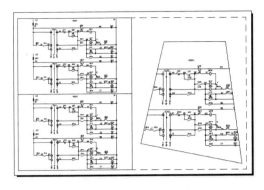

图 10-21　创建多边形视口

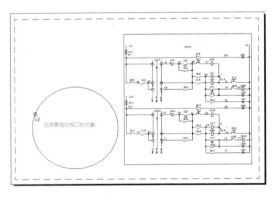

图 10-22　选择剪切视口对象

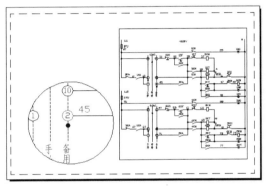

图 10-23　显示图形细节

10.5　发布图纸

　　为适应互联网的快速发展，使用户能够快速有效地共享设计信息，AutoCAD 2012 强化了其 Internet 功能，使其与互联网相关的操作更加方便、高效，可以使用 Web 浏览器、创建超链接、设置电子传递以及发布图纸到 Web，这为分享和重复使用设计提供了更为便利的条件。

10.5.1　Web 浏览器应用

　　Web 浏览器是通过 URL 获取并显示 Web 网页的一种软件工具。用户可在 AutoCAD 系统内部直接调用 Web 浏览器进入 Web 网络世界。

　　AutoCAD 中的文件【输入】和【输出】命令都具有内置的 Internet 支持功能。通过该功能，可以直接从 Internet 上下载文件，其后即可在 AutoCAD 环境下编辑图形。

　　通过【浏览 Web】对话框，可快速定位到要打开或保存文件的特定的 Internet 位置。可以指定一个默认的 Internet 网址，在每次打开【浏览 Web】对话框时都将加载该位置。

如果不知正确的 URL，或者不想在每次访问 Internet 网址时输入冗长的 URL，则可以使用【浏览 Web】对话框方便地访问文件。

此外，在命令行中直接输入"BRO.WSER"命令，按 Enter 键，并根据提示信息打开网页。

10.5.2 超链接管理

超链接就是将 AutoCAD 中的图形对象与其他数据、信息、动画、声音等建立链接关系。链接的目标对象可以是现有的文件或 Web 页，也可以是电子邮件地址等。

在中文版 AutoCAD 2012 中，用户可以通过以下 3 种方法进行超链接操作。

❑ 在命令行中输入"HYPERLINK"命令并按 Enter 键。
❑ 在菜单栏中选择【插入】>【超链接】命令。
❑ 按 Ctrl + K 组合键。

在该命令提示下，选择要创建超链接的对象并按 Enter 键，打开【插入超链接】对话框，如图 10-24 所示。

在【插入超链接】对话框中，各主要选项的含义如下。

❑ **显示文字**

该文本框用于输入超链接的文字说明。当将鼠标移至创建好的超链接对象上时，即会显示输入的文字说明，如图 10-25所示。

❑ **键入文件或 Web 页名称**

在该文本框中可以输入要链接到的文件或 URL。它可以是存储在本地磁盘或互联网上的文件，也可以是网址。

此外，用户还可以在【链接至】列表框中单击【此图形的视图】和【电子邮件地址】按钮设置不同的链接。

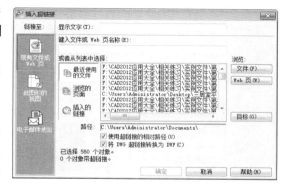

图 10-24　【插入超链接】对话框

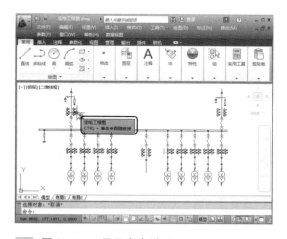

图 10-25　显示文字说明

10.5.3 电子传递设置

有时用户在发布图纸时，会忘记发送字体、外部参照等相关描述文件，这会使得接收时打不开收到的文档，从而造成无效传输。

AutoCAD 2012 向用户提供的电子传递功能，可自动生成包含设计文档及其相关描述文件的数据包，然后将数据包粘贴到 E-mail 的附件中进行发送。这样就大大简化了发送操作，并且保证了发送的有效性。

在 AutoCAD 2012 中，用户可以通过以下方法进行发送。

执行【文件】菜单命令，在打开的下拉菜单表中，选择【发布】命令，并在打开的级联菜单中，选择【电子传递】命令，如图 10-26 所示。打开【创建传递】对话框，并根据其中的信息提示进行操作。

打开【创建传递】对话框后，在【文件树】和【文件表】两个选项卡中设置相应的参数，即可进行电子传递。

10.5.4　发布图纸到 Web

执行【网上发布】命令，用户可以将设置好的作品发布到 Web 页，以供其他人浏览与欣赏。在菜单栏中选择【文件】>【网上发布】命令，打开【网上发布-开始】向导对话框，用户可以根据该向导创建一个 Web 页，用以显示图形文件中的图像，如图 10-27 所示。

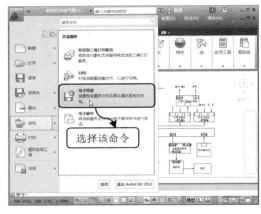

图 10-26　选择【电子传递】命令

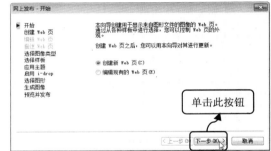

图 10-27　【网上发布-开始】对话框

10.6　课堂练习

10.6.1　打印电气图纸

1. 打开"项目\第 10 章\数控机床电气图.dwg"文件，如图 10-28 所示。

2. 在功能面板中，执行【输出】>【打印】>【打印】命令，打开【打印-模型】对话框，如图 10-29 所示。

3. 在【打印-模型】对话框中，单击【打印机/绘图仪】选项组中的【名称】下拉按钮，选择使用的打印机型号，如图 10-30 所示。

4. 在【图纸尺寸】下拉列表框中，选择【ISO A4（297.00×210.00 毫米）】选项，如图 10-31 所示。

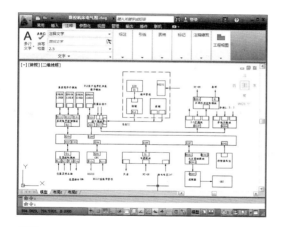

图 10-28 打开文件

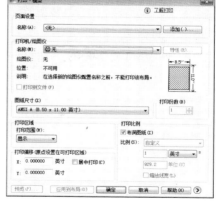

图 10-29 【打印-模型】对话框

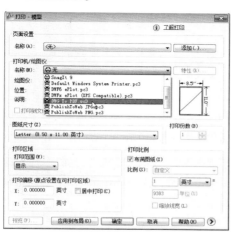

图 10-30 选择打印机型号

图 10-31 选择图纸尺寸

5 在【打印范围】下拉列表框中，选择【窗口】选项，如图 10-32 所示。

6 在绘图区，使用鼠标选取打印的范围，如图 10-33 所示。

图 10-32 选择【窗口】选项

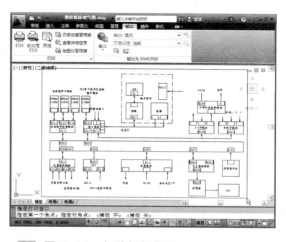

图 10-33 框选打印范围

7 选择好后，自动返回【打印–模型】对话框，选中【打印偏移】选项组中的【居中打印】复选框，如图 10-34 所示。

8 在【打印–模型】对话框中，单击左下角的【预览】按钮，如图 10-35 所示。

图 10-34 选中【居中打印】复选框 　　**图 10-35** 单击【预览】按钮

9 弹出预览模式，即可预览所设置的打印样式，如图 10-36 所示。

10 在【预览】视图中，单击【关闭预览】按钮，可关闭当前视图，如图 10-37 所示。

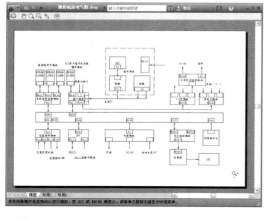

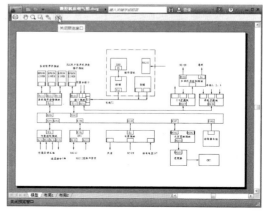

图 10-36 预览打印样式 　　**图 10-37** 单击【关闭】按钮

11 若用户觉得该打印样式较为满意，可单击【确定】按钮，并打开打印机电源，即可打开【打印作业进度】对话框，如图 10-38 所示。

12 稍等片刻，系统将会按照所设置的打印参数进行打印。若用户觉得该打印样式有待调整，可在打印前单击【更多选项】按钮 ⊙，扩展当前对话框，如图 10-39 所示。

13 在该扩展区域中，用户可对【打印选项】、【图形方向】等相关选项组进行设置和调整，如图 10-40 所示。

14 设置完成后，单击【确定】按钮，即可进行打印。按照同样的操作方法，完成其他电气图纸的打印，如图 10-41 所示。

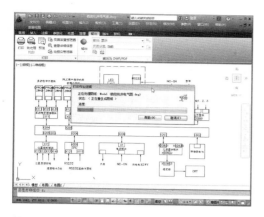

图 10-38　打印图纸

图 10-39　单击【更多选项】按钮

图 10-40　设置相关选项组

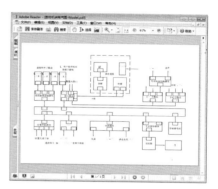

图 10-41　打印其他图纸

10.6.2　图纸发布

1　打开"项目\第 10 章\78 系列某稳压电路.dwg"文件，在布局选项卡中可以看到图形文件为一个模型选项和一个布局选项，如图 10-42 所示。

2　在菜单栏中执行【文件】>【页面设置管理器】命令，如图 10-43 所示。

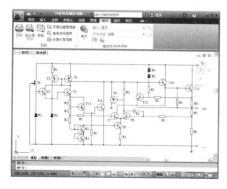

图 10-42　打开文件

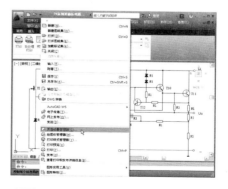

图 10-43　执行【页面设置管理器】命令

3　在弹出的【页面设置管理器】对话框中单击【修改】按钮，如图 10-44 所示。

4 在弹出的【页面设置 – 模型】对话框中设置打印机的类型为虚拟打印机，如图 10–45 所示。

图 10–44　单击【修改】按钮　　　　图 10–45　选择打印机类型

5 在【打印区域】选项组中设置【打印范围】为【窗口】，如图 10–46 所示。

6 此时在布局窗口中框选需要打印的区域，按住鼠标左键拖动，可以从左向右框选，也可以从右向左框选，如图 10–47 所示。

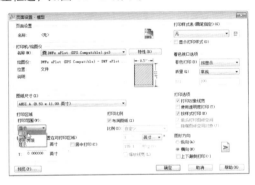

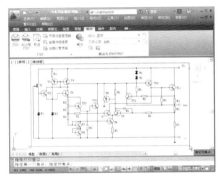

图 10–46　选择【窗口】选项　　　　图 10–47　框选打印范围

7 回到对话框中选中【布满图纸】和【居中打印】复选框，单击左下角的【预览】按钮，如图 10–48 所示。

8 弹出预览模式，单击【关闭】按钮，返回上层对话框，单击【确定】按钮，在【页面设置管理器】对话框中单击【关闭】按钮，如图 10–49 所示。

图 10–48　单击【预览】按钮　　　　图 10–49　单击【关闭】按钮

9 选中【布局 1】，然后单击鼠标右键，在弹出的快捷菜单中选择【页面设置管理器】命令，如图 10–50 所示。

AutoCAD 2012 中文版电气设计标准教程

10　在弹出的【页面设置管理器】对话框中单击【修改】按钮，如图 10-51 所示。

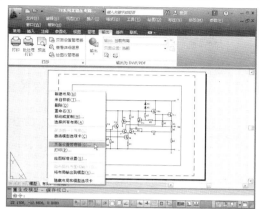

图 10-50　选择【页面设置管理器】命令

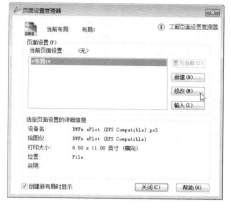

图 10-51　单击【修改】按钮

11　使用与前面相同的操作方法设置页面的相关参数，如图 10-52 所示。

12　执行【文件】>【打印】命令，在弹出的【打印-模型】对话框中设置打印参数，然后单击【确定】
按钮，如图 10-53 所示。

图 10-52　设置相关参数

图 10-53　【打印-模型】对话框

13　在弹出的【浏览打印文件】对话框中设置输出文件的名称和路径，然后单击【保存】按钮，如图
10-54 所示。

14　程序自动对框选的部分进行打印，并输入到指定的路径中，如图 10-55 示。

图 10-54　保存文件

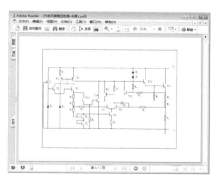

图 10-55　打印图纸

一、填空题

1. _____空间用于设置在模型空间中绘制的图形的不同视图，主要是为了在输出图像时进行布置。

2. 设置图形的打印方向有_____、_____和_____。

3. 在_____空间中可以创建浮动视口。

二、选择题

1. 下列关于 AutoCAD 的绘图空间的描述不正确的是_____。

 A. 模型空间主要用于二维图形和三维物体的创建和编辑

 B. 布局是一种图纸空间环境，它模拟所显示的图纸页面，提供直观的打印设置，主要用来控制图形的输出

 C. 为了便于控制图形，在模型空间中可以建立多个平铺视口，分别显示图形的不同视图

 D. 不可以在一个视口开始一个命令，在另一个视口结束该命令

2. 当系统变量 Tilemode 的值为 0 时，工作环境为_____。

 A. 模型空间   B. 图纸空间

 C. 视图空间   D. 打印空间

3.【网上发布】可选择的图像类型不包括_____。

 A. DWF   B. JPEG

 C. DWG   D. PNG

三、上机实训

1. 打印跳水馆照明干线系统图纸，如图 10-56 所示。

操作提示：根据"打印电气图纸"的方法，对该系统图进行打印设置。

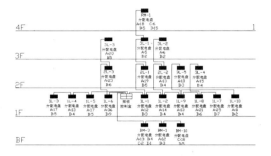

图 10-56　跳水馆照明干线系统图

2. Web 网上发布图纸，如图 10-57 所示。

操作提示：执行【文件】>【网上发布】命令，根据操作提示进行设置发布。

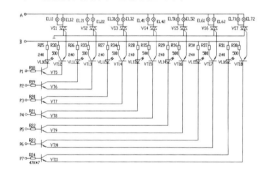

图 10-57　发布装饰彩灯控制电路图